Neue und genaue geographisch-statistisch-historische Darstellungen von der Insel und dem Fürstenthume Rügen.

Zur
nähern und gründlichen Kenntniß dieses Landes
entworfen
von

Johann Jacob Grümbke.

Erster Theil.

Berlin,
bei G. Reimer.
1819.

Freunden

des Vaterlandes

gewidmet

von

dem Verfasser.

Ne omnis moriar!

Horat.

Vorrede.

Die Umgestaltung alter Formen, der Dinge neue Ordnung, längere, genauere Wahrnehmungen, bessere Erfahrungen, erworben, um zu Berichtigungen und nähern Aufschlüssen zu führen, — wie sich denn, wenn man will, in 13 Jahren manches erlernen und einsammeln läßt, was noch mangelte, — schienen mir zur gänzlichen Umschmelzung einer im J. 1805 unter dem pseudonymen Namen Indigena von mir herausgegebenen und Streifzüge durch das Rügenland betitelten Reisebeschreibung so nothwendige Mahnungen und Antriebe, daß ich dadurch zu einer Arbeit bewogen worden bin, die ich hier dem Publicum darbringe, theils, um den Zeitgenossen nützlich zu seyn, theils, um auch, (wenn anders das Schicksal den Wunsch erfüllt, daß dieses Buch mich lange überleben möge) bei der Nachwelt meines Vaterlandes mir ein Denkmal zu stiften, das sie belehren kann, wie Rügen zu der Väter Zeit beschaffen war.

Allgemeine, weitbegränzte Ansichten zu geben und nur in großen, kräftigen, kühnen Umrissen darzustellen, ist gegen die Bestimmung dieses Werks, auch der Stoff oft nicht einmal dazu geeignet. Viele der hier abgehandelten Gegenstände erforderten mühsame Untersuchungen und Nachforschungen und man wird den zu ihrer Ergründung angewendeten Fleiß nicht verkennen. Manche Kleinigkeiten sind freilich nicht blos berührt, sondern weitläuftiger abgehandelt, als das Interesse für dergleichen Gegenstände sich erstreckt; Rügen aber mag nicht blos von Fremden bewundert, es will auch von Einheimischen gekannt seyn. Man tadle dieses also nicht; wer von einem kleinen Ländchen eine treue und gründliche Beschreibung geben will, sieht sich genöthigt, in einzelnes, oft kleinliches Detail einzugehen und kann nicht umhin, zuweilen ein wenig langweilig zu werden. Wiederholungen waren unvermeidlich, die Absicht aber, etwas genaues und zuverlässiges zu liefern, wird diesen Fehler ausgleichen.

Bemühet, diesen Darstellungen allgemeine und dauerhafte Brauchbarkeit zu verschaffen, hoffe ich, daß sie nicht blos Eingebornen, sondern auch Fremden willkommen seyn und, ihrer etwas gezwängten Form unbeschadet, den Reisenden befriedigen werden, der zu näherer Belehrung über Rügen ein Buch verlangt, welches ihm das ergänzen kann, was er bei einer kurzen Anwesenheit auf dieser Insel selbst zu sehen und zu erfahren nicht Zeit und Gelegenheit hatte. Die statistischen Angaben vornemlich werden den Wünschen derjenigen begegnen, die solche in Gadebuschs Pommerscher Staatskunde, welches Werk nur weniges und zum Theil veraltertes über Rügen enthält, vergebens gesucht haben. — Um dem Werke nicht einen falschen Schimmer von Gelehrsamkeit zu geben, ist es mit Fleiß vermieden, überall Citate aus Urkunden und Büchern anzubringen, auf Richtigkeit der historischen Angaben aber kann man sich dennoch verlassen, wenn gleich die Quellen und Autoritäten nicht immer angeführt sind. — Der Vorwurf endlich, den eine Recension dem Indigena gemacht hat, daß er wenig Neues enthalte, wird hoffentlich dieses Werk nicht treffen, da es manche Nachrichten mittheilt, die noch nie in einem Buche standen.

Denjenigen, die zu Erzielung größerer Vollständigkeit und Richtigkeit mir durch Beiträge und Mittheilungen förderlich und behülflich gewesen sind, lege ich hier für ihre Gefälligkeiten meinen öffentlichen Dank dar.

Bergen auf der Insel Rügen im December 1818.

Grümbke.

Inhalt.

Erster Theil.

I.

Rügens Name.

Die älteste schriftliche Urkunde, die des Namens Rügen erwähnt, ist ein Schenkungsbrief des Kaisers Lothar I. vom Jahr 844 n. Chr. Geb. worin er dem Kloster Corwey die insulam Rujatensem zum Eigenthum überläßt. Der ganze Vorgang mit dieser Schenkung, folglich auch die Aechtheit des darüber abgefaßten Kaiserlichen Briefes *) ist zwar bestritten, und überhaupt die Existenz und Glaubwürdigkeit eines solchen Documents von einigen Neuern bezweifelt worden; **) man vergleiche jedoch mit diesen Zweifeln und Einwendungen das, was Schwarz von der zu seiner Zeit noch wirklichen Vorhandenheit des Originals dieses Schenkungsbriefes ***) erinnert, welchen der Abt von Corwey, Arnold, doch auch wohl kennen mußte, als

---

*) Schöttgens a. u. n. Pommerland, IV. St. S. 270—273, nebst d. Anmerk.

**) Dähnerts Einleit. zum Pom. Diploma Wesen. Greifswald 1766. S. 10. 12. Anm. 14.

***) In dessen histor. finium principat. Rugiae S. 211 am Ende der Not. c.

er im J. 1641 und 1642 den Kaiserl. Feldmarschall, Grafen zu Hatzfeld, Melchior und dessen Bruder feierlich mit Rügen belehnte. Daß das Chronicon Corbeiense und die Annales Corbeienses berichten, die Lotharsche Schenkung habe wirklich statt gefunden, entscheidet nichts, sie schrieben auf Glauben hin, was sie gehört hatten. *)

Sicher und bestimmt kommt der Name Rügen erst im eilften oder zwölften Jahrhunderte schriftlich vor; so findet sich z. Bsp. in der Abschrift eines alten Klosterregisters zu Corwey vom J. 1053—1071 der Ausdruck Rugiacensis insula. **)

Die ältesten Skandinavischen Sagen erwähnen eines Rit- oder Reidgodlandes, welches zunächst beim Wint- oder Wendlande liege, und Schwarz sucht es glaublich zu machen, daß unter diesem Reidgodlande das Rügenland zu verstehen sey. ***) Dieses Landes Lage wird von spätern nordischen Geschichtforschern jedoch anders bestimmt; v. Suhm z. Bsp. erklärt (im 1sten Bd. d. alt. Gesch. d. Dänen) Reidgodland für den Erdstrich vom Ufer der Weichsel bis zum Finnischen Meerbusen, und setzt hinzu, in spätern Zeiten sey das also benannte Land noch ausgedehnter gewesen, indem es sich von der Weichsel bis nach Mecklenburg, ja sogar, wie es scheine, bis an das Wagrierland (Holstein) erstreckt habe. Dalin hält es für Jütland.

*) Gebhardi et Grützmacher diss. de veterum Rugianorum religione, qua probatur Corbejam fuisse matrem primae ecclesiae in Rugia. Gryph. 1693. In Gesterdings Pom. Magazin I. Th. S. 161.

**) Gebhardi Geschichte des Reichs Rügen. S. 3. Not. d.

***) Geographie des Norder Deutschlands. I. Abtheil. S. 16—22.

Allein aus der Edda *) ist ersichtlich, daß zu Odins Zeiten alles feste Land an der Ostsee, was er in seiner Gewalt hatte, Reidgotaland benannt worden sey; folglich muß dieser Name den ganzen Strich Landes an der Ostsee, von dem Ladoga-See an, bis nach Holstein und Jütland hin, umfaßt haben und in diesem Fälle ist es leicht möglich, daß er sich in der Benennung der Insel Rügen, wenn gleich verändert, noch fort erhalten hat, indem aus Reidgodland Reujoland gemacht ward. Auffallend aber ist, daß in den altnordischen Geschichten ein Rana Rike (Ranen- oder Rügianer-Staat) als ein Land vorkommt, welches in dem Bezirk von der Göta-Elf bis am Swinesund lag, und nach Besiegung des norwegischen Königs Olaf Triggwason dem Schwedenkönige Olaf zu Theil wurde. **) Sonst heißt die Insel Rügen auf alt dänisch gewöhnlich Rö, oder Roe. ***)

Helmold von Bosow, ein Landgeistlicher in Wagrien, welcher etwa um das Jahr 1168 eine Chronik der Slaven schrieb, sagt: weit größer ist die gegen das Wilzenvolk hin belegene Insel, welche die Ranen, die auch Rügianer und Rivaner heißen, bewohnen. †) Den Namen Rugia gebraucht Helmold nie, sondern redet immer nur von einer terra Rugianorum. Sein Zeitgenosse Saxo Grammaticus nennt in seiner Beschreibung des Dänisch-Rügianischen Krieges, im J. 1168, die Insel immer Rugia. In der von dem

*) und bei Torfäus in script. reg. Dan. p. 34.

**) Gebhardi Gesch. v. Norwegen; in der allgem. Welthist. 32 Th. S. 106.

***) Gebhardi Gesch. des Dän. Reichs; allg. Welthist. 32 Th. S. 311 u. 528.

†) Chronic. Slavor. lib. I. c. 2.

Pabste Alexander III. an den Dänischen Bischof Absalon ausgestellten Bewidmungs-Urkunde vom 4ten November 1168, worin sie dem Roskilder Kirchensprengel einverleibt wird, heißt sie insula, quae Rijo dicta.

Der Rügenfürst Jaromar nennt in dem Stiftungsbriefe des Berger Nonnenklosters seine Insel Roja. In des Abtes Andreas Leben des heiligen Otto, Bischofs von Bamberg, wird die Insel Ue-Rania (die Raneninsel, von Oe, ein Eiland) und das Rügen-Volk Ue-Rani genannt. Der altdeutsche Dichter Heinrich Frauenlob († 1317) nennt den Fürsten Wizlaf III. in einem Lob- und Ehrengedichte einen Fürsten von Riujen. *)

Urkunden und Denkmäler folgender Zeiten geben ihr die Namen Ruja, Rugania, Ruija, Ruije, Roijen, und Ruyen, so führt z. B. das alte Stadtsiegel von Gartz die Umschrift: Sigillum civitatis Gharz in Ruija; auch kommt sie unter den Benennungen Ruigen, Reyen, Rhugen und Ruegen vor. In spätern landesfürstlichen Documenten und andern öffentlichen Briefen heißt die Insel immer Rügen jenseit dem Wasser, oder das Fürstenthumb Rügen, auch das beflossene Land von Rügen; so lautet es z. B. in einer Urkunde vom J. 1326: dat Land to Royen, dat bevloten is med dem solten Water; **) ferner in einem Documente des Gartzer Stadtbuchs vom J. 1353, gleich zu Anfange: Gharze in dem bevlaten Lande tu Ruyen, und auch M. v. Normanns Wendisch-Rügianischer Landgebrauch fängt mit den Worten an: dieweile dat Fürstendohm

*) S. d. Miscellen zur Gesch. d. deutsch. Literatur v. J. B. Docen, 2ter Bd.

**) Schwarz P. R. Lehnshistorie S. 327. Anm. unten.

Ruigenn eine afgescheidene vnd beflatene Insula u. s. w. Plattdeutsch hört man ihren Namen jetzt noch öfter Reuyen aussprechen.

Der Landesgeschichte bringen alle diese Benennungen keinen Gewinn, und man kann höchstens annehmen, von dem alten Rügianer-Volke habe sich blos der Name Rugia in der jetzigen Benennung der Insel fortgepflanzt, denn sonst steht dieser Name da, als eine alte Ruine, von deren Ursprung man nichts bestimmtes weiß.

Uebrigens ist wohl zu merken, daß in ältern Urkunden und Chroniken des Landes der Name Rügen sich nicht blos auf die Insel beschränkt, sondern dem Continental-District von Stralsund, Barth, Grimm und Tribsees ebenfalls beigelegt wird, indem das ganze damalige Fürstenthum Rügen in das Land disseits und jenseits dem Wasser eingetheilt wurde, eine Benennung, welche zu Anfange des 16ten Jahrhunderts noch üblich war. Der landfeste Theil Rügens enthielt also das Stück von dem jetzigen Neu-Vorpommern, welches an der Ostsee, längs der Insel Rügen gelegen, sich von Mecklenburg an, bis zu einer von Demmin und Loitz nach Greifswald hin gezogenen Gränzlinie erstreckte, und aus diesem Umfang mögte sich Helmolds Ausdruck terra (nicht blos insula) Rugianorum, Ranenland, erklären lassen, wenn anders der Name Rügen sich schon damals auf den gedachten Theil Pommerns mit bezog.

II.

Rügens Lage und Gestalt.

Obgleich der District von Lauenburg und Bütow in Hinter-Pommern, gegen Danzig hin, noch etwas höher dem Norden zu liegt, als Rügen, so ist jenes Ländchen doch wohl nicht eigentlich mehr zu Deutschland zu rechnen, und die Insel Rügen immer als das mitternächtlichste deutsche Gränzland angesehen worden.

Von der Lage dieser Insel im Baltischen Meere an dem nordlichen Saum des Germanischen Gebiets sey nur so viel erinnert, daß sie sich von Nordwest nach Südost der Küste von Pommern gegenüber erstreckt, von welcher ihre größte Entfernung zwischen Stresow und der Greifswaldischen Wiek, etwas über drei deutsche Meilen, ihre geringste hingegen, zwischen dem Prosnitzer Haken, worauf das Fort Napoleon liegt, und dem Deviner Ort, kaum eine Viertelmeile beträgt.

Schon ein nur etwas aufmerksamer Blick auf die Charte von Rügen wird Jeden von der sonderbaren Gestaltung des Landes überzeugen. Wahrscheinlich ist diese nur durch eine ungeheuere Revolution der Natur entstanden, und wenn die angebliche große Cimbrische Ueberschwemmung (muthmaßlich im J. d. Welt 3700) keine Fabel ist, wie doch von mehrern behauptet wird, so kann dieselbe sich leicht bis hieher erstreckt haben, denn man sieht es den großen Wieken und Golfen offenbar an, daß die Flut von Nordwest, also von Dännemark her in das Land eingedrungen ist und vielleicht die Kreide-Verbindungen an der Ostseite der Insel Mön und Stevensklint auf Seeland von Arkona abgerissen hat. Auch die pommerschen Jahrbücher erzählen von einem schrecklichen Orkan, der aber viel später, nemlich zu Anfange des 14ten Jahrhunderts, nach einigen im Jahre 1302, nach Klempzens Chronik 1303, nach Buggenhagen und Kanzow 1304, nach Micrälius und andern 1308 oder 1309 das Land überfallen, viele Ueberschwemmungen und

Verheerungen angerichtet und das sogenannte Neue Tief eröfnet haben soll, obwohl die Abweichungen in der Angabe der Jahrszahl das Ereigniß zweifelhaft machen und noch bedenklicher der Umstand ist, daß die Roskilder Matrikel von 1294, die doch alle damaligen Kirchspiele Rügens genau angiebt, nichts von den in diesem Orkan untergegangen seyn sollenden beiden Kirchspielen Ruden und Carven weiß. Dies letztere könnte freilich so erklärt werden, daß die gedachten Kirchspiele vielleicht zu Pommern gehört haben mögen; allein zu vermuthen ist solches doch nicht, weil das angeblich in den großen Bodden versunkene Land rügianisches war und keinen Zusammenhang mit Pommern hatte, obwohl eine alte Sage will, daß in der Vorzeit Mönchgut mit dem Continente verbunden, oder doch nur durch einen kleinen schmalen Wasserlauf, worüber ein Steg von hineingeworfenen Pferdeschädeln und Knochen geführt habe, davon getrennt gewesen seyn soll und auch der Ruden, die Stubber Sandbänke und die Greifswaldische Oje Trümmer ehemaliger größerer Landstriche zu seyn scheinen.

Micrälius, der Rügen wohl wenig kannte, geht zu weit in seiner Behauptung, wenn er sagt, das Baltische Meer habe allgemach so um sich gefressen, daß die Insul Rügen kaum halb so groß gelassen, als sie vor Zeiten gewesen. *) Daß aber das Land in uralten Zeiten eine ganz andere Gestalt gehabt habe, machen die ungeheuern Steingerippe und Riffe, die von einigen Puncten der Küste weit in das Meer reichen und die Grundlage und der Untersatz vormaliger Landzungen und sogenannter Haken gewesen zu seyn scheinen, so wie die große Menge verschiedenartiger

*) a. Pommerland Bd. VI. §. 1. am Ende.

Steinsplitter und Trümmer, wahrscheinlich und durch die Erfahrung neuerer Zeiten von mancherlei Ablösungen und Wegspühlungen wird diese Wahrscheinlichkeit zur Gewißheit erhoben. Im J. 1718 riß in einer stürmischen Nacht das Meer einen Tüderschlag von 6 Faden von der Nordseite der Insel Hiddensee ab. Bei Stubbenkammer ist seit Menschengedenken ein Strich, von mehr denn eines Steinwurfs Weite, abgerissen. Auf Mönchgut hat die See ein ganzes Stranddorf, Vitte genannt, zerstöhrt,*) welches man noch auf Lubinus und der darnach entworfenen Homannischen Charte von Rügen verzeichnet findet, und nicht weit davon, auf dem Schaar (d. h. in dem flachen Wasser vorne am Strande) bei Lobbe sind noch Stümpfe von Eichbäumen unter dem Wasser wahrzunehmen. Auf einer zwischen Ralow und dem Eilande Libitz belegenen, vormals Welzien benannten Wiese (der Name wird noch auf alten Charten gefunden) erblickt man auch solche Baumschäfte oder Toppenden vom Wasser bedeckt und der dortige sogenannte Lindenhaken ist überschwemmt. In der Gegend von Trent sind große Hölzer und Bäume und sogar ein alter eiserner Anker in der Erde gefunden worden.**) Seit 60 Jahren sind an dem Binnenstrande vor der Wittower Fähre nach Wiek schon zwei neue Fahrwege entstanden, weil das Ufer, worüber sie fortgiengen, abgeglitten und dem Wasser zu niedergerollt ist. Von dem an der Spitze von Ummanz belegenen Werder, der Ort genannt, reißt das Wasser jährlich etwas ab, und von einer andern unterhalb desselben befindli-

*) Schwarz. histor. fin. princip. Rug. p. 218. §. IV. und in d. Not. a, b, c, d.

**) Wackenroder's a. u. n. Rügen. B. Pastorate Trent.

chen Sandbank, Kollwarder (der kahle Werder) geheißen, welcher eine gefährliche Passage für Schiffer ist, ragt zuweilen, bei flachem Wasser, noch etwas hervor; auch von einem andern in der Bucht bei Starvitz auf Wittow belegenen und die Varnow benannten Sandwerder zeigen sich noch zuweilen bei sehr flachem Wasser einzelne mit Kraut bewachsene Erhöhungen; auf der alten Homannischen Charte ist dieser Fleck noch als ein Werder verzeichnet, auf Mayers Charte fehlt er. Auf Jasmund sind Uferabfälle nichts seltenes, die dortigen Kreidewände bröckeln von Jahr zu Jahr ab, und noch vor 30 und 40 Jahren löste sich oben am Rande des Walls eine ganze Erdschichte von einem Theil des Ufers ab; die dadurch entstandenen Erdfälle sind bekannt unter dem Namen des Fahrnitzer Falls und Lochs. Vor 20 Jahren schoß ein Stück von dem Ufer zu Ratin bei Ruschwitz in den Spiekerschen See und bildete ein Inselchen, welches sich durch Anschwemmung aber wieder mit dem Ufer verband. Diese Beispiele werden, als Bestättigungen der Veränderlichkeit der Gestalt des Landes, genügen und wenn ihnen noch die bekannte Wahrnehmung hinzugefügt wird, daß das zwischen dem großen Strande und Binnengewässern liegende Land oft an der Seeküste abnimmt, an der Binnenwasserseite aber wieder ansetzt, und daß überhaupt die Natur rastlos geschäftig, in ewigem Wechsel, zerstöhrend, erneuernd, umgestaltend, bald Trennungen, bald Verbindungen hervorbringt, so ergiebt sich die Muthmaßung, daß ein nach etlichen Jahrhunderten gezeichneter Umriß von Rügen eine von der gegenwärtigen ziemlich abweichende Figur zeigen wird.

Doch genug hievon. Schon die jetzige Gestaltung dieses Landes mit seinen Inwieken und Buchten, mit seinen Nebeninseln, Halbinseln, Vorsprüngen, Land=

zungen und Erdgürteln ist auffallend seltsam; man bemerkt bei Betrachtung desselben deutlich, wie es durch des Meeres Gewalt überall zerrissen und abgenagt worden, und die Golfe und Binnenseen ziehen sich in so sonderbaren Windungen durch das Land und haben es nach vielen Richtungen hin so durchschnitten, ausgespühlt, gekerbt und abgekantet, daß es keine Menschenwohnung, ja überhaupt keine Stelle auf der ganzen Insel giebt, von welcher des Wassers Entfernung auch nur eine Meile beträgt.

Der größern Halbinseln giebt es folgende vier: Wittow, Jasmund, Mönchgut, Zudar. Die kleinern sind: der Drigge, der Lischower Bezirk, südwestlich von Gingst, der Wittower Bug und der Libbower Haken; man kann auch die Vorsprünge und Landzungen Thiessow und Bulitz (vom gemeinen Mann Buhls ausgesprochen) noch dazu rechnen.

Neben dem Hauptlande liegen folgende 22 Nebeninseln und Werder: Hiddensee mit der Fährinsel und dem Werder Neu-Bussin; Ummanz mit seinen fünf Nebeninseln, oder Werdern, nemlich dem Ort oder der Heuwiese, Uerkvitz oder Vögtey, Wöhrenz oder Wöhrings, Lieps und Mack bei Uerkvitz, ein kleiner auf Mayers Charte nicht angegebener Werder; die Oehe; Bökel oder Beuchel, ein nach Jablitz gehöriger Werder in der Lavenitzer Inwiek; Pulitz mit dem nahe daran gelegenen Werder Allrügen; der Vilm mit dem Schnakenwerder, einem kleinen daneben an der Nordwestseite befindlichen Inselfleck; der Werder Tollow auf dem Zudar, in der großen Inwiek belegen; der Kirch- oder Kirkort, ein Werder in der Inwiek bei Gros-Zicker auf Mönchgut; der Dänholm; der Ruden; die beiden Stubber Sandbänke, der Blinde nemlich und rechts davon gegen Süden der Bawenwater Stubber, auch der kleine und große Stubber genannt; blind heißt der kleine im Gegensatz vom großen Stubber, weil dieser aus dem Wasser hervorragt, jener aber davon bedeckt ist, weshalb dort immer eine befestigte, weiß angestrichene große Tonne, als Wahrzeichen für die Schiffer und Lootsen, zu liegen pflegt; endlich die Greifswalder Oehe oder Oye, *) welche vier oder, wenn man will, fünf letztern aber nicht mehr zu Rügen gerechnet werden. Angeblich lag in der Nähe der Greifswalder Oie noch ein anderes, zur Zeit der vorgedachten großen Ueberschwemmung von den Wellen verschlungenes, Eiland, Schwetza oder Svätza genannt; dies kann die in der altnordischen Geschichte unter dem Namen Svåldur oder Svålter-Oe vorkommende Insel gewesen seyn, bei welcher im J. 1000 n. Chr. Geb. eine große Seeschlacht zwischen dem Norwegischen König Olaf Triggwason und einer Schwedischen Flotte geliefert ward, denn Svålta konnte durch unrichtige Schreibart leicht in Svåtza oder Schwetza umgewandelt werden. — Noch eines andern kleinen Rügianischen Eilandes erwähnen mehrere Urkunden unter dem Namen Chütz, Chutze, Chotz und Kotz, **) wo solches aber gelegen und was für ein Inselchen darunter zu verstehen sey, ist zweifelhaft.

*) Dies Eiland ward, wie Schwarz in der Geogr. d. Nord. Deutschl. S. 121 und 254 berichtet, der Stadt Greifswald im J. 1291 von Herzog Bogislav IV. von Pommern geschenkt und soll damals Swant-Wusterhausen oder Swant-Wostrossna geheißen haben. S. auch dessen hist. fin. princ. Rug. p. 119. not. q.

**) S. auch Kanzows Pomerania 2ter Bd. S. 432.

III.

Ausdehnung und geographische Bestimmung der Lage des Landes.

Rügens geographische Lage ist auf Mayers Charte also bestimmt: von Westen nach Osten liegt das Land zwischen dem 30sten Grad 55 Minuten und dem 31sten Grad 35 Minuten der Länge, welche also 40 Minuten, oder 40 Theile eines Grades der Länge ausmacht. Die nordliche Breite von Süden gegen Norden fängt beim 54sten Grad 12 Minuten an und reicht bis zum 54sten Grad 39 Minuten, beträgt also 27 Minuten oder 27 Theile eines Grades der Breite. Die Grade der Länge und Breite haben aber bekanntlich nicht einerlei Größe; die letztern, als Meridiangrade, sind alle gleich, und da 1 Grad 60 Minuten enthält, oder 15 Meilen ausmacht, so betragen 27 Minuten $6\frac{3}{4}$tel Deutsche Meilen, welches die Länge der Insel von Süden gegen Norden (nach geographischen Meilen) ist. Die Breite des Landes nach geographischen Meilen zu bestimmen, ist ein wenig schwieriger, weil, wegen der nach dem Pole zu sich verengenden Parallel-Cirkel, unter dem 54sten Grad der Breite ein Grad der Länge nur $8\frac{4}{5}$tel geographische Meilen beträgt. Nach diesem Maasstab bringt die Berechnung der vorher angegebenen 40 Minuten fast 6 Meilen für die Breite der Insel, welches ziemlich mit der angenommenen landüblichen Meilenrechnung übereinstimmt. Nach der gewöhnlichen Rechnung beträgt die Linie vom Palmer Ort auf dem Zudar bis zu der äußersten Nordspitze auf Wittow, als die größte Länge der Insel, $6\frac{1}{2}$ Meilen; die größte Breite ist verschieden, je nachdem solche gemessen und bestimmt wird, in gerader Richtung von Norden nach Süden, oder von dem Peerd bis zu dem Ufer bei Bessin macht sie beinahe $5\frac{1}{2}$ Meilen, von dem Thiessower Höwt auf Mönchgut bis zu dem westlichen Hiddenseer Ufer hinter Kloster aber etwas über 5 Meilen aus, die Ausdehnung von der südlichsten Ufferecke des Drigge bis zum Königsstuhl auf Stubbenkammer enthält ohngefähr 6 Meilen.

IV.

Grösse und Umfang.

Nach diesem Längen- und Breitenmaas den Quadrat-Flächeninhalt der Insel zu schätzen, scheint leicht, und dennoch irrt, wer darnach seine Berechnung macht; denn das gewöhnliche Verfahren ist wegen der unregelmäißgen Gestalt des Landes und seiner vielen Binnenwasser gar nicht anwendbar, sondern jeder District, jeder Vorsprung und jedes Inselchen hat besonders gemessen werden müssen, um darnach des Landes Grösse zu bestimmen.

Eine allgemeine Landesvermessung ward auf Befehl der Krone Schweden, zu Anfange des achtzehnten Jahrhunderts, eigentlich in dem Zeitraum von 1692 bis 1702, von schwedischen Feldmessern vorgenommen und schon im J. 1692 kam die Agrimensur-Commission in Bergen an. Die durch diese Messung bestimmte Arealgrösse Rügens, mit Inbegrif seiner Nebeninseln, betrug 42,164,619 Ruthen nach Pomm. Maaß. Nemlich:

An cultivirten Aeckern	69,683	Morg.	203	Ruth.
„ wüsten Aeckern	3,210	—	31	—

An Waldung, Haide u. s. w.	67,654 Morg. 285 Ruth.
	140,548 Morg. 219 Ruth. *)

Diese Morgen- und Ruthenzahl auf Quadratmeilen reducirt und dabei, nach dem bisher üblichen Maasstab, den Morgen Landes zu 300 Pomm. Quadratruthen und einer Meile Länge zu 1600 Pomm. Ruthen, folglich die geographische Quadratmeile zu 2,560,000 Pomm. Quadratruthen angenommen, geben $16\frac{15}{32}$ Quadratmeilen. **) Allein in jene Vermessung sind blos die Stadtfelder und das platte Land einbegriffen; bei den damaligen wüsten Ländereien, Haide-Districten, Sumpf- und Moorgegenden und Sandstrecken mag man wohl nicht mit der schärfsten Genauigkeit zu Werke gegangen seyn, weil das ganze Ausmessungs Geschäft mehr dahin abzweckte, den Bestand der steuerbaren Aecker und steuerfreien Ritterhufen zu erforschen. als den eigentlichen Flächeninhalt der ganzen Insel geometrisch genau in Erfahrung zu bringen. Man kann also für diese kleinen Mängel und Weglassungen, imgleichen für das Areal der Städte und Flecken sicher noch $\frac{16}{32}$, oder eine halbe Quadratmeile zu der obigen Angabe hinzurechnen, und Rügen muß demnach $16\frac{15}{32} + \frac{16}{32}$ d. i. $16\frac{31}{32}$ Quadratmeilen enthalten. ***)

*) S. C. Nernsts Wanderungen durch Rügen S. 284, wo diese Angabe irriger Weise um 2 Morgen vergrößert ist. Es kann jedoch auch blos ein Druckfehler seyn.

**) Eine Reduction auf das neue Preuß. Maaß, wornach 1 Morgen Landes 180 Magdeb. Ruthen, und eine Meile 2000 Preuß. Ruthen beträgt, führt nunmehr zu einer neuen Berechnung, welche ein andres Facit für die Größe des Landes bringt.

***) K. N. Zöllner giebt dem Lande beinahe 17 Quadrat-

Diese Berechnung trift auch mit folgender geometrischen Bestimmung des Flächenraums der einzelnen Theile des Landes zirmlich genau zusammen. Es werden dabei angenommen:

		Reduction der Brüche auf Decimaltheile.
Für das platte Land des eigentlichen Rügens .	12 Qu. M.	
= Jasmund . .	$1\frac{9}{10}$ —	. 0,9.
= Wittow . .	$1\frac{6}{10}$ —	. 0,6.
= Hiddensee nebst der Fährinsel und Neu-Bussin . . .	$\frac{3}{10}$ —	. 0,3.
= Mönchgut mit dem Kirkort . .	$\frac{7}{16}$ —	. 0,437.
= Zudar . .	$\frac{15}{42}$ —	. 0,356.
= Ummanz mit den Nebeninseln . .	$\frac{3}{11}$ —	. 0,272.
= Pulitz mit dem Werder Allrügen .	$\frac{1}{60}$ —	. 0,016.
= den Vilm nebst dem Schnakenwerder .	$\frac{1}{64}$ —	. 0,015.
= die Oehe . .	$\frac{1}{85}$ —	. 0,011.
= Libitz . . .	$\frac{1}{100}$ —	. 0,010.

Dies giebt $\frac{2917}{1000}$ Theile, welche $2\frac{9}{10}$ Meilen und etwas darüber ausmachen. Folglich beträgt die ganze Inselfläche $16\frac{9}{10}$ Quadratmeilen und etwas darüber, wofür man immer 17 Quadratmeilen voll annehmen kann.

meilen; die Schätzung des G. R. v. Reichenbach, der auch der Prof. Arndt in s. Gesch. d. Leibeigensch. in P. u. R. folgt, und nach welcher der Flächeninhalt Rügens $18\frac{1}{20}$ Quadratmeilen beträgt, scheint zu groß.

Ueber die Ausmessung Rügens zur Bestimmung seiner Arealgröße giebt Gadebusch *) weitere Nachrichten. Ausführlich angezeigt sind von ihm zwei Verfahrungsarten zur Bestimmung des superficiellen Raums der Insel. Die eine besteht in einer geometrischen Ausmessung von Mayers bekannter Charte, wornach die Größe des Landes $16\frac{35}{256}$, oder 16 und ohngefähr $\frac{1}{6}$ Meilen ins Gevierte beträgt, bei welcher die kleinen Inselchen und Werder aber übergangen zu seyn scheinen; die andere, wo man ebenfalls von Mayers Charte das sorgfältig ausgeschnittene Papier, welches Land bezeichnet, auf einer empfindlichen Probierwage, nach der Schwere einer Quadratmeile, (deren Gewicht zu 42 und 45 Theilen eines Richtpfennings angenommen worden) abgewogen hat, scheint mehr nur ein sinnreicher Einfall, dessen Ausführung wegen der verschiedenen Dicke der einzelnen Papiertheile und anderer zufälliger Ungleichheiten nie ein zuverlässiges Resultat geben wird.

Zuweilen ist auch die Frage aufgeworfen, wie groß der Umkreis Rügens sey? — Denselben mit Genauigkeit zu bestimmen, hält wegen der großen Menge von Buchten und Inwicken schwer. Nach einer Zirkelmessung des als richtig angenommenen Umrisses der Insel auf Mayers Charte, beträgt ihr Umfang, mit Weglassung aller Binnenwasser, Wieken und kleinen Meereinschnitte, 28 Deutsche Meilen, 15 auf einen Grad gerechnet. Wer sie jedoch ganz umwandern könnte, würde ohne Zweifel eine weit beträchtlichere Meilenzahl finden.

---

*) Pomm. Sammlungen 1ster Band, 4tes Heft S. 330. u. f.

V.

Oberfläche des Bodens und Beschaffenheit desselben.

1. Die Ebenen. Es ist so viel von den Bergen und Gebirgen Rügens gesagt und geschrieben, daß man glauben mögte, die Insel sey ein wahres Bergland. Daß dem nicht also sey, soll, der Wahrheit gemäß, gezeigt werden.

Die Kirchspiele Altenfähr, Gustow, Rambin, Samtens, Gartz, Zudar, der größte Theil vom Casnevitzer Kirchspiel, ferner die Kirchspiele von Landow, Gingst und Rappin bis Neuenkirchen, imgleichen die von Trent und Schaprode, so wie die Strecken von Bergen bis zu dem großen Putbusser Holz, Vilmnitz und Zirkow und auch das äußerste Ende Jasmunds nach dem Wall und der Schabe hin zeigen dem Auge eine durchweg platte fortlaufende Ebene, in welcher ab und an kleine Hügel sich aufblähen.

Der ganze westliche Theil Rügens also, so wie ein District der Südseite, ist völlig ebenes über das Meer wenig erhöhetes Land. Auch die Inseln Ummanz, Oehe und der längere Theil der Insel Hiddensee, von der Vitte an, bis zur südlichsten Spitze der Luchte sind flach und niedrig. Wittow liegt zwar hoch über der Meeresfläche, ist aber ein gestrecktes Blachfeld, das sich nur gegen Arkona hin erhebt; gleichwohl haben die Wittower einigen kleinen Anhöhen eigne Namen von Bergen beigelegt, so giebt es Cummerower Berge, einen Bakenberg bei Starvitz, einen Silberberg bei Mattchow, den langen Wiesenberg, zwischen Varnkevitz und Mattchow, den Berg Stuchow bei Putgarden und den Tramkowberg bei Fern Lütkevitz. Flach ist ferner die Wittower Schabe, die

Jasmunder schmale Haide, mit Ausnahme von Thiessow, desgleichen die Mönchguter Haide von Sellin bis Babe und bis zu den Görenschen Bergen, so wie auch das Ackerland von dem dummen Steig bis Philippshagen, obwohl es hoch liegt und die schmale Erdzunge von Reddewitz. Unterhalb Gören längs dem Strande und um den Bleich- und Lobber-See bis an den Hagen und Lobbe ist das Land eben und flach; von Lobbe bis Thiessow breitet sich eine niedrige geräumige Ebene, die Dünen genannt, in der Länge von einer halben Meile aus, die den anliegenden Dörfern Groß-Zicker, Thiessow und Lobbe zur gemeinschaftlichen Weide dient, wegen ihrer freien Lage aber verderblichen Ueberfällen des Flugsandes, besonders bei Sturmen aus Osten, Preis gegeben ist; auch die Strecke zwischen Thiessow und Klein-Zicker enthält eine Fläche. — Aus diesen speciellen Anzeigen ergiebt sich, daß mehr als zwei Drittheile von der Oberfläche des Inselbodens eine große Pläne enthalten, in welcher die hie und da emporragenden wellenförmigen Anschwellungen nicht für Berge zu rechnen sind.

2. Die Berge und Hügel. Es mag hier ein für allemal als Vorerinnerung dienen, daß unter den im folgenden vorkommenden Ausdrücken Gebirge, Berglager, beträchtliche Höhen, Bergketten u. dergl. keine Schweitzer und Tyroler Berge zu verstehen sind und daß die Bewohner jener Gebirgsländer die Berge Rügens, die unter den Erhöhungen der Erde nur den untersten Rang einnehmen, höchstens nur für Hügel schätzen würden. In der That ist auch ihre senkrechte Erhöhung über der Meeresfläche, verglichen mit andern Gebirgshöhen Deutschlands, weder bedeutend, noch ihre Senkung oder schräge Abdachung steil und abschüssig, wiewohl sie eben wegen ihrer sanften Neigung gegen die Thäler und Ebenen hin den Blick und das Urtheil

täuschen, indem sie zum Theil wirklich höher sind, als sie dem Auge des Beobachters sich darstellen. Einzelne Vorgebirge sind schroff und steil, und in der Stubnitz, Granitz und auf Mönchgut haben etliche Berge jähe Abhänge. Ueberhaupt aber erreichen die wenigsten Berglehnen auch nur das Maas eines Winkels von 45 Grad, und die solches überschreiten, sind eine Seltenheit, weshalb man denn die Hochwege des Landes, wenn einige Unbequemlichkeit in Abrechnung gebracht wird, unbedenklich und gefahrlos mit Wagen passiren kann; dem rügianischen Kutscher und Fuhrmann sind daher auch schwere Wagengeschirre und Lendenriemen oder Hasen (Büchsen) der Pferde völlig fremde und entbehrliche Dinge, und der auf andern steilen Gebirgsstraßen gewöhnliche und hie und da sogar öffentlich anbefohlene Gebrauch von Hemmschuhen und Sperrketten ist hier ganz unbekannt. Was die Bildungen und Gestaltungen der Berge betrift, so hat die Natur in keinem Theile des Insellandes kühne und abentheuerliche Formen ausgeprägt, die meisten Höhen schwingen sich in wellenförmigen Abrundungen empor und man mögte sagen, es sey an mehrere Berggruppen leicht erkennbar, daß das Meer diese Massen so zusammen geschwemmt, oder aus einander geschleudert und ihnen ihre Gestalt gegeben habe, und daß sie als Denkmäler ungeheuerer Wasserrevolutionen da liegen. Spitz nach dem Gipfel zulaufend ist kein einziger unter ihnen, und da sie meistens aus einem Gemisch von Lehm und Sand bestehen, so verflachen sie sich nach dem Rotationsgesetz allmälig und verlieren im Laufe der Jahrhunderte von ihrer Höhe.

Das Inselland steigt von allen Seiten gegen die Mitte hin, wo es einen Bergrücken bildet, auf welchem die Stadt Bergen und der Rugard liegt, dessen Höhe alle übrigen Berge, Jasmunds und der Granitz

Berggipfel ausgenommen, übertrift. Dieser Bergrücken zieht sich ostwärts nach Buschwitz und Zittvitz hinab bis an den Binnenstrand, hängt zusammen mit den in einzelne Arme auslaufenden Patziger Haidebergen, welche bei dem Kirchdorfe Patzig westwärts ganz aufhören, sich aber nordöstlich nach Gnies und Ralswiek herumziehn, ferner gegen Norden mit den Strußendorfer, Sabitzer, Jarnitzer und Ralswieker Haidebergen, die längs dem Wege nach der Jasmunder Fähre fortlaufen und mit der an Jarnitz gehörigen sogenannten Näselow, einer wellenförmig geschwungenen grünen Hügelgruppe, welche an der Ostküste des Jasmunder kleinen Boddens sich hinzieht, in Verbindung stehen. Der höchste der Ralswieker Haideberge führt den Namen Kiekenberg, so wie ein anderer derselben, nordwärts nach der Fährspitze hin belegen, der Schlottberg heißt.

Gegen Süden bildet der gedachte Bergrücken eine Fortsetzung, von Bergen (der Stadt) an längs dem Gartzer Wege, nach Sassitz und Sehlen zu, wo er mit den Sehler Haidebergen Zusammenhang hat. Von Bergen und Patzig nach Gingst, Trent, Neuenkirchen und Rappin ist lauter schnurgrades, wasserebenes Land und der Hügel Ruhwasse, bei dem Dorfe Parchtitz, so wie einige andere leichte Anschwellungen sind in diesem Bezirke kaum bemerkbar; hinter Rappin hebt sich die Gegend wieder nordöstlich, bis zu dem Banzelwitzer Vorgebirge und von da, bis zu der Anhöhe Roddelin, am Anfange des Liddower Hakens. Diesem gegenüber, um das Kirchdorf Neuenkirchen, dessen Kirche auch auf einer Anhöhe liegt, zieht sich wellenförmig in einem sanften Bogen von Osten gegen Westen eine Kette von Bergen, deren sanft steigendes Joch von mittler Höhe ist. Der höchste dieser Berge, gleich hinter Neuenkirchen, hart an dem Wege nach dem Dorfe Vieregge, Hoch = Hillborth oder Hillwohrt geheißen und mit kurzem Grase und dürrem Schorfmoose (Erdflechte) bewachsen, gewährt eine trefliche Uebersicht über die umliegende Gegend, weil die ganze Hügelkette, zu welcher er gehört, isolirt in einer Ebene liegt und also das Auge durch nichts aufgehalten wird.

Betrachtet man den vordern Theil der Insel, so zeigen sich zwischen Poseritz und Gustow zwei Reihen kleiner parallel laufender Hügel, die eine Ebene einfassen, welche wie ein altes Flußbett erscheint. Nordwestlich von Poseritz, bei Groß = und Klein = Datzow, ist eine Anhöhe, der Büchenberg genannt; leichte Aufblähungen zeigen sich auch südwärts bei und um Gartz, imgleichen an der Westseite des Kniepower Sees, gegen welchen sie sich theils uferähnlich abdachen, theils gegen den Weg von Bergen nach Gartz hin verflachen.

Der östliche Theil der Insel ist die Region der Berge. Gleich bei und hinter Zirkow hebt sich eine nach Süden und Norden streichende Bergkette, welche auch östlich bis Pantow und Schmacht in einzelne Arme ausläuft; am höchsten unter diesen Bergen ist der kahle Töppkenberg, östlich, und ihm gegenüber der bewaldete Tschüschenberg. Ihnen gegenüber ragt südwärts der Bergrücken des Schellhorns hervor, der sich bis Seelvitz, Zargelitz und Mistlitz erstreckt und mit dem Blocksberge bei Posewald zusammen gränzt. Etwa von Seelvitz an streicht von Westen nach Osten in gekrümmter Form ein hoher kahler Bergrücken, der Zetenberg geheißen, hinab bis Mistlitz; auf seinem östlichen Ende, recht oberhalb des genannten Dorfes ist die Aussicht groß und reich. Hinter Mistlitz liegt der Fuchsberg und hinter diesem der Thrawsberg etwas entfernter und mehr in östlicher Richtung. Der Katzenberg, westwärts in der Nähe des Landsitzes

Posewald, ist nur ein kleiner an der Garwisch isolirt liegender Hügel.

Nordwärts von Zirkow zieht sich die Bergkette nach Hagen, gegen den Schmachter See zu, wo die Häger Berge, romantisch aufgeschwollene belaubte Hügel, sehr malerische Umsichten gewähren und läuft von da fort, neben Tribbratz, nach Dollahn, wo sie das sogenannte Dollahner Waldufer bildet, welches aber kein wirkliches Meeresufer, sondern nur eine uferähnlich oder wie ein Wall gestaltete, gegen den Strand hin scharf abgeschittene Erhöhung ist. Eine Fortsetzung dieser Kette machen die Berge der Prora, unter welchen der höchste der Schanzenberg, eine mit Wald bedeckte Anhöhe, ist, die von der auf ihrer Spitze befindlichen alten Schanze den Namen führt; von diesem rechter Hand hart an dem Wege nach der Prora gelegenen Schanzenberge hat man einen weiten Ueberblick; die Höhen der Prora wenden sich hier mit einemmale westwärts und laufen in einem Bogen hin nach dem Haken und Vorgebirge von Buhlitz (Buhls). Die etwa in der Mitte der Jasmunder schmalen Haide befindliche Erhöhung des Landes, Thiessow geheißen, liegt ganz isolirt für sich da und scheint, der Natur ihres Bodens nach, der genannten Haide gar nicht anzugehören. — Zurück also nach den Bergen hinter dem Schmachter See. Von demselben dehnt sich ein sehr niedriges sumpfiges Wiesenland, welches in uralter Zeit unter Wasser gestanden zu haben und eine Fortsetzung des Sees gewesen zu seyn scheint, südwärts aus bis Mistlitz. Dahinter wölben sich grüne Hügel bei Seramse und überhaupt steigt hier das Land bis zum Kirchdorfe Lanken. An der Südseite laufen von Nadelitz bis Lanken leichte Wellenhügel, die allesammt den Namen der Bakenberge führen und deren mehrere Hünengräber sind.

Die ansehnlichste Gruppe von Bergen in dieser Gegend bildet ohnstreitig die Granitz, allein diese Berge liegen so unregelmäßig zerworfen und oft ohne alle Verbindung da, daß es schwer ist, ohne Mithülfe einer Zeichnung davon eine deutliche und anschauliche Darstellung zu entwerfen. Das ganze Berglager der Granitz dehnt sich in seiner größten wohl über eine Meile hinausreichenden Länge bogenförmig aus von Westen gegen Osten, fängt in der Gegend von Süllitz an, bei dem Blarrberge, und endigt bei den Wittsand- und Hoch-Wurlitzer Tannen, hinter Sellin, ohnfern des Quitzelaser Ortes, welcher auf Mayers Charte nicht angegeben ist, aber noch auf der alten Lubinisch-Homannischen Charte steht. Nordwestlich erstreckt es sich von Aalbeck, bis nach Süllitz hin und wird ost- und nordostwärts von dem Baltischen Meere begränzt.

Man folge bei der Beschreibung der Richtung von Westen nach Osten und theile durch eine Gedankenlinie von Lanken, bis Blischow und Dolge, und von da, bis etwa zum Silvitzer Ort, (an der Ostsee) die Granitz in zwei Hälften, die westliche und östliche.

In der erstern strecken sich, vom Blarrberge an, die Lanker Berge, bis an die etwas vorspringende Anhöhe Knäselow, in sehr geringer Krümmung gegen Lanken hin, längs dem Fahrwege nach diesem Kirchdorfe; ziemlich scharf abgeschnitten bilden sie hier die Gränze und den Fuß der Granitz gegen Süden. Die Nordseite nach Süllitz, Neu-Süllitz und dem Hof Granitz hin verflacht sich mehr. In dem vordern Theil dieser westlichen Hälfte giebt es keine namhaften Berge von Bedeutung, im Gegentheil findet man hier eine ziemliche Bergfläche, die Bläse genannt. Hinter der Knäselow liegen ostwärts der Kunstberg, Tengberg, Saodberg und der Tempelberg beim Fürstlich

Puttbusser Jagdhause. Auf dem letztern Berge stand ehemals das Tempelchen, dessen Abbildung den Streifzügen des Indigena beigefügt ist. Tiefer in der Waldung hinter dem Tempelberge liegt der Brannholzberg und näher hin nach dem Granitzer Hofe die Quaßnitz und Wasenitz. Weiter nordöstlich folgen der Däblowerberg, Strestrowberg und die Küttenberge, sämmtlich eingeschlossen zwischen dem Dienst- und Stempelweg. Dahinter liegen, immer weiter ostwärts, der Bornberg, zwischen dem Dorfe Binz und dem Schmachter See, die Postmoorberge, die Schnittberge, der Mühlenberg und die Schweinberge, beide letztere bei und hinter der Holzwärterwohnung zu Dolge.

Die östliche Abtheilung ist bergigter. Sie wird durch ein von Südwest nach Nordost streichendes Thal, welches unterhalb des weiterhin näher zu beschreibenden schwarzen Sees *) in der Gegend einer gewissen Bergfläche, Schill genannt, beginnt, mit einem andern Thale, Hannehau geheißen, an welches eine sich mehr südwärts ziehende bis jetzt als Getreidefeld benutzte Ebene, das große und kleine Radland genannt, gränzt, in Verbindung steht und sich bis gegen die Höhe, worauf das Jagdhaus liegt, fortstreckt, — in zwei Abschnitte getheilt; die Berge liegen südlich und nordlich. Auf der Südseite nach Wibboise und Sellin hin liegen an der Gränze der Waldung, von Westen gegen Osten gerechnet, neben und hinter einander die Furthberge, Strählke, der Pandberg, Brandberg, die Laaser Berge, ein anderer Brandberg, der Krautberg, Eichberg nebst mehrern kleinern bis zum Quitzelaser Ort fortlaufenden Hügelgruppen. Die stattlichsten, auf dem Wege von Lanken nach Sellin

*) Man sehe den VIIIten Abschnitt Landseen Nr. 8.

am meisten hervorragenden Berge in dieser Abtheilung und die höchsten in der ganzen Granitz, sind der große und kleine Frankenberg, in der Nähe des Winkels Schill; hinter welchem der Schillerberg liegt. Nicht weit davon sind die vier Berge befindlich, die den schwarzen See einschließen; hinter ihnen liegen, mehr nordwärts dem Strande zu, die Roggeniker Berge und gegen Osten hin, ebenfalls an der Seeseite, die Cathrinenberge. Unterhalb derselben, nach den Wittsands Tannen zu, zeigt sich wieder eine Ebene, das Dobsche Feld genannt. — Endlich sind noch zwei Berge zu erwähnen, welche, ganz abgesondert, südlich an der Granitz liegen, und von welchen der erstere, bei Wibboise, der Feuschenberg, der andere aber, weiter nach Sellin hin, Toberans Ellernberg heißt. So viel von dem Berglager der Granitz.

Demselben gegenüber, südwärts von dem Kirchdorfe Lanken, nach dem dortigen Mühlenberge zu, so wie gegen die Lanker Bäck hin, steigt das Land zwar, ohne aber besondere Bergformen darzustellen. Auf dem durch die gedachte Lanker Bäck und den Altenziener See gebildeten Landwinkel sind auch einige Anhöhen und die beträchtlichsten derselben der Platenberg und Wittenberg.

Das in der Nachbarschaft dieser Gegend gelegene Mönchgut ist gleichfalls bergig. Die große Haide, vom Mönchsgraben an, wird durch einen hohen von Westen gegen Osten in etwas gebogener Richtung gelegenen und wie ein steiler Wall gestalteten Bergrücken eingefaßt und abgesondert. Vor dem Dorfe Gören liegen drei Berge, der Plansberg, Speckberg und Kühlbaum, unter welchen der erstere sein Haupt am höchsten hebt und am stattlichsten vom Wege durch die Haide erscheint. Dicht hinter Gören liegt ostwärts einer der höchsten Puncte auf der Halbinsel, das bekannte Peerd (Pferd), von welchem man über das Görensche Höwt hinblickt. Die Benennung Peerd hat diese Höhe daher erhalten, weil sie sich mit ihren Buchengipfeln den Schiffern auf der See in der Gestalt eines Pferdes darstellen soll; das Pferd hat aber seinen Schwanz verloren, wie man im Scherz sagte, als vor mehrern Jahren einige von den Bäumen umgefallen, oder abgehauen waren. Um den Hagen zeichnen sich der Teschenberg und, etwas weiter westlich, der Schaafberg, welcher letztere oben abgeplattet und in der Ferne wie eine Redoute erscheint, als die einzigen Berge in diesem Theile des Landes aus. Auf der Groß-Zickerschen Halbinsel, deren Anhöhen wieder eine Wellenform haben, sind der Bakenberg und der daneben liegende Abendberg die höchsten Puncte. Diese Berge ziehen sich bogenförmig in einer Kette nach dem Kirchdorfe Groß-Zicker und werden Unnerlañj'g (das Unterland) genannt, weil der Weg nach dem gedachten Dorfe unterhalb derselben, zur Rechten, hinläuft. Die vorderste und gleichsam das erste Glied dieser Bergkette formirende Anhöhe heißt der Venzenberg; weiterhin östlich öffnet sich ein tiefes Thal, das bis nach Groß-Zicker streicht und Krassendahl, d. h. kratz em dahl (pflüge ihn nieder), genannt wird. — Auf der Halbinsel Klein-Zicker steigen die Berge rings vom Ufer gegen die Mitte; auf Thiessow hebt sich das Land nur südlich und nordlich gegen die Küste. Eine am Nordende von Thiessow befindliche unförmliche Sandanhäufung gegen den Strand zu führt den Namen Hofstäde.

Jasmund ist das eigentliche Hochland Rügens und am höchsten gewölbt sind seine Berge auf der hintern Seite gegen Nordost. Auch der vordere Theil hinter der Litzower Fähre ist hoch und bergig, nur ostwärts von Semper nach dem Wostvitzer See bis

Mukrahn und westlich gegen den Jasmunder Bodden, wie auch in der Mitte gegen Sagard hin senkt es sich; hinter Ruschvitz und Glowe nach dem Walle zu wird es ganz flach.

Die höchsten Puncte dieser Halbinsel sind, außer den Stubnitzer Bergen und Ufern, die Borower Haideberge, der Goldberg, die Mühlenberge um Sagard, die Bernower Berge, die Blischower und Promoiseler Berge, die Anhöhe von Hoch-Seelow hinter Sagard, auf dem Wege nach Peussow, die Berge bei Wesselin, der Krattbuschberg, der Königsberg, die Quoltitzer Berge, die eine weite reiche Aussicht darbieten, und der Tempelberg bei Bobbin. Andre Berge nach Lanken und Krampatz hin haben gleiche Benennungen mit den an oder auf ihnen befindlichen Holzungen. — Das Gebirgslager der Stubnitz streckt sich vom ost- und nordostlichen Strande landeinwärts; die Bergketten laufen in ziemlich parallelen Richtungen neben und hinter einander fort, von Nordost nach Südwest und führen meist den Namen der Ufer, von welchen sie anfangen; so giebt es z. B. hinter dem Berge am getwählten Steinweg, welcher zwischen Saßnitz und dem Hengste belegen ist, die Wischower Berge, dann folgen die Kieler, diesen die Kolliker Berge u. s. w. Der höchste unter ihnen und der mächtigste in der Stubnitz ist der Aschberg, zwischen dem Aeser Ort und dem Borgsee. Zwischen mehrern dieser Berge liegen tiefe Thäler und Abgründe, denn die Berge haben hier steilere Lehnen und Senkungen, als sonst irgendwo auf Rügen.

Der nordliche Theil der Insel Hiddensee ragt hoch aus dem Meer hervor und von Kloster und Grieben steigt das Land in wellenförmigen Krümmungen. Der höchste Punct, nordwestwärts vom Hofe Kloster, hinter dem Dorfe Grieben, nach dem sogenannten

Dornbusch zu, ist der Bakenberg, welcher seinen Namen von einer jetzt nicht mehr vorhandenen Feuerbaake führt. Solche Feuerbaaken, dergleichen in ehemaliger Kriegszeit auf den Rügenschen Bergen und Uferhöhen mehrere aufgerichtet waren, bestanden in einem langen aufrecht in dem Erdboden stehenden Balken, woran eine Stange befestigt war, auf deren obern Ende eine mit leicht brennbarer Materie angefüllte Tonne hing, zu der man auf einigen an dem Balken befindlichen Leitersprossen hinanklimmen konnte, um sie erforderlichen Falles anzuzünden, denn ihre Flamme sollte bei einer feindlichen Landung den Einwohnern zum Nothsignal dienen; man nannte sie auch nur kurzweg Baaken.

Das Eiland Pulitz endlich, in dem kleinern Jasmunder Bodden, hat an seiner Vorder- und Hinterseite mäßige Erhöhungen, wovon die vordere nach der Mitte zu einen stumpfwinklichen Gipfel bildet.

3. Die Ufer, Vorgebirge und Landspitzen. An den Binnenwassern und Inwieken sind die Ufer bald flach, bald erhöhet. Nur die gegen den großen Außenstrand, d. h. gegen die offene See gelegenen Küsten haben meistens hohe Ufer, welche dem Lande gleichsam zu Wällen und Außenwerken gegen den furchtbaren Andrang der Meeresfluten dienen; auch wird ein begrastes, oder von Gebüsch begrüntes schanzenförmiges Ufer von den Seeleuten gewöhnlich Wall genannt. Manche der höhern Ufer sind bewaldet, oft aber nackt, d. h. die Gras- Pflanzen- oder Laubdecke ist abgerissen und Sand und Erde liegen frei zu Tage. Solche Ufer haben ein wildes, ödes, trauriges Ansehen, besonders in einigen Strandgegenden, wo sie bedeutend hoch und bei weitem steiler sind, als die Berge des Landes. Da sie großentheils aus einem Gemisch von Erde, Lehm und gelbem Sande,

seltener aus reinem Thon, bestehen, so ist ihre Farbe gewöhnlich gelblich grau, oder gelb, daher man von den Küstenbewohnern oft den Ausdruck hört: 't gäle Oewer (das gelbe Ufer). Andere enthalten blendend weißen Sand, wie die Dünen auf beiden schmalen Haiden und nach dem Quitzelaser Ort hin, andere bestehen aus Kreideflötzen. Die höchsten Landesüfer steigen über 300 Füß von der Meeresfläche auf, die flachsten liegen fast gleich mit dem Wasserspiegel.

Zur nähern Kenntniß der Uferhöhen werden folgende Bestimmungen dienen: Die Flache, d. i. die ganze Westküste Rügens nebst den dort umher gelegenen Inseln hat nur niedrige Gestade; auch die äußere und innere Strandseite der Insel Hiddensee ist flach von der Luchte an, bis zum Dorfe Kloster, und gleiche Bewandniß hat es mit dem Wittower Bug. Flach sind ferner der Binnenstrand der Wittower Schabe, des Walls, der Binnenstrand Jasmunds längs Polchow, Neuhoff, Marlow und Vorwerk, der Binnenstrand der Jasmunder schmalen Haide, der Rand um den kleinen Jasmunder Bodden von Kiekut bis Zittvitz; auf Mönchgut die Strecke längs dem Meer von Gören, bis an das Thiessower Vorgebirge, die Landzunge von Thiessow bis Klein-Zicker, die Westseite an der Hagener Inwiek, etwa von Gagern, bis Mittelhagen, und die Reddevitzer Landzunge. Abgeflacht sind auch die Umgebungen des Altenziener Sees von Babe an bis Sellin und Altenzien. Vom Gobbiner Haken bis zur großen Zudarschen Inwiek ist die Küste im Ganzen flach und hat nur zuweilen mäßige Erhöhungen. Eben so verhält es sich mit den Ufern längs der Meerenge zwischen Pommern und Rügen, vom Palmer Ort an bis zum Drigge.

Hoch, abschüssig, kahl, rauh und unhold, voll Schluchten und Einschnitte sind die nordwestlichen und nordlichen Ufer von Hiddensee bis zum Dornbusch. Wittow hat ringsum am großen Seestrande hohe Ufer von Kreptitz bis fast gegen Reidervitz. Die in diesen Ufern befindlichen ziemlich tief einschneidenden Schluchten und Vertiefungen werden dort Lithen genannt; einzelne Strecken sind mit einer Narbe von kurzem Grase bedeckt, worauf allenthalben die Schwalbenwurz [Asclepias vincetoxicum] in unzählbarer Menge wächst.

Jasmund hat schon längs des Boddens, bei der Lietzower Fähre und nach Klein-Jasmund hin beträchtlich hohe Ufer-Abschnitte, erhabener aber noch sind seine Meeresufer gegen Norden und Nordost, von Balbereck, bis Stubbenkammer, und von da, bis Krampatz. Am Ende dieser Halbinsel, bei Truup, heben die Ufer sich noch einmal und verflachen sich dann gegen die schmale Haide zu.

Da die Kreideufer Jasmunds in neuern Zeiten so oft Gegenstände der Beschauung geworden sind und häufige Wasserfahrten von Saßnitz nach Stubbenkammer veranlaßt haben, so wird eine nähere Beschreibung des ganzen namenreichen Ufer-Halbkreises, von Saßnitz, bis Ranzow, hier am rechten Orte stehen und sich vielleicht den Dank wißbegieriger Naturfreunde erwerben.

Das mannigfaltig gezackte, geborstene und durchrissene Bergufer ist streckenweise von oben bis unten dicht mit Bäumen und Gebüsch bewachsen. Die Kreidewände, deren oberer Rand durchweg mit Buchen eingefaßt ist, starren senkrecht empor aus einem schrägen, bald nackten, bald mit Gehölz bedeckten Abhange, steigen und senken sich abwechselnd und die Einschnitte bilden mancherlei Formen; die Kreide ist zuweilen weiß, zuweilen mit grauen Erdstreifen untermengt, oder die Masse besteht aus einem gelblichen Gemisch von Lehm und Kreide, und die Schichtenrichtung der Flötzrücken und Wände streicht fast überall horizontal. Was bei einer Wasserfahrt die Erwartung immer gespannt erhält, ist, daß sich die Uferpartieen nicht mit einemmale dem Auge darstellen, sondern nur nach und nach hinter eine Huuk, d. i. einen weit vorspringenden Ufer-Absatz vorschieben. Das von Saßnitz bis Stubbenkammer sanft gekrümmte Ufer, dessen Länge eine gute Deutsche Meile mißt, enthält fünf solcher Huuken, oder Ecken, die hier nach der Aufeinanderfolge angegeben werden sollen.

a. Von dem Dorfe Saßnitz nordwärts zeigt sich anfänglich (1) ein grünes Waldufer, dann folgt der Kalkhoff, (2) darauf (3) der Ußkahn, eine Uferenge, — und hier ist die erste Huuk.

b. Dann hebt sich ein grünes Waldufer, (4) die Bläse geheißen, hervor und dahinter der erste hohe Kreide-Abschnitt, (5) genannt das Gakow Ufer, dann folgt (6) der Hengst, ein Kreiderücken, an welchen sich eine lange Wand, (7) der Wischower Ort, anschließt, dessen Ende die zweite Huuk macht.

c. Jenseits derselben, weiter nach Norden, ragen zwei Vorsprünge, (8) die Wischower Klinken, empor, diesen folgt (9) das Schnaakenufer, sodann erscheinen (10) die witten Tippen mit der Tipper Wacht, (so geheißen von der Uferwache, die die Franzosen während der Occupation des Landes hier hielten) hierauf bildet (11) der Tipper oder Tribber Ort — die dritte Huuk.

d. Der nun hervortretende bewaldete steile Uferabhang zeigt zwei Erdfälle, (12) den Fahrnitzer Fall, welcher sich vor 40 bis 50 Jahren ereignete und dahinter (13) das Fahrnitzer Loch, welches entstand, als vor etwa 30 Jahren sich oben ein Stück von dem Ufer ablöste, wie auch schon oben bemerkt ist. Hierauf kommt (14) das Kieler Ufer zum Vorschein, auf welches (15) das Dreihufenufer folgt; dieses besteht aus drei Abschnitten fortlaufender sehr imposanter Kreidewände, mit nackten schrägen Abdachungen; ein Waldufer in diesem Abschnitte wird das Hunnkröös' (Hundegekröse?) genannt. Von diesem Ufer, welches eine scharfe Ecke hat, zieht sich die Küste noch mehr nordwärts nach dem (16) Kolliker oder Collichower Ort, einem steilen, sehr abschüssigen Ufer, worauf eine sehr hohe Waldecke — die vierte Huuk macht.

e. Sodann folgt ein waldiges Ufer, genannt (17) der Mönch mit dem Mönchssteige, dann (18) die Aese und der Aeser Ort, ferner (19) der witte Plakken (weiße Fleck) eine kleine aus dem Gebüsch frei hervorstehende Kreidewand, darauf (20) die lange Wand von Klein=Stubbenkammer, nebst einer tiefen Kluft, welche von ihr (21) Groß=Stubbenkammer mit dem Königsstuhl absondert; das Ende des von da immer fortlaufenden (22) grünen Waldufers macht — die fünfte Huuk.

Hier hört die Kreide auf, frei zu Tage zu liegen und das mit Holz dicht bekleidete Ufer fängt an, sich nach Westen zu krümmen.

Der folgende Winkel heißt Stubbenhörn (hühr n), daran gränzt der Abgrunder Hellenberg, daran Buhrkow, daran die Lieperhörn. Jetzt folgt das Hängenufer, dessen unterer Theil der Grüttstrand benannt ist, und endlich erscheinen Satekaas und Krivitz als die beiden letzten Vorsprünge bis zum Ranzower Dorfe Schwirenz. Die weiterhin belegenen Ufer bis Lohme, Blandow und Baldereck sind noch immer hoch und abschüssig, wenn sie sich gleich mit den eben beschriebenen nicht messen können.

An der Wasserseite der Granitz sind der Silvitzer und Granitzer Ort, dahinter, östlich, der Falkenberg und die Cathrinenberge die höchsten Uferpuncte. — Mönchguts Ufer sind hie und da hoch und steil, z. B. vom Görenschen Höwt bis Gören. Groß-Zicker hat kühne Ufervorsprünge, die eigne und mit den anliegenden, zum Theil durch sie gebildeten Thälern gleiche Namen führen. Der erste derselben hinter dem Kirchdorf Groß-Zicker heißt der Kaning, dann folgt der Bohnenberg, darauf der Griepel, weiterhin das Stappendahl und Lindendahl, dann das Permdahl und Quitschendahl und endlich am äußern Ende nach Westen der Swantegard. Alle diese Ufer bestehen aus einem Gemisch von Lehm und gelbem Sande und sind stellenweise stark mit Seedorn [Hippophae rhamnoides] bewachsen. Bei Lobbe ist ein mäßig hoher Ufervorsprung. — Der Vilm und Pulitz haben einige hohe Ufer, auch ist die Küste längs der alten Fähre und auf dem Drigge etwas erhoben.

Was die Vorgebirge, Landspitzen und Erdzungen anlangt, so muß man zuförderst die Schiffer- und Fischersprache kennen. Eines Vorgebirges äußerste Spitze wird öfters Höwt (Haupt, Cap,) genannt; Hörn, oder Hührn heißt eine einwärts gebogene Ecke, ein einspringender Winkel. Der Ausdruck Ort wird von Ufervorsprüngen, Erdzungen und Landspitzen gebraucht, ohne Unterschied, ob solche hoch oder niedrig sind; die Benennung Haken führen mehrere, spitz ins Meer auslaufende flache, oder erhöhete Landstreifen, wenn sie gleich nicht immer gebogen sind; der Name Huuk ist schon erklärt.

Die Vorgebirge liegen theils am Meer, theils am Binnenstrande. Die vorzüglichsten der ersteren sind:

a. Der Palmer und Konower Ort, beide nahe an einander belegen, auf der südlichsten und östlichen

Spitze des Zudars. Beide sind steil und kahl, der letzte ist der höchste Punct.

b. Das Klein-Zickersche Vorgebirge und das Groß-Zickersche Höwt; imgleichen

c. Das Thiessower Höwt auf Mönchgut. Hoch, steil, rauh, wild und wüst, mit sparsamer Grasung, Seedorn und oben mit einigem Buschwerk bewachsen.

d. Das Görensche Höwt, unrichtig Peerd genannt und auf den Landcharten fälsch (Pert) geschrieben. Es springt in abgestumpften unförmlichen Kegeln von gelbem Sande und Thon, die eine kleine Vertiefung bilden, hervor aus einer Hülle des Seedorngesträuchs und bäumt sich gerade nach Osten gegen das Meer auf, wider dessen Bestürmungen der Strand unten mit einem gewaltigen Lager von Steinen verschanzt ist, zwischen welchen das gewöhnliche Schilfrohr in unendlicher Menge hervorwächst. Unter den Steinen zeichnen sich zwei Blöcke durch ihre Größe aus. Das schräge Vorufer, an dessen Fuße sie liegen, ist wild, rauh und gleicht einem Chaos von zusammen gehäuftem Schutt. Des Caps nicht beträchtlich hohe gegen Gören hin sich herabsenkende Scheitel ist buschig.

e. Der Silvitzer Ort hinter Aalbeck. Hoch, steil, waldig.

f. Der Granitzer Ort, weiterhin ostwärts. Hoch, steil, aus Thon und gelbem Sande bestehend, zum Theil nackt, hie und da mit Bäumen besetzt.

g. Der Quitzelaser oder Laser Ort, in der Gegend von Sellin. Steiles aus weißem Sande bestehendes Ufer.

h. Stubbenkammer. Dieser Brillant in dem Inselringe verdient, als das Ziel vieler Reisender, eine ausführlichere Beschreibung. — Zuerst die Ansicht von unten, welche, den Blick gegen das Ufer gerichtet, sich in folgende sechs Abschnitte theilen läßt: 1. Klein-Stubbenkammer; 2. die große Uferschlucht; 3. der Königsstuhl; 4. eine Schlucht, von zwei Pfeilern eingeschlossen; 5. eine zerklüftete Kreidewand; 6. ein abschüssiges Waldufer.

A. Anschauung von unten nach der vorbezeichneten Abtheilung.

1. Klein-Stubbenkammer. Den Anfang macht die im vorhergehenden benannte Aese mit dem witten Placken an dem Aeser Ort, einer bewaldeten Uferlehne, wodurch der Anblick links, gegen Sassenitz hin, begränzt wird. Diese Partie wird noch nicht zu Klein-Stubbenkammer gerechnet, obgleich sie damit in fortlaufender Verbindung steht. Da, wo die Gränzecke der erst in neuern Zeiten so benannt gewordenen Kleinen-Stubbenkammer links beginnt, zeigen sich vor einer kleinen Schlucht zuerst, hinter und neben einander aufstrebend, in abentheuerlichen pyramidenähnlichen Formen 5 bis 6 größere und kleinere Klippen von einer unreinen Kreidemasse, deren Farbe da und dort ins gräue und schmutzig violette überspielt. Diese gigantischen isolirten Bruchstücke scheinen mit der zunächst anschließenden Wand Zusammenhang gehabt, durch Regengüsse aber, durch Druck von Schnee und Eiskrusten, oder durch den Sturz des geschmolzenen Schneewassers, durch Stürme und eigene Verwitterung ihre jetzige Zacken-Form erhalten zu haben und die nackte öde Ufervordächung, bestehend aus einem durch einander gerüttelten und zusammen gewälzten Schutt von Erde, Lehm, Sand und zermalmter Kreide giebt noch deutlicher zu erkennen, wie die Macht der Zeit und der Elemente hier alles abgerissen, fortgeschwemmt und niedergestürzt hat.

Die unmittelbar folgenden Wände von Klein-Stubbenkammer gleichen erhabenen senkrecht aufgeführten Mauern und laufen ohne Aus- und Einbiegungen in gerader Richtung fort bis zu einer Ecke, wo sie, beinahe rechtwinklich abgeschnitten, sich landeinwärts ziehen und eine (die linke) Seite der folgenden großen Schlucht oder Ufer-Vertiefung bilden. Sie sind nicht stark gekerbt und zersplittert, und nur oben an ihrem Rande sind mehrere Auszackungen und ziemlich weit herablaufende Spalten bemerkbar. Der vordere schräge Ablauf des Ufers hat gleiche Natur mit dem vorgemeldeten, die Oberfläche, von Sand und Lehm zusammen getrieben und durch Beimischung des Kreidestaubes meist weiß von Farbe, trägt hin und wieder etliche Bäume und einzelne Streifen und Flecke, die begrast sind, haben das Ansehen grüner Inseln in einer Sandsteppe. Da diese Partie vollkommen die Länge des Abschnitts von Groß-Stubbenkammer hat und ihr höchster Punct dem Königsstuhl an Höhe wenig nachgiebt, so trägt sie das Unterscheidungswort Klein eben nicht mit großem Rechte vor sich.

2. Die große Schlucht zwischen beiden Stubbenkammern. Weit hineingerissen in das Land ist diese Aushöhlung, doch mehr noch hinaufwärts, in das Ufer eingreifend, als unten. Ihr Umfang und ihre Tiefe kann, weil sie vom Strande bis oben dicht mit Bäumen bewachsen und dadurch versteckt ist, von unten weniger wahrgenommen und nicht so genau geschätzt werden, als auf dem Rande des Königsstuhls, wo man in das Amphitheater gleichsam wie in einen mächtigen mit grünem Laube angefüllten Kessel hinabblickt. In dieser Schlucht windet sich auf einem Abhange der linken Seite des Königsstuhls ein steiler geschlängelter Fußsteig, der aber wegen der weggetretenen Stuffen, die ihn ehemals gangbarer und bequemer machten, beschwerlich zu ersteigen ist, hinauf zur Höhe, wo in der Waldung da, wo der

Abhang sanfter zu werden beginnt, seine Spur auf dem Rasen allmälig verschwindet. Andere Wege und gemachte Zugänge giebt es nicht. Zur Linken dieses Pfades rieselt ein lauteres Bächlein, Golcha genannt, und etwa auf der Hälfte des Weges entspringend, das sich zu seinem Laufe ein eignes Bett in der Kreide ausgehöhlt hat, zwischen Steinen, Baumwurzeln und unter Gebüsch zum Strande hinab.

3. Der Königsstuhl. Hier fängt Groß-Stubbenkammer an, zu welcher Partie auch der folgende 4te und 5te Abschnitt gehören. Unter allen Partieen in der vorbezeichneten Uferlänge gewährt keine einen so imposanten Anblick, als diese kühn aufgethürmte, stolze Uferwand, nicht blos wegen ihrer Höhe, die die benachbarten beherrscht, sondern auch, weil sie gegen das Meer zu vor den andern Abschnitten mehr hervorspringt. Sie hat ohngefähr die Form einer oben horizontal abgeschnittenen Pyramide, bis zu einem Absatz, welcher linker Hand gegen die große Schlucht mehr in gerader Senkung gerichtet steht. Obgleich sie dem Auge fast als eine gerade Wand erscheint, so ist sie doch in der That beinahe halb rund und ihre Seiten begränzen die anliegenden beiden Schluchten. Recht vor der Mitte ihres obern Randes, der von mehrern Spalten und Regenrinnen durchrissen ist, steht eine Zacke, die die Spitze einer kleinen wie ein Zuckerhut geformten Vorschweifung der Wand ist, aber viel verloren hat. *) Des Königsstuhls Scheitel trägt jetzt nur eine Buche, als den einzig übrig gebliebenen Baum von vielen seines Gleichen. So wie die Masse hier aufgeschichtet und zusammengeflötzt ist, zeigt sie sich rauh, uneben und von einer Menge gro-

*) Der Verfasser fand sie vor beinahe 30 Jahren ansehnlich höher.

ßer und kleiner Borsten und Risse zerfetzt, doch nur dem Auge des schärfern Beobachters, weil die Höcker, Kanten, Falten und Einschnitte sich meist in der Blendung der Farbe verlieren, die jedoch nicht überall gleich rein weiß ist, sondern stellenweise schmutzig grau schattirt, oder ins gelbliche übergeht. Die schräge Ufervorbachung ist vom Fuß der Kreide bis zum Strand hinab ziemlich dicht mit Bäumen besetzt.

Den Namen des Königsstuhls führt diese ungeheuere Kreidemasse vermuthlich von ihrer Höhe und Gestalt, indem es ein natürlicher Gedanke ist, eine erhabene majestätische Spitze mit dem Ausdruck eines Königlichen Sitzes zu bezeichnen. Es giebt mehrere Berggipfel, die der Mund des Volks zu Königsstühlen ernannt hat, unter andern führen auf der Insel Mön, deren Kreideufer große Aehnlichkeit mit den Jasmundischen haben, *) zwei Hervorragungen die Namen Kongstol und Dronningstol (Königinstuhl). Daß Carl XII. von Schweden, oder ein älterer nordischer König, um eine Seeschlacht zu beobachten, die Scheitel dieses Caps zum Sitz gewählt habe und daher der Name des Königsstuhls rühre, ist Fabel.

4. Die Kluft mit den Pfeilern. Gleich rechter Hand hinter diesem Prachtkegel senkt sich, jedoch nur nach oben zu, (denn der untere schräge Uferablauf behält fortwährend gleiche Lage und Richtung) in das Ufer eine Kluft, die die linke Seite der sich einwärts krümmenden Wand des Königsstuhls einfaßt, und welche durch eine vorgezogene Wand verschlossen seyn würde, wenn diese nicht von einer weiten Spalte durchschnitten wäre. Dadurch ist die Masse in zwei Hälften getheilt, welche die Pfeiler genannt

*) S. v. Bonstettens verm. Schriften. 2ter Bd. Beschreibung d. Insel Mön.

werden, und zwischen welchen sich ein freier Ein- oder Durchgang zur Schlucht befindet. Diese senkrecht empor gerichteten, rauhen, überall zerschlitzten, abgebröckelten und mit Feuersteinlagen durchzogenen Kegel oder Pfeiler sind zwei unförmlichen Spitzsäulen, die ein Thor einschließen, vergleichbar, aber weder so mächtig, noch so grotesk gestaltet, als die zuvor geschilderten pyramidalischen Zacken am Endpunct von Klein-Stubbenkammer; auch hat ihre Höhe seit etwa 30 Jahren merklich abgenommen. Die Weite der Oeffnung zwischen ihnen beträgt mehr, als einen Klafter und durch dieselben haben Regen und Schneewasser viele Theile hinausgeschwemmt und zugleich sich selbst in dem auch hier mit Bäumen besetzten Uferablauf ein sogenanntes Regenbett ausgespühlt, welches von unten einem weißen Fußsteige ähnlich erscheint. Wegen dieser Pfeiler ist am Strande fast nichts sichtbar von der Kluft, als ihr Rand und einige über denselben hinausragende Bäume; rechts wird sie eingeschlossen durch die Seite des angränzenden Abschnitts, oder

5. Der zerklüfteten Kreidewand. Diese reicht bis an den Pfeiler zur Rechten, mit dem sie völlig verbunden ist und enthält, weiter rechts von demselben der Länge nach gespalten, eine Vertiefung oder Nische. Von da läuft sie, bald eingebogen, bald etwas vorgestreckt und einen scharfen Rücken bildend, in steigender Höhe noch etliche Klafter fort, senkt sich dann ziemlich stark, ist noch einmal von einer bis zu ihrer Basis reichenden Spalte durchrissen und macht nicht weit davon einen scharfen, schroffen Abschnitt, welcher zugleich das letzte Ende des Kreidelagers ist, wenigstens steht von hier an und weiter rechts die Masse nicht mehr frei zu Tage, außer eine Strecke lang in dem entferntern Lohmer Ufer. An dem Rande dieser ganzen Wand, worauf sich noch einige Bäume

erhalten haben, die in einer auf der obern Platte etwa 2 bis 3 Ellen hoch liegenden, dünn begrasten Schichte von schwarzgrauer mit Lehm vermischter Erde festgewurzelt sind, zeigen sich mehrere zackige, kegelförmige Ausschnitte und flachere und tiefere, doch nicht weit hinabreichende Regenrinnen und Borsten, und die Baumwurzeln und Fasern haben sich über einzelne Stellen der obern Erdlage, wo in derselben durch Ausspühlung und Absturz Lücken entstanden sind, zu einem krausen verworrenen frei herabhangenden Netzwerk verflochten. Der sich in seiner schiefen Neigung immer gleich bleibende Ablauf des Vorufers besteht auch hier aus einem Gemengsel der schon oft angegebenen Bestandtheile, so wie der Zufall diese herabgespühlt, über und durch einander getrieben hat, und die Lehne ist von unten bis zum Fuße der Wand sehr dicht mit Gehölz bewachsen.

6. Das abschüssige Waldufer. Von nun an besteht die Fortsetzung des Ufers bis zu Ende der Huuk rechts, oder dem Stubbenhöhrn, nur aus einem schrägen, aber noch immer ansehnlich hohen, ganz mit dicker Waldung überdeckten Wall und ist nicht weiter merkwürdig. Gleiche Beschaffenheit behält die Küste längs der folgenden Nordost- und Nordseite bis zu den Stranddörfern Koosdorf und Baldereck und wird nur zuweilen von tiefen Schluchten durchbrochen, unter andern von einer bei Bisdamitz, die dreifach zerklüftet und sehenswerth ist. —

Die hier nach der Reihefolge geschilderten Kreideflötze sind überall mit Lagen von Feuersteinen durchsetzt, aus denen man ohngefähr abnehmen kann, wie sich die Masse über einander aufgeschichtet hat. Sie laufen ziemlich parallel, meist in horizontalen Linien, als wenn sie wie Reihen von schwarzen Steinschnüren auf den weißen Grund befestigt wären, nur an der

Ostseite des Königsstuhls zieht ihre Richtung sich schräge niederwärts. Ueberhaupt unterscheiden diese Kreideufer sich von andern Felsenlagern durch eine gewisse Eigenthümlichkeit, zu welcher die Umgränzung des Meeres viel beiträgt; aber auch die Verbindung und der grelle Abstich des Colorits, das hier in gewissen Abstufungen blos in den drei Localfarben blau, grün und weiß besteht, geben der ganzen Situation etwas originelles, wie selbst Kenner von andern kühnern, erhabenern Felsenmauern und Zacken eingestehen. Das Gehölz, womit die schiefen Uferlehnen bedeckt sind, besteht meistentheils aus Buchen, worunter wilde Birn- und Kirschenbäume, Ebereschen (Quitschen), Löhn [acer platanoides] und Haselstauden angetroffen werden; die oben hervorragenden Bäume sind allesammt Rothbuchen.

Der untere, flache, äußerste Rand am Seestrande besteht aus einem Lager zahlloser größerer und kleiner hie und da mit herabgerollter Kreide und Lehmklumpen bedeckter Steine von verschiedener Gattung, die, von Sturzwellen der Brandung an einander gerieben und dadurch meistens ziemlich geglättet und abgerundet an den Strand geworfen, eine dammähnliche Fußbank bilden, worauf der Litholog manche der (im 11ten Abschnitt Ite Abth. Nr. 3.) angeführten Versteinerungen treffen kann, wenn er beim Suchen einige Mühe anwendet, obwohl seltene Stücke schon von Fremden weggegriffen seyn mogen. An mehrern Stellen dieses Damms hat sich ein brauner Ueberzug von angeschwemmten Seepflanzen (hauptsächlich Dang oder Seegras und fucus vesiculosus) festgesetzt, der im Zustande der Verwesung, besonders wenn er vom Salzwasser angefeuchtet worden, einen unerträglich ekelhaften Geruch wie von faulen Fischen verbreitet. Unter dem Gestein sind einige mächtige Granitstücke, die vielleicht die Gewalt der Sturmflut angeschoben hat, von welchen einige aber auch von dem Ufer niedergestürzt seyn mögen. Der größte unter diesen Steinblöcken ist, dem Ende der Kreidewand von Groß-Stubbenkammer, etwa hundert Schritte vom Ufer in der See gelagert, aus welcher er aber ansehnlich hervorragt. Er wird der Waschstein genannt, von einer alten Fischersage, daß alle sieben Jahre ein Meerweibchen (Wassernixe) ihn an einem gewissen Tage besteige, um sich darauf zu waschen. Die Besiegung der Beschwerlichkeit, nach diesem zur Auffassung des Total-Prospects am vortheilhaftesten gelegenen Standpunct hinzuwaten, bringt den Gewinn, daß von da alle vorbeschriebenen sechs Abschnitte, die zusammen eine Viertelmeile ausmachen, am besten zu übersehen sind.

Daß das Ufer, und vornemlich die Masse des Königsstuhls, von unten angesehen, sich zu verlängern und höher aufzusteigen scheint, als es in der That gehoben ist, diese Wahrnehmung beruhet blos auf einer optischen, dadurch erklärbaren Täuschung, daß das Auge den Gegenstand beinahe berührt und durch diese Nähe verhindert wird, dessen wahre Höhe richtig aufzufassen und zu schätzen. Sonst ist die senkrechte Erhebung dieser Uferwände über die Meeresfläche, genau nach dem Längenmaas bestimmt, eben nicht beträchtlich; Rellstab giebt sie zu 600, der Pastor Frank zu 500, Nernst zu 420 Fuß an. Der Consist. R. Zöllner hat nach einer am 6ten August 1795 auf Stubbenkammer angestellten Barometer-Beobachtung den höchsten Punct des Ufers zu 360 Fuß, oder 180 Ellen berechnet; *) nach wirklicher, vor mehrern Jahren von einem schwedischen Artillerie-

---

*) Zöllners Reise nach d. Insel Rügen S. 278. u. d. Beilage z. S. 528.

Officier unternommener Messung beträgt des Königsstuhls Höhe 400 und etwa 30 Fuß, und diesem Maas giebt der höchste Punct von Klein = Stubbenkammer wenig nach.

B. Uebersicht von der Höhe.

Der Anblick von oben auf die Tiefe hat etwas Großes, Colossales, das anfangs Staunen und Schwindel erregt. Da aber die Gegenstände in einer der untern entgegengesetzten Lage und beinahe in umgekehrtem Verhältniß angeschauet werden, so wird das Auge, nachdem es sich orientirt hat, bald gewahr, wie sich an ihnen alles abkürzt, zurückzieht, verengt, verflacht und verkleinert; die schräge Voruferlehne wird fast zur ebenen Fläche, die Bäume darauf kriechen bis zur Zwergsgestalt zusammen, und das dammähnliche Steinlager unten schmälert sich zu einem weißgrauen Saum, womit die Küste eingefaßt scheint. Weit ausgedehnt hingegen liegt der Halbkreis des Meeres da, an dessen Horizontalabschnitt man jedoch vergeblich nach einer dämmernden Küste von Schonen oder der Insel Bornholm sucht und endlich weit zur Linken nur das niedrig liegende Arkona in der Ferne gewahr wird. Den Rand der See, ihre letzte Welle glaubt man unter seinen Füßen zu erblicken, daß aber diese Nähe nur scheinbar sey, beweist der Fall von Steinen, die, mit kräftigem Arm im Bogen geworfen, das Wasser kaum berühren. Daß aber diese Höhe von der See aus mit Geschütz recht wohl erreicht werden könne, davon gab im Sommer des Jahrs 1811 ein Engländer den Beweis; als nemlich, während des damaligen allgemeinen Continental Sperrungs-Systems, ein schwedisches Militair-Commando, welches hier Uferwache hielt, einigen Matrosen, die von jenem Fahrzeuge abgeschickt waren, um frisches Wasser einzunehmen, die Landung wehrte, so schoß der etwa

200 Klafter vom Lande unter dem Stubbenkammerschen Ufer vor Anker liegende Kauffahrer mit seinen kleinen Schiffskanonen so nachdrücklich hinauf, daß die Kugeln durch die Stubnitz sausten und mehrere Bäume beschädigten.

Der beste Standort zur Ueberschauung des Ganzen ist des Königsstuhls erhabene Scheitel, ein freier, ebener, unregelmäßig viereckiger Rasenplatz, zu welchem ein schmaler über einen etwas steilen Kreiderücken hinlaufender Fußsteig führt und erst auf dieser Platte-Forme gewinnt die Vorstellung von der Höhe, worauf man sich befindet, durch die perspectivischen Verkürzungen und Verjüngungen mehr Klarheit und Bestimmtheit. Auf diesem äußersten vor allen übrigen Partieen hinausgeschobenen Punct, welcher nach Anzeige des Compasses, womit der Verfasser ihn untersucht hat, beinahe gegen Osten liegt, hatten die Franzosen in der letzten Kriegszeit eine hölzerne Baracke für ihre hier beständig liegende Küstenwache errichtet, die denn diese Platte, bis auf den vorhin gedachten Baum, völlig kahl geschoren, imgleichen längs der Außenkante der folgenden Wand, wo sonst alte Buchenstämme mit vielen hundert zum Andenken eingeschnittenen Namen den fremden und einheimischen Besuchenden gleichsam ein großes Stubbenkammersches Stammbuch präsentirten, mehrere Bäume gefällt und zu Wach- und Kochfeuer verbraucht hat. Aber auch bis auf hundert Schritte, vom Ufer waldeinwärts gerechnet, ist nicht nur das Holz der Waldung, was vordem Menschen, und Pferden und Wagen gegen Sonne, Wind und Regen Schutz und Schirm gab, ziemlich weggehauen, sondern auch das seit dem J. 1801 auf dem nun freien Platze, unter dem Namen einer Köhlerhütte, errichtete hölzerne Gebäude, worin der Reisende Schutz gegen böses Wetter, auch eine

Nachtherberge finden konnte, sammt der nicht weit davon befindlichen Schaukel, von den Franzosen niedergerissen und aufgebrannt worden. Auf höhere Anordnung ist dort gegenwärtig ein neues Logierhaus nebst einem Pferdestall angelegt; ersteres enthält ein Mittelzimmer und vier Schlafcabinette; es steht dem Königsstuhl gegenüber.

Vom Königsstuhle links belegen klafft die vorgemeldete Concavität, hinter den Pfeilern. Ihren halb rund ausgeschnittenen obern Rand kann man ohne alle Gefahr betreten, weil er nicht schroff und der Boden fest und lehmig ist. Beim Annähern an andere Uferränder hingegen bedarf es großer Vorsicht und Behutsamkeit, und Unvorsichtigen mag es zur Warnung dienen, daß die meisten Kanten locker, mürbe und bröcklich sind, und daß die Narbe des Rasens an mehrern Stellen gar keine Unterlage hat, sondern hohl überliegt, so daß ein unbedachtsamer Tritt leicht Gefahr bringen kann. Die Kluft, die, etwa in der Form eines halb durchschnittenen Filtrirhutes, oben weit und unten enge ist, reicht nur bis zu den Pfeilern hinab, welche wegen der starken Verkürzung winzig und abgestumpft erscheinen und bis zu denen die Hälfte der Höhe gerechnet wird. Die Vertiefung hat eine steile Senkung und weil sie kahl und ohne Bäume und von beiden Seiten von Kreidewänden eingeschlossen ist, etwas finsteres und unholdes, nur oben ist der Abhang hin und wieder mit wenigem Gesträuch und sparsamer Grasung bewachsen. — Dies soll, der Tradition zufolge, die Kluft seyn, die in älterer Zeit zwei berüchtigten Freibeutern, Störtebeck und Gödeke Michel, als Schlupfwinkel und zur Verbergung ihrer erbeuteten Schätze gedient hat; allein eine solche Raub-Niederlage erfordert eine Stelle, die zur Landung wie zu schneller Einschiffung sicher und bequem ist, und dazu mögte diese Küste wegen der Menge blinder Klippen und weit sich in die See erstreckender Steinlager wohl eher hinderlich, als tauglich seyn, auch hat das Local schon deswegen eine geringe Vermuthung für sich, weil das Hinaufschleppen der Beute äußerst beschwerlich gewesen wäre und der Versteck für den Fall eines Angriffs eine sehr unsichere Lage hat. Indeß ist es eine alte allgemein verbreitete Sage, die sich bis auf unsere Zeit erhalten und das für sich hat, daß Störtebeck, als ein geborner Jasmunder, (er soll ein unterthäniger von dem Gute Ruschvitz auf Jasmund entwichener Knecht, Michel aber aus der Gegend von Barth gebürtig gewesen seyn) diese Uferschlucht wohl kennen konnte. Auch Schwarz erzählt, *) „er habe von einem Edelmanne gehört, daß derselbe in seiner Jugend in einem der Pfeiler noch einen eisernen Haken gefunden, auch einige Stuffen, die von unten zu dem Eingange hinauf geführt hätten, bemerkt habe,“ und fügt hinzu, „man habe ein Histörchen, daß in der Schlucht eine kleinere Höhle befindlich gewesen sey, die zu einem verborgenen Gewölbe geführt habe; darin sey ehemals ein Missethäter an einem Strick herabgelassen, welcher von den dort befindlichen Schätzen Wunderdinge ausgesagt habe,“ — überläßt es aber jedem, davon zu glauben, was er will.

Das Geschichtliche von den gedachten Seeräubern besteht kurz in folgendem: Unter dem Vorwande, die Stadt Stockholm mit Lebensmitteln zu versehen und den Flotten der Hanse und der nordischen Seemächte Proviant und andere Bedürfnisse zuzuführen, hatte sich etwa um 1389 eine Gesellschaft von Seeleuten

---

*) Schwarz Geographie des Nord. Deutschl. S. 97.

verbunden, die sich von ihrem Gewerbe den Namen Vitalienbrüder (d. i. Victualienbrüder) beilegte, bald aber sich als ein mächtiger Seeräuberbund zeigte, der am Ende des 14ten und zu Anfang des 15ten Jahrhunderts auf der Ost- und Nordsee Schiffahrt und Handel beunruhigte, Küsten plünderte und sich sogar in politische Angelegenheiten des Nordens mischte. Bei diesen Corsaren, die sich nunmehr Lynkendeeler oder Lykendeeler *) nannten, hatten unter andern auch zwei der Pommersch-Rügenschen Heimath entlaufene Bauerknechte, Claus Störtebeck (Sturzbach) und Gödike (Gottfried) Micheel, Dienste genommen und von gemeinen Matrosen sich zu Schiffshauptleuten hinauf gearbeitet. Die verbündeten Hanseaten wandten alles an, um dem Unfug der Freibeuter zu steuern und die Lynkendeeler Bande zu vernichten, welches aber nicht so bald gelang. Ein kleines Geschwader dieser Caper ward von den Hamburgern bei Helgoland angegriffen, besiegt und den in diesem Gefechte gefangen genommenen Anführern Störtebeck, Micheel, Wichmann und Wikbold wurden im J. 1402 auf dem Grasbrok bei Hamburg die Köpfe abgeschlagen; auch die geringern Genossen, 150 an der Zahl, wurden hingerichtet. Störtebeck soll für sein Leben so viel Gold und Silber geboten haben, als ein ausgehöhlter Mastbaum fassen könnte, auch soll vormals auf dem Baumhause zu Hamburg, oder in der Schiffergesellschaft ein silbernes Trinkgeschirr für Störtebecks Mundbecher gegolten und den Namen Stürzenbecher geführt

*) Sie giengen bei Vertheilung des Raubes zu gleichen Theilen (lieken Deel), daher der Name Lykendeeler, oder Lynkendeeler, wiewohl sie in Chroniken auch Vitalianer genannt werden.

haben. Von dieser Begebenheit ist noch ein altes Volkslied vorhanden, welches also anhebt:

Störtebecker und Göd'ke Micheel
Die raubten beide zu Lykendeel
Zu Wasser und nicht zu Lande;
Bis daß es Gott im Himmel verdroß,
Da mußt'n sie leid'n große Schande.

Störtebecker sprach allzuhand:
Die Westsee ist mir wohl bekannt,
Da will ick uns wat hahlen,
Die reichen Kaufleut' von Hamburg
Die sollen das Gelag bezahlen.

Die Hamburger, von der Annäherung der Seeräuber benachrichtigt, rüsten Schiffe gegen sie aus und gehen damit bei Nebelwetter in See. Als der Nebel sich zerstreuet, werden sie der Feinde gewahr, die einen Hölk erbeutet haben, womit sie nach Flandern wollen. Sie werden angegriffen und nun heißt es weiter:

Die bunte Kuh (Bontekou, des Schiffes Name)
aus Flandern kam,
Sobald sie das Gerücht vernahm,
Mit ihren eisernen Hören, (Hörnern)
Sie gieng mit Brausen durch das Meer,
Den Hölk' wollt sie verstöhren u. s. w.

Die Räuber werden gefangen nach Hamburg gebracht, wo der Bürgermeister Simon von Utrecht ihnen das Todesurtheil spricht. Am Schluß berichtet das Lied, daß sie in ihren Prunkkleidern unter Trommel- und Pfeifenklang zum Richtplatz geführt worden, und daß der Scharfrichter Rosenfeld geheißen habe. —

Anlangend den Namen Stubbenkammer, so kann derselbe vielleicht ganz zufällig entstanden seyn.

Weil aber in alten Benennungen oft ein geheimer Sinn gesucht wird, so hat auch er öfters die Frage veranlaßt, ob er eine besondere Bedeutung enthalte und aus der Wendischen Sprache abzuleiten, oder aus der Deutschen zu erklären sey? — Man hat gemuthmaßt, daß dieses Bezeichnungswort eine Erfindung der vorgedachten Flibustiers der Ostsee und durch Zusammenziehung der Wörter Stube und Kammer entstanden sey, indem durch das erstere die Kluft und durch das letztere die darin befindlich gewesene Höhle angedeutet werde; man hat auch das Wort von dem plattdeutschen Beiwort stuuf, d. i. stumpf, imgleichen von dem Verbum stuwen, d. h. abstutzen, abstumpfen, herzuleiten und auf die Form und das Ende der Kreidewände zu beziehen gesucht. Da noch heutiges Tages auf Jasmund die Stubnitz vom Volke de Stoow' genannt wird (11ter Abschn. IIte Abth.), so kann vielleicht daraus der Name Stoowenkammer entstanden und solcher hochdeutsch in Stubbenkammer verändert seyn, mit der Deutung, er bezeichne eine Eckkammer der Stoowe, wiewohl die Ausdrücke Stubben-nitz und Stubben-Kammer mehr Zusammenhang zu haben scheinen. In den ältesten Landesurkunden wird, so viel dem Verfasser bekannt geworden, der Name gar nicht und in spätern Verordnungen nur so gefunden, wie man ihn noch jetzt schreibt und ausspricht. Wahrscheinlich ist er, nebst den meisten oben angeführten Namen der übrigen Vorsprünge und Ecken bis Saßnitz, slavisch-wendischen Ursprungs. Auch Schwarz scheint dieser Meinung zu seyn, indem er für bedeutsamer hält, Stubben-Camen zu sagen, *) und darüber die Erklärung giebt, daß Camen in der slavischen Sprache

*) Schwarz Geogr. d. Nord. Deutschl. S. 96.

einen Stein anzeige, und wirklich trifft man auch auf Rügen mehrere diesem verwandte Ausdrücke, z. Bsp. Camin, Caming, Camenow u. dergl. Allein was soll der Ausdruck Stubbenstein bedeuten? etwa Felsen der Stubnitz? Kreide ist aber kein eigentliches Gestein, heißt auch auf slavisch Mell, so wie ein Fels Skala, und wahre Steinfelsen sind hier nicht anzutreffen. Soll sich das Wort Camen auf die Kreidemasse beziehen, so können auch die übrigen Kreideufer der Stubnitz den Namen Stubben=Camen (Stubnitzfelsen), weil er allgemein ist, mit gleichem Rechte führen, als dieses Vorgebirge. Das Vorderwort Stubben bleibt in Schwarzens Erklärung ganz unerklärt, vermuthlich weil es im slavischen keinen solchen Ausdruck giebt. Plattdeutsch heißt Stubben der Stumpf eines abgehauenen Baums, allein solches giebt keinen hieher passenden Sinn, und weder der Name der Sandbank Stubber, noch der beiden auf Rügen gelegenen Güter Stubben (einst einem ausgestorbenen adelichen Geschlechte gleiches Namens gehörig), verbreiten Licht über diesen Ausdruck, da deren Bedeutung selber im Dunkeln liegt.

i. Arkona. Hier ist der äußerste Endpunct von Deutschland nach Norden und groß, kühn und stark, wie einst die Altvordern des Landes waren, ist diese Ufergränze. Eigentlich macht das Vorgebirge von Arkona einen etwas stumpfen Winkel, dessen beide Schenkel, — dieser gegen Nordost, jener gegen Osten sich streckend, — zwei verschiedene Seiten bilden und auf dessen Spitze der Anfang kahler, schmutziger Kreidewände ist, die, in der Richtung von Nordost nach Osten gelagert, von zahllosen Spalten und kleinen Borsten zerklüftet, senkrecht lineirt und von horizontallaufenden Feuersteinreihen schichtenweise durchzogen sind. Sie bäumen sich, in zwei Partieen getheilt, senkrecht, aber in ungleicher Höhe auf, zeigen einzelne Stellen des obern Rasenabhanges und bestehen aus unreiner Kreide, deren Verbindung mit Lehm und Erdtheilen sich durch eine Menge grauer und gelber Farbenstreifen offenbart. In den obern Uferkanten haben tausende von Uferschwalben Löcher gemacht, die ihnen zur Wohnung dienen. Das wie ein hinabgeschüttetes wildes Sand- Lehm- und Kreidegemengsel sich gegen den Fuß der Wände lehnende schräge Vorufer ist nackt, nur hie und da mit kurzem Dorngesträuch besetzt. Die Kreidemasse reicht bis an eine mäßige Vertiefung, die in einem von oben nach unten schräge ablaufenden Lehmufer besteht. Daran gränzt ein sich vordrängender kleiner Flötzrücken, der reinere und weißere Kreide enthält und mit dem das Kreidelager aufhört, denn von hier an bis zur Vitte ist das minder schräge Ufer mit Grasung bewachsen und einem Walle ähnlich. So ist die Beschaffenheit dieser Seite, die an der Tromper Wiek, welche hier endet, belegen ist.

Wild, unhold, düster, traurig, einer unheimlichen Wüstenei gleichend ist die andere, nordöstliche Seite des Vorgebirges, wo weder ein Schimmer von Kreide, noch Baum und Gesträuch die Ansicht aufhellt und erfrischt. Das ziemlich hohe Ufer, über dessen Rand der Wall der Jaromarsburg als eine eigne Kuppe hervorragt, (s. d. IIten Thl. 25sten Abschn. Nr. 4. Wall auf Arkona) und dessen durch einander gemengte Bestandtheile von Lehm, Sand und Erde eine schmutzig graue und braungelbe Farbe zeigen, hat einen jähen Abhang, ist nackt, von Regenfurchen und Schneerinnen ausgehöhlt und von den Stürzwassern sind große Erdklumpen abgelöst, fortgerollt und theils am Abhange hängen geblieben, wo sie unförmliche Bänke und Absätze bilden, theils zum Strande hinabgestürzt, den hier, wie auf der andern Seite, ein Dammlager von abgerundeten Kieseln, Feuersteinen, Granitblöcken und grobem Strand- oder Haffsand bedeckt.

Der höchste Punct des deutschen Nord-Caps bis zum Wasserspiegel wird, lothrecht, ohngefähr zu 200 Fuß, oder 100 Ellen angenommen. Oben ist eine ebene freie Platte, die Kornfeld, bis zum Wall hin, und einige zur Weide dienende Rasenflecke, am Rande, enthält. Von der Höhe hat man einen ungleich größern Gesichtskreis, als auf Stubbenkammer, denn hier ist die Aussicht landeinwärts, die dort die Waldung verschließt, frei, auch reicht der Kreisbogen des Meeres weiter, und rechts liegt die Küste von Jasmund, links die Insel Hiddensee, in der Ferne aber, weniger links, die dänische Insel Mön. Von dem oben befindlichen Walle weiter hin. Nur so viel sey noch bemerkt, daß vor 650 Jahren die Fläche rings um diesen Wall, die jetzt nur magere Weide enthält, mit Gehölz bedeckt war, das bis zum Ufer reichte. — Der Name Arkona, den der geringe Mann gewöhnlich Uhrtkona, auch Akkona und Ollkona ausspricht, ist uralt, die Chronikanten Saxo und Helmold benennen ihn in lateinischer Sprache Arkon und Archona. Für die Etymologen könnte es eine Aufgabe seyn, zu untersuchen, ob zwischen diesem rügenschen Arkona und dem italiänischen Ankona eine Namens-Verwandtschaft statt finde und wie solche zu erklären sey. Schwarz hält den Namen für scythisch, weil noch bei den heutigen Tataren Ark-Kon eine hohe Uferecke bedeutet, *) eben so gut kann er aber auch von dem griechischen αρχον (das Anfangende) abgeleitet werden. Ossian nennt sich oft selbst die Stimme von Kona, einem in der Nähe seiner Burg gelegenen Thale.

*) Dipl. Gesch. d. Pom. Rüg. Städte. S 615.

k. Dornbusch. Steiles stumpfes Vorgebirge am Nordende von Hiddensee, so benannt von dem oben stehenden Dorngebüsch. Schiffer nennen auch wohl die ganze Insel Dornbusch.

An den Binnenwassern zeichnen sich nur folgende am Jasmunder Bodden belegene Vorsprünge aus: 1. das Banzelvitzer Vorgebirge, so benannt von dem nicht weit davon, im Rappiner Kirchspiel, befindlichen Dorfe Banzelvitz; steil, öde, wüst, lehmig und sandig, von Regengüssen gefurcht, mit etwas Grasung bewachsen. 2. Der Stedarsche Haken, ostwärts hinter dem Landsitz Stedar; hin und wieder schroff, besonders an der Spitze, der Thänkenberg genannt; ein Lehm- und Sandgemisch, mit Gebüsch und Bäumen, oben mit Wald bedeckt. 3. Der Thiessower Ort auf der schmalen Haide, Pulitz gegenüber; scharf abgeschnitten, mit kurzem Gestrüpp bewachsen. — Andre kleinere Vorsprünge am Jasmunder Bodden, namentlich der Schußhaken, Palmhaken, der Sonnenhaken an der Südostseite des Eilandes Pulitz, das Oster- und Westerriff auf dem Westende von Buhlitz, sind unbedeutend.

Von Landspitzen, die mit dem Namen Ort bezeichnet und meistens flach sind, giebt es eine Menge, z. Bsp. den Fresenort auf Ummanz, den Lischower, Drigger, Muglitzer Ort, den Eckort am Bug und den Bugerort an der Spitze des Bugs, imgleichen den Steinort auf der Insel Oehe; die flache Landzunge seitwärts neben dem Jasmunder Fährhause heißt schlechtweg der Ort. — Andre Landspitzen sind: die Luchte, oder äußerste Südspitze von Hiddensee, am Gellen, so benannt von der Luchte (Laterne), welche in vormaligen Zeiten für Seefahrer dort errichtet gewesen ist; der Bleews, eine Ecke am Bug, dem Kirchdorfe Wiek schräge gegenüber belegen und ein guter Landungs- und Sicherheitsplatz für Böte und Schuten;

der Kindelbiershaken, eine flache Landzunge auf dem Zudar, westwärts von der Glevitzer Fähre; die Reddevitzer Landzunge auf Mönchgut. — So viel von den rügianischen Küsten.

Was die Beschaffenheit des Bodens betrifft, so wird in den Ebenen der ergiebigsten Districte des eigentlichen Rügens eine schwarzgraue ein wenig ins röthliche spielende, etwas mit Sand vermischte Erdart, oder gelber ziemlich steifer Lehmboden angetroffen, in andern eine Mischung von Erde, Lehm und Sand, in den sterilsten und magersten Gegenden ist der Sand vorherrschend. Die Berge sind oft bloße Sandanhäufungen, oder Massen von Lehm, Sand und Grand. Wittow hat meist Lehmboden. Jasmunds niedrige Districte enthalten großentheils lehmigen Boden, einen sandigen Strich vorne längs dem Ufer an der Fähre abgerechnet; der höhere Theil ist hart, grandig, kreidig und steinig. Die dortigen Thäler sind oft sumpfig und mehrere enthalten Torf. Mönchgut und Hiddensee sind sandig, imgleichen der Wittower Bug und der Werder Neu-Bussin. Auch Ummanz hat Sandboden. Die Wittower und Jasmunder schmalen Haiden sind ganz sandiger Natur.

Das Waldland besteht meist aus lehmigen Boden, worüber die verweste Vegetation eine Decke von Holzerde erzeugt hat. Sumpf- Moor- und Wiesenland trifft man in den Ebenen und Niederungen an. Große Sumpfstrecken sind um den Rappiner See und der größte Sumpf- und Moordistrict ist die sogenannte Garwisch, wovon weiterhin. Kleine unbeträchtliche Sumpfstellen und morastige Flecke giebt es in Menge.

VI.

Fruchtbarkeit des Erdreichs.

Schon Helmold berichtet: terra Rugianorum ferax est frugum und auch dem berühmten Ritter Ulrich von Hutten war die Insel als ein ergiebiges Land bekannt, indem er in einem Klaggedichte an den Herzog Bogislav X. von Pommern von ihr sagt: bona foecundos Rugia nutrit agros.

Wenn es auch nicht schon aus der im vorhergehenden Abschnitt enthaltenen ausführlichen Schilderung der Beschaffenheit des Bodens hervorgienge, daß die Zeugungsfähigkeit desselben nicht geringe seyn müsse, so wird doch die große Mannigfaltigkeit, welche das Pflanzenreich darbeut, die den mehrsten Districten des rügianischen Erdreichs eigene Sprieß= und Keimkraft bündig beweisen und der Anblick der üppig reichen Getreidefluren das sicherste Zeugniß geben, daß es nicht Pralerei noch Uebertreibung sey, die Insel den vorzüglichsten Kornländern des nordlichen Deutschlands beizuzählen. Da dieses Urtheil von der Fruchtbarkeit sich hauptsächlich auf die größere oder geringere Tauglichkeit des Erdreichs zum Ackerbau bezieht, so soll angezeigt werden, welche Districte Rügens, mehr oder minder, vorzüglichen Getreideboden haben.

Oben an steht Wittow, welches, mit Ausnahme weniger Strecken, durchgehends vortrefliches Ackerland enthält. Diesem gleich sind einige Districte auf Jasmund in den Ebenen, vornemlich die Felder um Borchtitz, Camp, Marlow und Trochendorf, Polkvitz, Quoltitz, Ruschvitz, Vorwerk und Wostvitz, nebst dem Bobbiner und Sagarder Pastorat. Eben so herrliches Getreideland hat der Zudar, nur um Pritzwald und bei Glevitz ist der Boden mittelmäßig. Im Rappiner,

Trenter und Schaproder Kirchspiel sind die meisten Ländereien von ganz vorzüglicher Güte, nicht minder auch einige Districte im Kirchspiele von Gingst, und überhaupt kann man den westlichen Theil Rügens für den fruchtbarsten annehmen. Im Gustower Kirchspiel ist bei den Höfen Cransdorf und Goldevitz, imgleichen in etlichen Strecken des Altfährschen Kirchspiels besonders guter Boden. — Mittelmäßiges, sandiges Erdreich wird angetroffen in den Bezirken mehrerer Dörfer des Kirchspiels Gingst und in einigen Gegenden der Kirchspiele Rambin, Gartz und Patzig; auch enthalten die Kirchspiele Casnevitz, Lanken, Vilmenitz, Zirkow und ein Theil des Berger Kirchspiels viel leichtes dem Ackerbau nicht besonders geneigtes Sandland. In diese Classe gehört ebenfalls das Mönchguter Land und die Insel Ummanz. — Den schlechtesten und magersten Boden trifft man in einigen Strichen der Kirchspiele Gartz, Lanken, Vilmnitz und Hiddensee; auch in den bergigten und steinigten Gegenden des mittlern Theils von Jasmund, wo auf den Höhen weder Ackerfeld, noch Waldung, höchstens kurzes Buschwerk zu finden ist, hat sich die Natur gegen den Boden nur stiefmütterlich bewiesen.

Diese Abschätzung der Beschaffenheit des Erdreichs ist nur allgemein, in ein genaueres Detail des schweren und leichten, steifen, lockern, sandigen, kreidigen, grandigen, sauern, sumpfigen, feuchten, dürren, kalten, oder warmen Bodens der einzelnen Gegenden einzugehen, würde zu weit führen, auch ist im Ganzen von der Eigenschaft und Eigenthümlichkeit der Erdoberfläche im vorhergehenden schon das nothwendigste gesagt.

Ohnerachtet aller Cultur des Landes und bei allem Fleiße seiner Bewohner sind noch manche Haiden vorhanden, selbst Wittow hat noch etwas unculti=

virtes Land und eine kleine Haide bei Nonnevitz. — Nordwärts hinter Bergen erstreckt sich bis an Patzig, das Jarnitzer Gehäge, Strussendorf und Ralswiek längs dem Jasmunder Bodden eine aus Berg und Thal bestehende Haide, die hin und wieder mit niedrigem Gebüsch (Kratthohz) bewachsen ist; der bei Bergen zwischen dem Nonnensee und dem Wege nach Strussendorf belegene und der gedachten Stadt angehörige Theil derselben heißt die Borower Haide. — Seitwärts von Bergen, gegen Süden, liegt die große Sehler Haide. Ferner gehört hieher der Haideplan hinter Kluksevitz im Gingster Kirchspiel, imgleichen die große Haide zwischen Gademow und Boldevitz, die mit der Parchtitzer, Teessenvitzer, Lipsitzer und Ramitzer an einer und auf der andern Seite, wiewohl nur strichweise, mit der Muglitzer und Maschenholzer Haide zusammenhängt, doch wird man oft gar keine Verbindung mehr gewahr, weil die besten Strecken urbar gemacht sind. Auch in dem Strich von Gartz bis Casnevitz giebt es Haideland, und auf Mönchgut, vom Mönchsgraben bis Babe und bis zu dem im vorigen Abschnitte (Nr. 2., die Berge und Hügel) erwähnten hohen Erdrücken, eine große Haide, die gleichsam der Vorhof dieses Landes ist. — Mehrere Strecken in der Berger, Sehler, Patziger, Ralswieker, Gademower, Boldevitzer Haide u. s. w. hat man in neuerer Zeit aufgerissen und in Getreidefelder verwandelt; manche derselben tragen aber nur etliche Saaten, worauf sie wieder mehrere Jahre ruhen.

Anhangsweise muß hier noch der beiden schmalen Haiden gedacht werden.

1. Die Wittower, welche auch die Schabe heißt, ist ein um die Tromper Wiek, wie ein Horn, einwärts gekrümmter, die Halbinseln Jasmund und Wittow an einander kettender schmaler Erdstreif, welcher

aus bloßer Sand-Anschwemmung besteht und dessen Länge bis zum Scheidepfosten vor dem Jasmundischen Gränzdorf Glowe eine deutsche Meile beträgt. An ihrem Anfange bei Drevöldeke und Juliusruhe hat sie eine sehr geringe Breite, welche weiterhin in der Gegend der einsiedlerischen Kossatenwohnung Gelm am beträchtlichsten ist und dort beinahe eine Viertelmeile enthält. Diese dürre, magere Sandsteppe gewährt einen öden, traurigen Anblick, der Weg durch dieselbe ist ermüdend und langweilig, die Vegetation schwach, außer dem Sand-Riethgras, (Sandegge, carex arenaria) wachsen andre Pflanzen hier nur sparsam, z. B. etwas Haidekraut, Strandhafer, einige Salzkräuter und die Sandweide in verkrüppelter Zwerggestalt. Der Boden ist wenig über die Meeresfläche erhoben, nur die nordöstliche Strandseite enthält hohe, nackte Dünen von weißem Sande, aber der Strand fast gar keine große Steinblöcke, wie man sie sonst so häufig trifft.

2. Die Jasmunder schmale Haide. Durch diese Naturbrücke ist Jasmund mit dem größern Theile Rügens verbunden. Von der Prorer Wiek und dem kleinern Jasmunder Bodden bespühlt, liegt sie von Norden gegen Süden. Ihre Länge, angerechnet von den Hülsenbüschen, bis da, wo der Weg zur Prora hinauf führt, beträgt etwas über eine halbe Meile, die größte Breite kaum eine Viertelmeile, und in der Gegend des Haidekruges höchstens tausend Schritte. Sie besteht aus einer flachen Ebene; die äußere Seeseite enthält hohe Sanddünen und wenig Steine, die innere längs dem kleinen Bodden, von Staffehl bis Thiessow ist bis an das Wasser mit einem ungeheuern Steinlager bedeckt, welches dem Auge wie ein breiter weißer Damm erscheint, der bis an den in der Mitte der Haide befindlichen Fahrweg reicht. Dieser Fahr-

weg zeigt, bis zum Haidekruge, schwarzgrauen Sand, der vielleicht eisenhaltig seyn mag. Sonst ist die schmale Haide weder so einförmig, noch so unfruchtbar, als die Wittower Schabe, wenn gleich das Haidekraut ihr ein finsteres Ansehen giebt. Man trifft nach Rügen hinüber sehr angenehme Prospecte, und die grünen Waldhöhen von Dollahn und dem mit ihr verbundenen Vorgebirge Thiessow erfrischen das Auge. Auch wird auf dieser Haide etwas Getreide gebauet, denn der Haidehoff und ein andres Bauerwesen sind ein Paar ländliche Wirthschaften, die blos Ackerbau und Viehzucht treiben, der Höfe Thiessow und Bulitz nicht zu gedenken, welche uneigentlich auch zu dem Terrain der schmalen Haide gerechnet werden. Ueberhaupt ist diese schmale Haide culturfähiger, wie die Schabe, sie hat mehr Schutz gegen Stürme von der rügianischen Seite, der Boden trägt sehr hohes Haidekraut und darunter, außer Erdbeeren, Brombeeren und der Bärentraube [arbutus uva ursi], die vornemlich in der Gegend des Haidekruges häufig wächst, manche Gräser und andre Pflanzen, auch drängt sich, von da, bis zu den Hülsenbüschen, alljährlich ein frischer Aufschlag von Birken, sowohl zwischen dem Haidekaut, als auf den Sanddünen, hervor, deren schon ein früherer Botaniker *) gedacht hat, und welche wahrscheinlich recht gut fortkommen und allmälig zu einem Gehölz aufwachsen würden, wenn die Schaafe und Kühe, die von Jasmund hieher auf die Weide getrieben werden, nicht immer die jungen Loden (Schößlinge) abfräßen.

Aus dieser Localbeschreibung ergiebt sich, daß die

---

*) Weigels Flora pomer. Rug. pag. 173. in annot. ad No. 603.

Aeußerung eines Reisebeschreibers,*) auf der Schabe mögten sich mit der Zeit wohl noch Rosen pflücken lassen, viel eher und besser auf die Jasmunder schmale Haide anzuwenden sey. Man kann annehmen, diese Haide höre da auf, wo der Weg zur Prora beginnt, allein die Natur behält doch von hier an, bis zum Schmachter See und Aalbeck denselben Charakter, östlich längs dem Strande Sanddünen und auf der Erdfläche Haidekraut, bis an das hohe Dollahner Waldufer hinan und von da weiter, bis zu den Aalbecker-Tannen, die, der Sage nach, von selbst, ohne Aussaat von Menschenhänden, aus dem Sande hervorgewachsen sind und zum Beweise dessen dienen, was zuvor von den Zwergbirken auf der Haide vermuthet ist.

Nach allen diesen Angaben wird folgende Schätzung des Landes, in Beziehung auf seine oben berechnete und zu 17 Quadratmeilen angenommene Größe, nicht sehr von der Wahrheit abweichen.

Rügen enthält an	Getreideland .	10	siebzehn Theile, oder, was eben das sagt, Quadratmeilen.
=	Waldland . .	3	
=	Sumpf= Moor= und Wiesenland	2	
=	Haideland . .	1	
=	todten Sandsteppen . . .	1	

*) Nernsts Wanderungen durch Rügen. S. 157.

VII.

Bäche und Quellen.

An Flüssen fehlt es Rügen gänzlich, jedoch hat es eine Menge von Bächen, deren Namen man in Gadebuschs Staatskunde vergeblich sucht, und die auch auf Mayers Charte theils gar nicht, theils unrichtig verzeichnet sind. Zu diesen Bächen (Båken) gehören:

1. Der Taubenbach (Duwenbåk), welcher, in einer sumpfigen Niederung an der Nordwestseite des Nonnensees, hinter dem Dorfe Parchtitz, bei Bergen, entspringend, seinen Lauf durch die Lipsitzer Haide westlich nimmt, dem Pansevitzer Holz vorüber rinnt, sich dann nordwärts in einer Krümmung fortzieht, durch das ehemalige Dorf Brehn eilt, von wo er, westwärts gewendet, in eine kleine zwischen dem Dorfe Konitz und Grosow befindliche Wedde, der Insel Ummanz gegenüber, seinen Ausfluß nimmt. Ein anderer vom Boldevitzer Holz herfließender und den Landweg von Bergen nach Gingst durchschneidender Arm wird auch Duwenbåk genannt, und nur dieser ist auf der Mayerschen Charte angegeben.

2. Der Sehrower Bach, entspringt in dem nordwärts um den Kniepower See befindlichen sumpfigen Wiesenlande, läuft bei Karnitz und Heidenfelde und von da weiter, in der Richtung von Südost nach Nordwest, hin nach der Gegend von Swine und Stünkvitz, wendet sich dann mehr westwärts nach Sehrow, wo er sonst eine Mühle trieb, läuft dort queer über die von Bergen nach der alten Fähre führende Landstraße, nach Möllen zu, und fließt etwas weiterhin in die Priebrowsche Wedde. Er nimmt zwei andre Bächlein oder rinnende Wasser auf, von denen

sich eines beim Karnitzer, das andere bei dem Koldevitzer Kruge in den Wiesengründen hinwindet und die von Gartz nach Bergen führende Landstraße durchschneidet; das letztere heißt da, wo es über den Weg läuft, Böcken-Furth.

3. Der Negasser Bach; dieser hat eigentlich in einem zwischen Poseritz und Murkvitz belegenen Moorgrunde seinen Ursprung. Er läuft zuerst zwischen Groß- und Klein-Stubben durch, dann zwischen Berglase und Frankenthal, Tolkmitz vorbei, ferner, zwischen Natzvitz und Plüggentin nach Negas, wo er die Landstraße von Bergen nach der alten Fähre durchschneidet; von da zieht er sich westwärts und vereinigt in der Gegend von Güttin und Möllen sich mit dem Sehrower Bache. Auf Mayers Charte ist sein Lauf gar nicht bemerkt, sondern die Zeichnung so, daß man ihn und den Sehrower nur für einen Bach halten sollte. *)

4. Der Charowsche Bach, auch die Mühlenbäk und wohl schlechthin die Bäk genannt. Er entsteht in der Nähe des Hofes Sehlen, südlich von Bergen, rinnt zuerst von Westen gen Osten am Krakower Hölzchen hin nach Neclade, wo er sonst eine Mühle trieb, daher er auch bis Dalkvitz den Namen des Mühlenbachs führt. Abwärts von Neclade macht er nach der Waldung zu einen ziemlichen Bogen; durchschneidet den von Bergen nach Putbus führenden Landweg, fließt durch den Dolgemoster und Ueberdieker Bruch,

*) Ueber diesen sowohl, wie über den Sehrower Bach sind seit dem Jahre 1806 tüchtige Brücken vorhanden, da, wo sie über die stralsundische Landstraße laufen. Der Fußgänger mußte diese Stellen vorher auf schmalen hölzernen Stegen passiren und Wagen konnten oft nicht durchkommen.

zieht sich an der Garwisch hin nach Dalkvitz, rinnt, seine Richtung nordwärts nehmend, durch dieses Dorf und so weiter nach Charow, von da er dem Jasmundischen kleinen Bodden zueilt, in welchen er sich, aber nicht mit zwei Armen, oder Ausflüssen, wie auf Mayers Charte ganz falsch gezeichnet ist, zwischen Trips und Streu, ergießt. Man fischt an einigen Stellen Krebse aus diesem Bache.

5. Nicht weit von demselben fließt ein anderer kleiner Bach, welcher von Kaiseritz her nach dem Vogelsang hin, und dort queer über den Landweg von Bergen nach Silvitz rinnt, von da nach Kluptow geht und sich in das Jasmunder Binnenwasser verliert. Dieses Bächlein kommt in einem alten Documente unter dem Namen Clupitow als Gränzscheide der damaligen Grafschaft Streu oder Streyge vor.

6. Ein andres Bächlein, was in der Gegend von Tribbratz entsteht und bei Kiekut in den kleinen Jasmunder Bodden rinnt, ist winzig und einer weitern Erwähnung so wenig werth, als andre dergleichen kleine Läufe.

7. Ein kleiner beim Putbusser Tannenberge entstehender Bach heißt anfangs die Tralower Bäk, darauf läuft er namenlos im Zickzack, hinunter nach Neuendorf, ins Meer; im Sommer ist er fast ganz ausgetrocknet.

8. Auf Mönchgut giebt es zwei Wasserläufe, die Thießnitz, auf der Tiessower Weide und die Zickernitz in der Ebene nach Groß-Zicker; letzterer kömmt in zwei Documenten von 1295 und 1298 unter dem Namen fluvius Cycornitz und rivulus Cickernitz vor.

Auf Wittow giebt es so wenig Bäche, wie auf Hiddensee, Ummanz und den andern kleinen Nebeninseln. Jasmund hat deren aber desto mehr, wiewohl die meirsten nur unbedeutend, auch auf Mayers

Charte die wenigsten von ihnen zu finden sind; der Lauf der angedeuteten ist indessen auch wieder unrichtig gezeichnet.

Von Bächen auf Jasmund sind hier folgende zu nennen:

1. Der Sagarder Bach; die bei Beustrin entspringende Mittelbäk läuft bei Russewase vorbei durch Wittenfelde, von da zwischen Seelitz und Dargast durch nach Clementelvitz und Mönchendorf zu, vereinigt sich ohnweit Sagard mit der Schlonerbäk, fließt durch den Flecken, wo sie den Namen des Sagarder Bachs führt, welcher von da weiter durch das Dorf Capelle rinnt und sich unfern des Gutes Vorwerk in den Jasmunder Bodden ergießt.

2. Der Volksitzer Bach. Er entspringt zwischen Falkenburg und Plukow in einer Wiesenkoppel, rinnt neben dem Dorfe Volksitz hin, geht bei Trochendorf fort nach Marlow, wo er der Marlower Bach benannt wird, und so weiter hinab in den Jasmunder Bodden. Einige nennen ihn auch die Karowsche Bäk.

3. Der Balderecker Bach entsteht bei Nipmerow, läuft an Bisdamitz vorüber, von wo ein kleiner Arm, die Bissemitz, auch der Blutbach genannt, durch eine dunkle romantische Uferschlucht hinab zum Ostseestrande rieselt, wendet sich nach dem Dorfe Baldereck, wo er eine Mühle treibt und dann in das Binnenwasser fällt.

4. Der Tinchower Bach, hat seinen Ursprung bei Quoltitz, rinnt neben Banzin fort und Spieker vorüber, in den Spiekerschen See.

5. Der Tribberbach, zwischen Krampatz und Sassenitz, rinnt durch das an Lanken gehörige Gehölz Darßin, oder Dwarside, in die Ostsee. Er fließt in einem sehr tiefen Bette und hat verschiedene kleine Wasserfälle.

6. Die Zarnitz, ein winziger Lauf, der im Sommer gewöhnlich trocken ist und

7. Die Stäger Rinne, ebenfalls unbedeutend, sind auch in der Gegend von Krampatz und Sassenitz befindlich.

8. Der Steinbach (Steenbäk), entsteht aus dem Kolzower Moor, fließt durch den Kalstrower Bruch, wendet sich längs dem Werderschen Knick, stürzt dann, zwischen hohen Buchenlehnen eingeklemmt, von Westen her nach Sassenitz hinab und fließt durch dieses Dorf, wo er eine Wassermühle treibt, in die Ostsee.

9. Der Borower Bach, unbedeutend.

10. Der Swieser Bach, welcher vom Swieser Ufer bis Bisdamitz hinabrinnt.

11. Die Bäche, die von den hohen Jasmundischen Kreideufern herabstürzen, entstehen alle in der Stubnitz, wo sich ihr Wasser zum Theil in den Bergschluchten sammelt; der Lauf der meisten ist daher nur kurz. Von Saßnitz nach Stubbenkammer gerechnet folgen sie nach der Reihe also: der Lönnzer Bach, der Wischower, der rothe Bach, gewöhnlich das rothe Wasser genannt, der Leeser, der Tipper Bach, die Fahrnitzer Rinne, der Kieler Bach, die Brißmitz, der Kollikerbach, der Steinbach und, zu Stubbenkammer, der schon oben erwähnte Golchabach. — Der Wischowerbach entsteht aus der Vereinigung zweier Wasserläufe, die aus dem Steveniker Bruch und dem Hopfensoll hervorkommen. Der Kieler Bach entspringt in dem Millentiner Bruche, welcher recht mitten in der Stubnitz liegt, und nähert sich in seinem Laufe der Brißmitz. Diese entsteht in dem Brissemitzer Moor. Der Kolliker Bach, oder die Chollikow, hat ihren Ursprung in der Nähe des Hagenschen Schlagbaums, bei Rugen-Smillow, von wo sie sich nach dem Ruß-Chelliker Bruch hinzieht, durch die Chelliker

Moore rinnt und dann dem hohen Cholliker Ufer zueilt.

Quellen und sogenannte Bornstellen giebt es auf der Insel in großer Menge, und das Wasser derer, die am Fuße von Sandbergen hervordringen, ist gewöhnlich äußerst klar und reinschmeckend. Die mineralischen Quellen in der Pastoratskoppel bei Sagard, welche zeither die Brunnenaue benannt ist, sind seit dem Jahre 1795 öffentlich zu Bädern benutzt, allein in den letztern Jahren wenig besucht worden. Das Mineralwasser enthält nach chemischen Untersuchungen hauptsächlich Eisen- und Kalkerde.

VIII.

Landseen.

Auch an (süßes Wasser enthaltenden) Seen im Lande mangelt es nicht. Der größte unter ihnen sey zuerst genannt; dies ist:

1. Der Schmachter See, dessen alter eigentlicher Name Cholsen oder Golzen (in Urkunden auch Cholzin geschrieben) nicht mehr gebräuchlich ist. Er liegt nordwärts hinter Zirkow, nicht weit vom Meere, in einer Niederung zwischen Hagen, Pantow, Schmacht und Binz, von wo er sich bis zu den Stranddünen erstreckt und durch einen Graben oder Lauf bei Aalbeck seinen Ausfluß in die Ostsee hat. Er enthält auch Fische. Sein Umfang ist auf Mayers Charte ein wenig zu groß angegeben. Dieser See mit seinen Umgebungen von Bergen und Wäldern gewährt eine der schönsten Landschafts-Situationen auf Rügen.

2. Der Nonnensee, nordwestlich von Bergen, in einer sumpfigen Niederung, zwischen dem Dorfe Parchtitz und dem Landwege, von gedachter Stadt,

nach Patzig, war in alten Zeiten eine Besitzung des Berger Nonnenklosters, daher vermuthlich sein Name. Jetzt gehört er zum Domanium und da er für fischreich gehalten worden, so ist er an die Stadt Bergen für eine jährliche Recognition von 10 Rthlr. auf unbestimmte Zeit verpachtet; von der ihn umgebenden Weide hat aber die Stadt freie Nutzung, die Seite nach Parchtitz ausgenommen. Der Umfang des Nonnensees ist jetzt nicht mehr so beträchtlich als vormals, wo, nach Angabe der Landes Vermessungs-Commission, sein Flächeninhalt zu 93 Morgen Landes bestimmt wurde.

3. Der rothe See, nahe an Bergen, auf der Südseite der Stadt und ein Eigenthum derselben, liegt eigentlich am Fuße des sogenannten Galgenberges und hat ohngefähr die Figur eines Hufeisens. Er war sonst sehr fischreich, jetzt aber trocknet er von Jahr zu Jahr mehr aus und wird immer kleiner. Die vordere Hälfte scheint aus einem Torfmoor entstanden zu seyn. Nach Angabe des Wendisch-Rügianischen Landgebrauchs wurde vormals häufig Flachs in ihm geröthet und dies mag seine Benennung veranlaßt haben.

4. Der Ochse, dessen plattdeutscher Name Ossen, oder Oß'n, nach Schwarz, slavischen Ursprungs seyn und so viel, als eine Mündung, oder einen Ausfluß ins Meer, bedeuten soll, liegt nordwärts hinter Bergen, nicht weit vom Binnenwasser, in einer Vertiefung zwischen Prissevitz, Sabitz, Stedar und Burnitz. Er hat wirklich einen Ausfluß in den Jasmunder Bodden durch einen Graben, oder Lauf, der die Sabitzer Weide, ohnweit Gnägelsburg, durchschneidet; der zweite auf Mayers Charte gezeichnete Ausfluß (Pulitz gegenüber) ist gar nicht vorhanden, auch der Umfang des Sees etwas zu groß angegeben. Auf

dem Ochsen hat Prißvitz und hauptsächlich Stedar die Fischerei.

5. Der Gartzer See; dieser Landsee, angegeben auf des Grafen Schmettau und Reinmanns Charten, aber auf Mayers Charte ganz weggelassen, wiewohl seine Größe, wenigstens seine Länge beträchtlicher ist, als die des Nonnensees, liegt neben der Stadt Gartz, südwärts, in einer Niederung und berührt an der Seite nach der Stadt zu den Fuß des alten Burgwalls. Seine größte Länge dehnt sich von Norden nach Süden aus, bis an das Polchower Gebiet, seine Breite ist nur schmal, vornemlich gegen den Wall hin. Die Tradition sagt von ihm, daß er in alten Zeiten sich viel weiter erstreckt und vermittelst eines bis zur benachbarten Inwiek bei Puddemin führenden Canals unmittelbare Communication mit der See gehabt haben, so, daß damals größere und kleinere Fahrzeuge bis nach Gartz gekommen wären. Er gehört nicht der Stadt, wiewohl sie die freie Fischerei auf dem Schaar ausübt, sondern dem Domanium; die umliegenden Landgüter haben aber das Recht der Fischerei mitten auf demselben.

6. Der Kniepower See, in einer gesenkten Ebene, zwischen Heidenfelde und Kniephof, hat von dem letztern Orte seinen Namen. An seiner Südseite steigen kleine waldige Anhöhen auf, die Umgebungen der Nordseite bestehen aus Sumpf- und Wiesenland. Sein Umfang ist nicht groß.

7. Der Rappiner See, meist von Sumpf- und Wiesenland umgeben, ist nicht weit vom Jasmunder Bodden, worin er seinen Abfluß hat, in nördlicher Richtung zwischen Postlitz und Groß-Banzelvitz belegen und trägt von dem nicht weit von seiner Nordwestseite entfernten Kirchdorfe Rappin den Namen.

8. Der schwarze See in der Granitz, darf nicht mit dem gleiches Namens in der Stubnitz verwechselt werden. Auf Mayers Charte ist er ganz vergessen, so wie auch auf der alten Homannischen. Er liegt in dem nordöstlichen Theile der Waldung, nicht gar weit vom Ufer, zwischen dem Granitzer Ort und dem Schanzenberge, in einer länglich runden Vertiefung; seine Länge erstreckt sich von Südwest nach Nordost, seine Größe beträgt fast 3 Morgen Landes, seine Tiefe in der Mitte 20 Fuß. Er ist von vier hohen Bergen eingeschlossen, rings umher von Bäumen und Gebüsch umgeben und enthält Karauschen und Schleye.

9. Der Sappin, ein kleiner von Sumpfland begränzter See in einem Bruchholze, bei Röwenhagen, ist unbedeutend, auch auf keiner Charte zu finden.

10. Der Selliner oder Altenziener See, hinter Lanken, am Wege nach Mönchgut, in der Nähe des Hofes Altenzien belegen, der ihm den Namen gegeben, kann wohl nicht mehr zu den Landseen gerechnet werden, da er schon Seewasser enthält und eigentlich nur eine Inwiek des Meeres ist. Eben so verhält es sich mit

11. Dem Spiekerschen See, bei dem Schlosse Spieker, welcher eine Inwiek des Jasmunder Boddens ist.

12. 13. Der Bleichsee und der Lobbersee, beide auf Mönchgut, liegen in einer niedrigen sumpfigen Ebene zwischen Middelhagen und Lobbe und stehen in Verbindung mit einander. Ihren Aus- und Einfluß haben sie durch einen Lauf, oder eine Wedde, worüber eine Brücke, die Schleusenbrücke genannt, liegt, in die Hagener Inwiek. Von der Brücke läuft ein breiter Abzugsgraben neben einem sehr schlechten Steindamm bis hart an den Hagen.

14. Der sogenännte Wostvitzer Teich auf Jasmund kann immer für einen Landsee gelten. Er liegt vorne im Lande, südwärts, wo man seiner auf dem Wege nach Sagard, rechterhand in einer Niederung hinter Semper und Borchtitz sogleich gewahr wird, bildet zwei Abtheilungen und hat einen ansehnlichen Umfang, welcher jedoch auf Mayers Charte zu groß gezeichnet ist. Er ist fischreich und hat Abfluß in den Jasmunder Bodden durch einen Bach, oder Lauf, welcher von Semper sich nach dem flachen Ufer, ostwärts von der Jasmunder Fähre, am Fuß des Pottliner Waldufers hinzieht.

15. Der Borgsee (Burgsee), auch der schwarze See genannt, liegt, mehr denn 300 Fuß über die Meeresfläche erhoben, in der Stubnitz' und zwar zur Rechten, abwärts, auf dem Wege vom Schwirenzer Baumhause nach Stubbenkammer, in einem von der Bergwaldung eingeschlossenen Thale. Seine Gestalt und örtliche Lage sind auf Mayers Charte unrichtig gezeichnet. Er breitet sich in ovaler Figur von Westen nach Osten aus, enthält im längsten Durchmesser beinahe 200 Schritte und ist am Rande mit Mummeln [Nymphaea lutea], Wassergrindwurz, Froschlöffelkraut, Kameelheu, Schilf und Binsen bewachsen, das gegen Westen fortlaufende Thal liegt frei und enthält Weide. Seine Tiefe, die Schwarz zu 10 Klaftern angegeben, beträgt nach genauer Messung mit dem Senkblei, jetzt 48 Fuß in der Mitte. Er hat Verbindung mit dem in seiner Nähe ostwärts befindlichen kleinen schwarzen See.

Um den alten Namen schwarzer See zu erklären, hat man ehemals behauptet, daß die eigentliche Farbe seines Wassers schwarz sey; dies ist aber ein Irrthum, von dem man sich am besten an Ort und Stelle überzeugen kann, wo es völlig rein und klar ist, nur hat es einen etwas moorigen Beigeschmack, welcher vielleicht von dem Moderschlamm der Tiefe und aus dem Mangel an Ab- und Zufluß herrührt, obwohl der See eigene Quellen zu haben scheint, da seine Oberfläche fast immer gleichen Höhenstand behält; der Grund der Benennung liegt vielmehr in seiner finstern, eingeklemmten Lage zwischen zwei nahen bewaldeten Anhöhen, und zugleich darin, daß die Schlagschatten der Bäume, die ihn an seiner Nordseite, so wie am östlichen Rande einfassen, sich zu gewissen Tagszeiten über ihn hinstrecken und seinen Spiegel verdunkeln. Der Name Borgsee ist ohne Zweifel von dem ihn scharf umgränzenden alten Burgwall entstanden, dessen Beschreibung weiter unten folgen wird. Er enthält auch Fische und es sollen ehemals unter andern große Hechte in ihm gefangen worden seyn, deren mit Moos bewachsene Rücken ein hohes Alter dieser Fische muthmaßen ließen. Die Fischerei ist hier beschwerlich, doch hat der Aberglaube von den Spukereien, die der Teufel in vormaligen Zeiten auf diesem See mit dem Fischergeräthe getrieben haben soll, längst aufgehört. Von einer andern Sage, wodurch der See nebst dem an seinem Rande zu einer alt historischen Merkwürdigkeit wird, sehe man unten den Abschnitt von den Alterthümern des Landes in der Rubrik Wälle Nr. 1.

Außerdem giebt es auf der ganzen Insel nicht nur eine Menge von Weihern bei den Gütern und Dörfern, die theils zu Fischteichen, theils als Wasserbehälter zur Viehtränke, zur Wäsche u. s. w. dienen, sondern auch viele kleine stehende Gewässer in den Vertiefungen der Felder und in Thälern, die im allgemeinen mit dem plattdeutschen Namen Soll beliehen sind.

IX.

Meerbusen, Binnenwasser und Fahrwasser.

Schon im zweiten Abschnitt ist ausführlich angezeigt, wie manches von dem Lande durch Wasserfluten abgespühlt, ausgehöhlt und fortgerissen sey; dadurch sind denn viele Meerbusen und Buchten entstanden, welche Binnenwasser, Bodden, Wieken, oder Inwieken und Wedden genannt werden. Die Benennung Bodden soll eigentlich Botten heißen, welches einen weiten Raum bedeutet.

Die beiden größten Meerbusen der Insel sind, an der Ostseite, die Prorer Wiek und höher hinauf, etwas mehr nordlich, die Tromper Wiek. Die erste hat von der, fast in der Mitte des einwärts gekrümmten Bogens gelegenen, Prora, einer waldigen Anhöhe, den Namen, fängt vom Granitzer Ort an, bespühlt die Jasmunder schmale Haide und reicht bis Sassenitz; die andere giebt dem Lande eine noch stärkere Einbiegung, wenn man sie von dem Dorfe Ranzow an, welches eigentlich Schwirenz heißt, längs der Wittower Schabe bis nach Arkona hin rechnet; denn die größte Sehne dieses Bogens beträgt 2¼ deutsche Meilen und die Sehne von Saßnitz bis zum Granitzer Ort noch nicht 2 deutsche Meilen. Beide sind Seefahrern gefährlich und wegen Schiffbrüche berüchtigt, vornemlich aber der Tromper Golf, dessen Name schon ominös klingt, wenn man dabei an das französische tromper denkt, und der von den Schiffern mit Recht ein Trompeur genannt werden könnte; denn wehe den Fahrzeugen, die bei gewissen Winden in diese Bay gerathen! — sie werden wie von einer magnetischen Kraft unaufhaltsam gegen die Küste getrieben und von der Heftigkeit der Brandung so in den Sand festgewellt, daß sie nicht wieder flott werden können, wo sie nicht gar auf Steinriffe gerathen und gleich zertrümmern.

Von noch weiterm Umfange zwar, als diese beiden Inwieken, ist der Ausschnitt zwischen dem Palmer und Konower Ort und der Landspitze von Tiessow auf Mönchgut, allein er wird nicht als eine besondere Bucht oder Wiek angesehen, führt auch keinen eignen Namen, sondern macht einen Theil des großen rügianischen Boddens aus, welcher auch schlechthin der Bodden genannt wird.

Dieses südöstlich zwischen Pommern und Rügen ausgedehnte Wasserbecken, dessen größte Breite von Stresow bis zum gegenüber liegenden Ludwigsburger Haken 3½ Meilen beträgt, macht auf der Ostseite des Zudars eine ziemlich weit eingreifende, sehr ausgezackte Inwiek und bildet höher hinauf nach Mönchgut vier andre Wieken; zuerst nemlich die sogenannte Lanker Bäk, ohnfern des Kirchdorfes Lanken, die in den Jahren 1806 und 1807 als ein guter, tiefer und sicherer Hafen für Fahrzeuge von mittler Größe bekannt und während dieser Zeit, wo viel schwedisches Militair auf Rügen lag, von schwedischen Transport-Holz- und Proviantschiffen oft als solcher benutzt wurde; ferner den Selliner und Altenziener See, wo die Inwiek bei Babe den Namen Hanik führt; dann die Hagener und endlich die Groß-Zickersche Inwiek, die erstere zwischen der Reddevitzer Landzunge und der Halbinsel Groß-Zicker, die letztere zwischen Groß- und Klein-Zicker.

Der Raum des Gewässers zwischen Mönchgut und der Insel Ruden heißt das Wester- oder neue Tief und der zwischen dieser Insel und der Küste von Uesedom das alte Tief; beide dienen jetzt den größern

Kauffahrteischiffen zum gewöhnlichen Fahrwasser und haben 2 bis 8 Faden Tiefe. Von dem Palmer Ort hinaufwärts nach der Glevitzer Fähre fängt der Bodden an sich zu verengen und in der Richtung von Südost nach Nordwest sich zu der Meerenge zu gestalten, welche Rügen von Pommern trennt und deren geringste Breite zwischen der Prosnitzer Landspitze beim Fort Napoleon und Neuhof ohngefähr nur eine Viertelmeile beträgt. Diese Meerenge, nachdem sie durch zwei Buchten, die Wamper und Gustower Inwiek, die Halbinsel Drigge eingeschlossen hat, erweitert sich nordwärts hinter Stralsund wieder, zwischen Bessin und der Pommerschen Küste, hinter Parow; sie wird zwar von einigen der Gellen genannt, allein dies ist nicht richtig, wie weiterhin angegeben werden soll.

Auch auf der Westseite der Insel macht das Meer mannigfaltige Einschnitte. Zwischen Hiddensee und dem Pommerschen Vorgebirge Barhöft ins Land tretend höhlt es den Kubitzer Bodden aus, bildet die Priebroder und Landower Wedden und andre kleine Buchten um die Lischower Halbinsel und schneidet die Insel Ummanz von Rügen ab durch einen schmalen Durchbruch, worin zwei starke Strömungen, der Galitzer und Wittenberger Strom, befindlich sind; oberhalb dieser Insel, bis zur Oehe, füllt es wieder ein ziemlich geräumiges Becken aus und fließt, zwischen der Hiddenseer Fährinsel und dem Stolper Haken, durch eine seichte Enge, die der Trog heißt, und weiterhin durch den Libben, eine andre Meerenge, zwischen Alt-Bessin und dem Posthause, in sein weites Gebiet. — Der vorgedachte Zwischenraum, zwischen Hiddensee und Barhöft, welcher, um eine Meerenge zu heißen, zwar zu breit scheint, allein doch in der That, und zwar unter dem Wasser, durch Sandbänke, zu einer Enge wird, dieser Raum ist eigentlich der Gellen oder Göllen und hat wahrscheinlich von der äußersten Spitze von Hiddensee, die vor Alters Yelland hieß, seine Benennung erhalten. Die Durchfahrt beim Gellen, welcher vormals auch für größere Lastschiffe fahrbar war, ist jetzt sehr versandet und zugeschlemmt und hat an der seichtesten Stelle nur 8 bis 12 Fuß, etwas weiterhin nach außen 3 bis 4 Faden und hineinwärts nach Stralsund 2 bis 7 Faden Wassertiefe. — Am weitsten drängt sich das Wasser zwischen Hiddensee, Wittow und Rügen durch das Land und macht in der Gegend der Wittower Fähre eine dreifache Wendung; die erste, deren Anfang, zwischen dem Buger Ort und der Fähre, den Namen des Rassower Stroms führt, geht nordwärts hinauf bis Starvitz und schneidet dort eine lange aber nicht gar tiefe Inwiek aus; durch die zweite entsteht eine gegen Süden bis Lavenitz sich erstreckende Inwiek; die dritte, gerade gegen Nordost, fängt an zwischen der Wittower Fähre und Reetz und reicht bis Steinkoppel auf der Wittower und bis an den Lebbiner Haken auf der rügianischen Seite. Nachdem das Wasser dort eine geräumige Bucht gegen Norden, bis ans Ende der Wittower schmalen Haide, geformt, schwingt es sich mit einem male nach einer andern Richtung, bricht zuerst von Norden nach Süden, zwischen Lebbin und Liddow, durch, in Gestalt einer Zacke, welche sich zu einer bis an Tribkevitz u. s. w. hinablaufenden Inwiek ausdehnt, und macht dann einen gewaltigen Riß in das Land, in der Richtung von Nordwest nach Südost.

Dieser Durchbruch gestaltet sich zu einem lang gestreckten Binnenwasser, welches der große und kleine Jasmunder Bodden genannt wird. Der große Bodden reicht etwa bis an die Jasmunder Fähre, wo er sehr seicht ist, der kleine fängt von dem Fährhaken, oder dem Ort, an, umschlingt das Eiland Pulitz, bespühlt verschiedene Inwieken und läuft hinab bis Kiekut und Lubkow. Dies zwiefache Bassin hat bei einer Länge von drittehalb Meilen nur eine unbeträchtliche Tiefe und kann daher nur Schuten und kleine Jachten tragen; des kleinern Boddens Endseite ist ganz flach und nur für Bööte fahrbar. In dem größern Bodden ist die Stelle zwischen dem Liddowschen Haken und der Wittower schmalen Haide am tiefsten, welche von dem kleinen auf der Schabe belegenen Kathen Gilm oder Gelm den Namen des Gelmer Stroms führt; sie wird an 6 Faden geschätzt.

Uebrigens ist es im Lande zuweilen zur Frage geworden, ob es ausführbar und kostenbelohnend sey, den kleinen Bodden bei der Jasmunder Fähre zu verstopfen, das Wasser mit Pumpenwerken auszumahlen und den dadurch gewonnenen Boden auf eine ihm angemessene Art zu cultiviren.

X.

Clima und Witterung.

Die Himmelsmilde und Wärme südlich deutscher Provinzen kann nicht erwartet werden in einem Lande, welches, vom Meere umgeben und hoch über dessen Spiegel gehoben, im höchsten Norden von Deutschland belegen ist, vielmehr läßt diese Lage ein rauhes und sprödes Clima vermuthen und die Wirklichkeit macht diese Härte und Tücke nur zu oft fühlbar. In der That führen Aeolus und Boreas hier das Regiment, dessen Härte und Schärfe am meisten auf der flachen Westseite, auf Hiddensee und Wittow empfunden wird. Daß die Luft vierzehn Tage anhaltend in Ruhe bleibt und stilles Wetter zuläßt, gehört zu den seltenen Wahrnehmungen; daß aber Orkane ihre Wuth, besonders im Frühlinge und Herbste, an Bäumen, Gebäuden, Böten und Schiffen auslassen, ist eine traurige nicht ungewöhnliche Erfahrung. Nicht mit Unrecht ist Rügen deshalb in Poesien die Insel der Stürme genannt worden.

Anhaltende, kalte, schneidende, ausdörrende Ostwinde, oder wüthende Stürme aus Westen, gegen deren durchdringende Gewalt weder die hohen Küsten, noch Berge und Wälder schirmen, berauben auf dieser Insel den Lenz gewöhnlich aller Anmuth und selten wird hier, nach dem Ausdruck eines alten Dichters, der Monat May zum Kuß, den der Himmel der Erde giebt. Die Felder, auf welchen im Winter viel Schnee gelegen, werden dann steif und wie mit einer harten Kruste überzogen und die aufgeleimten Wintersaaten ganz braun von diesen verzehrenden Winden, an deren Stelle auch oft kalte, feuchte Nebel das Land wochenlang drücken, welche mit Regen, oft noch mit Schnee und Hagel abwechseln.

Der Sommer ist, nach Beobachtungen vieler Jahre, unbeständig. Bis gegen Johannis bleibt die Witterung oft trocken, daher der Landmann ein Sprichwort hat: laßt uns den Himmel nur vor Johannis um Regen bitten, nachher kommt er von selbst. Auffallend und sehr unangenehm ist die plötzliche Veränderlichkeit der Witterung zur Sommerszeit, denn die Temperatur der Luft wechselt zuweilen an einem Tage so schnell und oft ab, daß es am Morgen warm, am Mittage kühl, Nachmittags heiß und am Abend rauh seyn kann; kühl sind die Abende wenigstens in der Regel und die Nächte bisweilen sogar kalt. — Gewitter, gewöhnlich im Süden und Westen aufsteigend, sind in manchen Jahren häufig und schwer, doch nicht lange anhaltend, und man glaubt, daß das Meer die electrischen Wolken anziehe, in andern Jahren selten, aber fast immer von starken heftigen Regengüssen begleitet, die das Getreide manchmal so niederschlagen, daß es sich nicht wieder aufzurichten vermag; Wolkenbrüche jedoch gehören hier zu den unbekannten, nie erlebten Landplagen. Auch Stürme und rauhe Winde halten im Sommer nicht an, sind aber heftig genug, um die Halme der Saaten zu zerknicken und die Aehren abzubrechen, oder durch Reibungen die Saamenkörner herauszuscheuern und so ganze Felder zu verderben. Von der Veränderung des Wetters, besonders von einem bevorstehenden Sturm, bei schleunigem Drehen des Windes giebt die See zuweilen eine Vorbedeutung, daß sie bei heiterer Witterung, einem entfernten Donner gleich, so laut brüllt, daß man es mitten im Lande vernehmen kann, auch hält man die großen Strandmöwen, wenn sie im Lande umher fliegen, für Vorboten von Stürmen. Wenn im Sommer die Meeresflut häufig hoch anschwillt, so prophezeihen die Küstenbewohner einen harten Winter. — Ob zwar des Sommers Unbestand und seine Stürme wenig halcyonische Tage, oder Abende, von milden Etesien gefächelt, darbieten, so ist doch in einzelnen Jahren die Sommerhitze so stark, als ob man in eine wärmere Zone versetzt geworden wäre; der höchste Stand des Reaumürschen Thermometers beträgt dann 27 bis 28 Grad über den Gefrierpunct. Die heißeste Jahrszeit tritt in der Regel ein in den Monaten Julius und August und der letztere schenkt die mildesten Abende. Aber auch mitten im Sommer überziehen Nebel, die wie ein dicker Rauch aus der See aufsteigen, zuweilen plötzlich das Land, jagen mit unglaublicher Schnelligkeit darüber hin und verschwinden oft nach ein Paar Stunden wieder; zuweilen aber stehen sie, wie eine graue Wolkenbank, am Morgen oder Mittage fest auf dem Meere und fangen erst gegen Abend an, sich zu entwickeln und auszubreiten. Solche Erscheinung, die auch im Frühlinge und Herbste nicht ungewöhnlich ist, nennt der Einwohner einen See-Daak und mancher glaubt, vielleicht nicht ganz ohne Grund, daß dieser Nebel die Fruchtbarkeit des Bodens befördere, indem er von der See her einen Düngungsstoff herbeiführe, der von der Erde eingesogen werde.

Am reinsten ist die Luft und am beständigsten die Witterung in der ersten Hälfte des Herbstes, wo die Natur für den Verlust des Frühlings einen Ersatz geben zu wollen scheint. Darauf aber beginnen die Stürme aus Westen, Nordwest und Nordost wieder zu brausen und zu toben und öfters Unheil anzurichten, oder es senken sich, vornemlich im Spätherbste, dichte, feuchte, kalte Nebel herab, die das Land verhüllen, bis sie von Winden fortgetrieben werden, oder sich in Regen auflösen. Während solcher Nebel ist oft ein kalter, schneidender Luftzug fühlbar. Ueberhaupt ist die spätere Herbstluft fein, scharf, empfindlich, durchdringend, wenn gleich noch kein Frost eingetreten ist.

Der Winter ist meistens strenge, hart und langewährend, so, daß zuweilen noch im April die Meerengen und Buchten mit Eis belegt sind und der Schnee nicht von dem Erdboden abschmelzen will. In manchen Jahren fällt der Schnee so anhaltend und in so ungeheurer Menge, daß er die Landwege verschüttet, durch seine Last Ufer niederdrückt, Aeste und Zweige des Gebüsches zerbricht und Zäune umstürzt; von Stürmen zusammen getrieben bildet er oft große Wälle und Berge und füllt die Hohlwege aus; wenn nur der Frost dergleichen Schneebänke hart und fest macht, so bieten sie auch dem gelindesten Thauwetter im Frühlinge lange Trotz. Die Winterszeit gewährt selten helles reines Frostwetter, sondern mehrentheils ist der Himmel trübe und wolkig. Bei anhaltend strengem Froste, wo das Reaumürsche Thermometer manchmal bis unter 18 Grad unter dem Gefrierpunct steht, erlangt das Eis eine Dicke von mehr als einer halben Elle, so daß man völlig unbesorgt, als ob man auf sicherer Erde wäre, die schwersten Lasten über die Inwieken und Meerengen transportirt. — Wackenroder erzählt, *) der Frost sey in dem Winter von 1658 so hart gewesen, daß Leute von Hiddensee zu Eise hinüber nach Mön und Bornholm gegangen wären, und nach dem Berichte alter glaubwürdiger Leute sind in dem strengen Winter von 1740 zwei Bauermädchen von der Insel Mön, zu Eise entwichen, auf Wittow angekommen. Manche Winter sind aber auch so gelinde, daß es fast gar nicht schneiet und friert, wie denn bekanntlich in dem Winter von 1806 bis 1807 die Meerenge zwischen Pommern und Rügen fast beständig offen blieb. Die Witterung ist dann unbeständig, oft stürmt es heftig aus Nordost und Süden, und wenn es gleich nicht immer regnet, so ist doch mehrentheils die Luft dick und trübe und ein heiterer sonnenheller Tag selten.

So abgehärtet übrigens die Eingebornen, durch Gewohnheit, gegen diese climatische Unfreundlichkeit und Sprödigkeit zu seyn scheinen und so viel auch von der Reinigung der Luft durch Winde gesagt wird, so ist doch nicht in Abrede zu setzen, daß Rügens Clima und Witterung häufig catharalische und rheumatische Beschwerden erzeugen und durch die

*) alt. u. n. Rügen 1ter Thl. 5tes B. S. 133.

plötzliche Abkühlung der Luft manche andre Uebel entstehen.

XI.

Naturproducte.

Daß in der Ausspendung derselben die Natur sich dem Lande nicht ungünstig bezeigt habe, ist bekannt und schon Helmold *) schildert die Insel als ein ergiebiges Land.

I. Mineralreich.

Rügen hat zwar weder Felsgebirge noch Erzminen und Metalladern, dennoch trifft man hier mancherlei mineralische Stoffe, die nach einander angezeigt werden sollen.

1. Erz. Auf Hiddensee, Jasmund, auch mitten in Rügen, wird Modererz und Raseneisen gefunden und der bunte auf Neu=Bussin bei Hiddensee gelagerte Sand ist dem auf der Insel Ruden befindlichen völlig gleich, folglich metallhaltig. **) Vielleicht enthält auch der auf der Jasmunder schmalen Haide in dem Fahrwege bemerkbare schwarze Sand Eisentheile. In einigen Moor= und Sumpfgegenden, auch zuweilen in abgelassenen Teichen und Söllen wird man eine Materie gewahr, die die Farbe des Berlinerblau hat und die Vorhandenheit von Eisenerde vermuthen läßt, vielleicht auch eine Auflösung des Modererzes ist. Eisen=

---

*) Chron. Slavor. lib. II. cap. 12.

**) S. des Archiat. v. Weigel diss. de arena ferrea Rudensi in Gesterdings Pomm. Magazin 1. 118.

ocher trifft man überall, auch von Schwefelkies finden sich Spuren.

2. Steine. Von Steinen findet sich eine überreiche Saat in der ganzen Insel ausgesäet und zwar theils am Strande, dessen Vorplätze und Ränder oft einen bunten Damm von Steinsplittern bilden, worauf man hie und da Blöcke von bedeutender Größe und ganze Lager und Riffe solcher Steine erblickt, theils mitten im Lande, wo sie, vielfältig auf Feldern und Haiden, ja selbst in Waldungen und Brüchen und sogar auf den Rücken und Gipfeln der Berge zerstreuet, zuweilen einzeln, zuweilen gruppenweise neben einander liegen, oft nur wenig aus der Erde hervorragen und dann meistens einen ansehnlichen Umfang haben. Herr von Bonstetten, (der ihrer im 2ten Bande seiner verm. Schriften erwähnt) nennt diesen Vorrath einen Steinregen, der sich über die ganze Insel verbreitet habe. Es hat damit aber wohl eine andre Bewandniß, und wie sie hieher gekommen, ist des menschlichen Nachdenkens würdig. Man findet dergleichen Wacken oder Klötze eben so, in Haufen und Lagern, oder einzeln, an dem Strande von Mecklenburg, Holstein, Fühnen, Seeland und Schonen in Schweden, wo sie in der That wie abgestorbene nach allen vier Himmelsgegenden fortgeschleuderte Glieder eines zerrissenen ehemaligen Riesenkörpers zu liegen scheinen, daher die Hypothese entstanden ist, daß alle diese Massen urlängst verbunden gewesen und vielleicht Reste eines Felsgebirges sind, welches das Becken der nunmehrigen Ostsee zwischen Schonen, Seeland und der deutschen Küste einmal ausgefüllt und sich bis zu dem Vorgebirge Kullen in Schonen erstreckt haben, durch irgend einen Aufruhr der Erde oder des Meeres aber zertrümmert und theils versunken, theils auseinander geworfen seyn soll. Merkwürdig ist ein Berg

auf Jasmund, in der Nähe des Dörfchens Wesselin, welcher der Krattbuschberg genannt wird, richtiger aber der Steinberg heißen würde, weil auf seiner Oberfläche eine Legion von Steinen ausgeschüttet liegt, deren einige, besonders am südlichen Abhange des Berges, 6 Ellen in der Länge und fast eben so viel in der Breite enthalten; ihre Höhe, so weit sie aus der Erde hervorragen, beträgt 4 Ellen, und vielleicht liegen sie eben so tief, ja noch tiefer, in den Boden gesenkt.

Von dieser Stelle bis Quoltitz und Nipmerow ist auf den Bergen und Landrücken ein solcher Reichthum ähnlicher Steine befindlich, daß man diese Klumpen für Trümmer eines zersplitterten Granitberges zu halten versucht werden, oder fragen mögte, durch welche Naturkraft sie auf diese Anhöhen geschleudert worden. Auch in andern Gegenden giebt es dergleichen Riesensteine. In der Waldung Darßin auf Jasmund erblickt man Steine, deren Form und Größe einem rügianischen Dorf-Backofen gleicht. Der schon oben genannte Waschstein bei Stubbenkammer, der Bowister- oder Schwanstein, der Tafel- und Papenstein zwischen diesem Vorgebirge und Saßnitz, der Stein im Meere bei dem Dorfe Lohm, der Bußkahn auf Mönchgut, links vom Görner Höwt, etwa funfzig Klafter weit in der See belegen, an welchem noch ein verunglückter Versuch, ihn zu zertheilen, an einem in eine große Spalte hineingetriebenen eisernen Keil wahrzunehmen seyn soll, sind mächtige Blöcke. Ein sehr mächtiger Stein ist der, welcher bei Stardevitz auf Jasmund in einem Acker liegt. Beträchtliche Steinlager am Meere zeigen sich bei Lohm, imgleichen unten am Ausgange der Bisdamitzer Schlucht, auf Hiddensee, am großen Strande, in der Gegend des Bakenberges, am Varnkevitzer Ufer, auf Wittow, am Stedarschen Haken, imgleichen bei Kiekut, wo die Steine wie Klippen aus dem Wasser hervorragen, am Granitzer Ort, am Görenschen Höwt, bei Neuendorf in der Gegend des Badeplatzes; die westliche und flache Seite der Insel ist weniger damit versehen. Auch das Innere des Landes hat dergleichen Steinregionen, z. B. um Bergen, bei Posewald, Süllitz und Lanken, wo mehrere große Klumpen liegen. Diese Steine werden häufig gesprengt und zum Hausbau, oder zu Steinmauern benutzt. So ward im Jahre 1800 in der Gegend von Gustow von einem einzigen dort gesprengten Feldstein eine Strecke von einer einfachen Steinmauer aufgeführt, welche über 36 Ruthen Länge und 5 Fuß Höhe betrug. Der Stein selbst war 22 Fuß lang, 11 breit und 16 Fuß hoch.

Die meisten dieser sogenannten Feldsteine und Strandblöcke bestehen theils aus Quarz, Gneus und Feldspath, theils aus Granit von weißgrauer, röthlicher oder bläulicher Farbe, der, von Quarzadern durchstreift und mit Glimmer durchsetzt, im Bruche gewöhnlich grobkörnig ist, theils aus Halbgranit, oder einer Mischung von Feldspath und Hornblende, zuweilen auch aus Quarzbreccien, oder einem Gemengsel von Quarz und Glimmer, und in dieser Masse, die gewöhnlich bröcklich und mürbe ist, zeigt sich das sogenannte Katzensilber [argilla micans], welches der hiesige gemeine Mann oft für wirkliches Silber hält. — Unter den zahllosen Steinsplittern und Bruchstücken, die als Bänke und Dämme am Strande angehäuft liegen, finden sich Porphyrstücke von schwärzlich rother und brauner Farbe, mit eingesprengten hellen Flecken und Puncten von Quarz und Feldspath, auch Porphyrbreccien, Schörl, Schieferplättchen, Talksteine, verschiedene Arten des Sandsteins von feinerm und gröberm Korn, welche aber auch im Lande angetroffen werden, und — wenigstens die feinern Stücke — recht gut zu kleinen Wetzsteinen zu gebrauchen sind, imgleichen Grünsteine, Glimmerschiefer, Hornblende, und Sand- und Feldkiesel, nebst verschiedenen von andern Bestandtheilen, denen man wegen ihrer abgerundeten Form den Namen Kieselsteine gegeben hat, z. B. Granitkiesel, Quarzkiesel u. dergl. m.

3. Fossilien. Versteinerungen, oder Petrefacten. Auch dieser wunderbaren Productionen giebt es mancherlei, meistens aus der Gattung der Schaalthiere und Gewürme (Helmintholiten). Man findet sie in Scherben, Splittern und Brocken unter den Anschwemmungen des Haffsandes, so wie in den Steingeschieben und Kiesel-Geröllen, am Strande, seltener im Lande, wo sie auch nicht immer frei zu Tage, sondern in der Erde, doch nicht tiefer, als zwei bis vier Fuß, verborgen liegen. Am Strande sind die Meersterne, oder Asteriten, die Seeäpfel, Seeigelsteine, oder Echiniten, auch Krötensteine genannt, und die Belemniten, oder Alveolusgehäuse, welche auch Alpsteine, Luchssteine, Hexenfinger, Donnerkeile, Pfeilsteine und Donnerpfeile (Dunnerpiler) genannt werden, die gewöhnlichsten. Von den erstern werden gewöhnlich nur Stücke getroffen, entweder die obere Spitze, oder der untere Theil, oder das Gehäuse. An vollständig erhaltenen Exemplaren ist es augenscheinlich, daß, und wie das Geschöpf darin gesessen, daß es oben, gegen die Spitze zu, an einem fadenförmigen Muskel an der Schaale befestigt gewesen sey und nach unten zu sein Gehäuse, vermittelst zweier, an beiden Seiten einander gegenüber befindlichen Spalten, oder Ritzen, habe erweitern und verengen können. Die Echiniten findet man in der Größe einer Faust, bis zu der einer Wallnuß, bald rund, bald oval, bald herzförmig, mitunter ganz von Feuerstein, der eigentlich nur ein

Abdruck der Schaale des Geschöpfes ist; auch einzelne Theile des Thiers, seine Zähne, Warzen und Stacheln, welche letztere unter dem Namen der Judensteine und Judennadeln bekannt sind, liegen zerstreuet unter anderm Gestein. Selten ist die Form der Echiniten rein ausgeprägt, sondern wie durch ungeheuern Druck verschoben und zerrissen, auch sind die kleinen Wärzchen, Nabel und Drüsen, so wie die größern Stacheln, an den meisten abgescheuert, an den wenigen aber, die sich vollkommen erhalten haben, nimmt man auch so zierliche und niedliche Zeichnungen wahr, daß der geschickteste Steinschneider sie nicht besser formen könnte.

Außerdem trifft man Petrefactenstücke von Bohrmuscheln, (Anomien und Terebrateln,) von Gienmuscheln, (Chamiten,) von Kräuselschnecken, (Trochiten,) von Austern, (Ostraciten,) Klaffmuscheln, (Myoliten,) Napfschnecken, (Patelliten,) und Gryphiten in Menge, die sich gut erhalten haben. Selten sind Ammonshörner und Orthoceratiten; häufiger die Meerzähnchen und Wurmröhren (Dentaliten). Noch sind hieher zu rechnen die Korallenkapseln (Lythophiten) und Korallenmoose (Korallinen), von welchen es Stückchen der Punct-Korallen (Milleporiten) und Stern-Korallen (Madreporiten) giebt. — Am Stubbenkammerschen Strande fangen manche dieser Petrefacten an seltener zu werden, weil Fremde zum Andenken, oder als Kenner und Liebhaber sie häufig sammeln, doch sind andre Strandgegenden noch häufig damit versehen.

4. Kieselgattungen.

a. Der Feuerstein, silex pyromachus. Man findet ihn über die ganze Insel verstreuet. Die Küsten des großen Seestrandes sind freilich sein vornemlichster und häufigster Aufenthalt, besonders die Ufer von Arkona und die von Stubbenkammer bis Saßnitz, wo er, meist in horizontalen Lagen, in der Kreide steckt, von welcher die Witterung und seine eigne Schwere ihn ablösen und niederstürzen; jedoch auch mitten im Lande wird man großer Stücke dieses Minerals gewahr, und eigentlich giebt es beinahe kein Feld und kein Ackerstück auf dem ganzen Lande, wo nicht einzelne Splitter und Brocken von Feuerstein anzutreffen wären, gereinigte Plätze, Gartenland und dergl. etwa ausgenommen. Er zeigt mancherlei Farben, ist bald schmutzig weiß, oder aschgrau, bald dunkelgrau, zuweilen gelblich, oder bräunlich grau, gewöhnlich aber sieht er schwarzblau aus, wiewohl die Farbe täuscht, denn kleine, abgeschlagene, dünne, durchsichtige Blätterchen dieser letztern Art haben eine gelbgraue Hornfarbe; einzelne Stücke sind oft von der Sonne gebleicht, oder an der Luft verwittert, so, daß ihre Oberfläche eine gelbliche, oder weißliche Farbe zeigen, wenn gleich ihre inwendigen Theile beim Zerschlagen dunkel erscheinen. Einige der braunfarbigen haben rothe Puncte und Flecken, doch ist dies selten. Auch die Größe des Feuersteins ist sehr verschieden, man findet sie als kleine, runde, abgeglättete Kiesel in der Größe einer Hasel- und Wallnuß, bis zum Umfange eines Kürbisses und bis zur Schwere eines halben Centners. Eben so mannigfaltig ist die Gestalt des unzerschlagenen und unzerbröckelten noch im Zustande seiner Ur-Formation da liegenden Steins, mit dem die Natur ein wundersames Spiel getrieben zu haben scheint; bald gleicht die Figur Thierschädeln, Wirbelbeinen und andern Knochenstücken, bald einem Keile, oder einer Lanzenspitze, zuweilen ist sie ganz unregelmäßig wegen mancher kleinen daran befindlichen Knorren und Halbkugeln, oder größerer Auswüchse, die das Ansehen von Zapfen, Zacken, Nabeln, Tropfen, Ballen, oder Knollen haben. Die Oberfläche des noch unversehrten Feuersteins ist gewöhnlich mit einer braungelben, ocherartigen, oder noch gewöhnlicher mit einer weißen kreidigen Substanz überzogen, diese Bedeckung aber auch oft abgescheuert. Bisweilen ist der Stein durchlöchert, als ob er so gebohrt wäre, bisweilen gehen diese Löcher und Vertiefungen nicht weit. Einige findet man äußerst zernagt und gekerbt und so voll Warzen, Einschnitte und Höhlungen, daß es scheint, als ob sie die Nester kleiner Seegewürme oder anderer Insecten gewesen und von diesen so angefressen worden sind; nicht ungewöhnlich ist es, daß man alsdann eine ordentliche Kruste um den Stein und in derselben schlangenförmig gewundene Höhlungen und Gänge, oder Wurmröhren und Molluskenhülsen wahrnimmt, die gleichsam durch einen Leim daran festgeklebt sind. — Zuweilen ist auch der Feuerstein mit andern Steinarten verbunden, mit Petrefacten verwachsen, oder mit kleinen Quarzkristallen von verschiedener Farbe durchsetzt; auch als Steinkern und Spurenstein (Typolith) ist er zu bemerken, weil er oft Abdrücke von Echiniten und Muscheln enthält und diese Ab- oder Eindrücke sind wegen der feinen und festen Masse des Steins gewöhnlich sehr scharf und deutlich; öfters sind Donnerkeile (Belemniten, Alveolusgehäuse) an einzelnen Stücken wie angeklebt, oder stecken in der Masse, als wie durch Gewalt hineingetrieben; am seltensten findet man dieselben mit der Substanz des Feuersteins ausgefüllt. Man mögte hiernach vermuthen, daß die Masse uranfänglich ein weicher Teig gewesen sey und durch Einwirkung des Feuers oder Wassers ihre Kugel- Zacken- und Tropfengestalt erhalten habe.

Ob die Kreideflötze des Feuersteins Geburtsstätte sind, ob er aus der Kreide erzeugt werde, oder endlich selbst in Kreide übergehe, ist schwer auszumachen.

Man trifft wenigstens ansehnliche Stücke des Feuersteins noch in ihrer Ur-Gestalt auch an solchen Küsten der Insel, die gar keine Spur von Kreide enthalten, entweder frei liegend, oder in den Lehmufern versteckt, manchmal auch mitten im Lande ordentliche Lager und Nester in der Erde, vornemlich in dem Innern solcher Berge und Hügel, deren Bestandtheile verrathen, daß sie durch alte Rebellionen des Meeres zusammengewälzt wurden.

Offenbar sieht man es an dem Korn und der ganzen Consistenz der Feuersteine, daß manche derselben gediegener, durchsichtiger, spröder, klingender und, so zu sagen, reifer sind, als andre. Die dunkeln blaugrauen sind am durchsichtigsten und reifsten, die weißgrauen undurchsichtigen geben am Stahl wenig Funken. Bei anhaltend regnigter Witterung ziehen im Freien liegende geborstene und zersplitterte Feuersteine Wasser an und zerspringen dann beim Zerschlagen sehr leicht, weil die Masse von dem Wasser bröcklicher zu werden scheint; daß die Nässe aber die Masse auch wieder zusammenhält, wissen die Jäger wohl, wenn sie Flintensteine vorschärfen. Zu Flintensteinen wird übrigens der hiesige Feuerstein gar nicht benutzt, indem man die sogenannten französischen Steine vorzieht.

b. Der Sand. Dieses Fossil, welches die Basis und das Fundament der Insel zu seyn scheint, liegt überall in großer Menge verbreitet und man bemerkt mehrere Gattungen desselben, als Flugsand, Well- und Strandsand, oder groben Kies (Haffsand) und reinen Sand. Der letztere ist von Farbe entweder gelb, und diesen trifft man gewöhnlich in Ufern und Sandbergen an, oder weiß, wie auf der Wittower und Jasmunder Haide, wo er weite Gruppen von ziemlich hohen Dünen bildet, von welchen der Stuben- und Streusand zum Hausbedarf geholt wird; auch ohnfern des Dorfes Sellin, ostwärts nach dem Strande zu, vom Quitzelaser Ort, bis an den Mönchsgraben, giebt es einen Bergrücken, der aus einem Lager von blendend weißem Sande besteht. Des bunten Flimmersandes, der auf Neu-Bussin, so wie auf dem Ruden gefunden wird, imgleichen des auf der Jasmunder schmalen Haide befindlichen schwärzlichen Sandes ist schon oben gedacht worden.

5. Thon. Im Lande selber sowohl, als in den Ufern sind mehrere Thongattungen vorhanden, doch fast immer mit Sand vermengt. Die Ziegelerde wird zu Brandsteinen benutzt, wie auch der Töpferthon, welcher weißgelb, oder schmutzig dunkelgelb, seltener graublau ist und sehr der Reinigung bedarf, wenn er tüchtiges Töpfergeräth liefern soll. Eine ehemals auf Hiddensee entdeckte Fayance-Erde gab Veranlassung zur Errichtung einer Majolika Fabrik in Stralsund, die Materie war aber unrein und mußte vorher auf Hiddensee in Schlemmkasten gesäubert werden, bevor sie nach Stralsund gesandt wurde. Diese Fabrik existirt fast seit zwanzig Jahren nicht mehr. — Der gewöhnliche Wand- Mauer- und Baulehm wird fast überall angetroffen, allein in einigen Gegenden verwittert er an der Luft sehr bald, wie man an manchen Gebäuden auf dem Lande wahrzunehmen Gelegenheit hat; überhaupt wollen mehrere Töpfer die rügianischen Lehmarten nicht recht loben. — Sandmergel steht hie und da in der Erde, selten unvermischt. Eine besondere Eisenocher-Erde von braunrother oder braungelber Farbe, die unter der obern Erdschichte mancher Felder liegt, nennt der Landmann Ur oder Uhr; sie ist ihm als eine todte, völlig unfruchtbare Materie verhaßt, die da, wo sie frei, oder

nur flach bedeckt liegt, den Acker verdirbt und die Vegetation unterdrückt.

6. Kalkstoff. Der Kalkgattungen giebt es auf Rügen nur eine, die Kreide. Diese ist aber in reichlicher Menge vorhanden, vornemlich auf Jasmund, dessen ganze Grundlage aus diesem Mineral zu bestehen scheint, und auf Arkona, auch am Granitzer Ort sind Spuren davon gefunden. Auf Jasmund liegt die Kreide theils frei zu Tage in mächtigen Lagern an der Ostseite des Meersstrandes und zwar hauptsächlich von Saßnitz bis Stubbenkammer, wo sie die oben beschriebenen hohen und schroffen Uferabschnitte bildet, imgleichen bei dem Dorfe Lohm, wo sie aus dem Ufer gebrochen wird; theils ist sie von einer obern Erdschichte bedeckt, wie zu Hoch-Seelow, den südwestlich daneben liegenden Bergen und Peussow. Der Vorsprung des Kreideflötzes und der Wände zu Arkona, ist, wie oben erwähnt, unrein und spielt in mehrern Farbenstreifen, je nachdem die Materie mit Erd- und Thonarten vermengt ist. Auch die Jasmunder Kreide ist nicht durchgehnds rein. Einzelne Uferpartieen enthalten feste, gediegene Massen, andern sieht man es an, wie dort der Kreideschlamm zusammen geflötzt worden, denn sie sind locker, krümlich und bröcklich, und gleichen, mögte man sagen, einem verdickten und compact gewordenen weißen Brei, wie unter andern der frei zu Tage liegende Kreidestreif am Bergabhange neben der Sassenitzer Kalkbrennerei; doch haben auch Zeit und Witterung an der Oberfläche genagt und manche Zerkrümelungen bewirkt.

Da an diesen Ufern nur die Außenseiten des ganzen Kreideflötzes sichtbar sind und das Lager tief landeinwärts streicht, so muß die Gesammtmasse der Kreide so beträchtlich seyn, daß sie für ganz Deutschland vielleicht mehrere Jahrhunderte durch zum Magazin dienen könnte, des Bestandes zu Arkona nicht einmal zu gedenken. Gleichwohl ist noch in keinem naturhistorischen und mineralogischen größern Werke dieses ansehnlichen Kreidelagers, was Deutschland besitzt, einige Erwähnung geschehen, auch wird der Stoff im Lande selbst wenig benutzt, man brennt etwas Kalk daraus und einige Lohmer Einwohner verkaufen kleine Portionen davon nach Stralsund und den rügianischen Städten. Vortheilhafter für die Einwohner wäre es allerdings, wenn es der Natur gefallen hätte, statt der Kreide hier Felsmassen zu schaffen, die zu Steinbrüchen benutzt werden könnten, doch, die Natur läßt sich nicht meistern.

7. Brennbare Minerale. Hier sind der Bernstein und Torf anzuführen. Der erstere zeigt sich an den Küsten von Hiddensee, Wittow, Jasmund und am Ende der Jasmunder schmalen Haide bei Aalbeck. Die See wirft ihn bei Stürmen aus Ost und Nordost ans Land, wo er denn von Fischern und andern Landleuten entweder in Beutelnetzen aufgefischt, (gekessert) oder aus dem angetriebenen Seegras (Dank, Seetang) herausgesucht wird; allein man giebt sich nicht viel Mühe um ihn, weil die Ausbeute gewöhnlich nur geringe und äußerst selten ein großes Stück darunter ist; *) bei anhaltend stillem Wetter ist er am Strande selten und schwer zu erbeuten. Auch in einigen Hiddenseeischen Uferpartieen, imgleichen zu Bobbin, und bei Zirkow in Sandgruben hat man ziemlich große Stücke dieser immer noch räthselhaften Materie angetroffen. Die Farbe des hiesigen Bern = oder

*) Der Verf. hat zuweilen ganze Töpfe voll gekesserter Bernsteinsplitter gesehen, die allesammt sehr winzig waren.

Börnsteins ist bräunlich, citronen- und strohgelb. Stücke, welche Insecten, oder vegetabilische Fasern und Flocken einschließen, sind hier ein seltener Fund. Als die Franzosen von 1807 — 1810 auf Rügen hausten, trachteten sie dem Bernstein sehr nach und verfertigten mancherlei niedliche Kleinigkeiten daraus.

Der Torf endlich — diese wahre Wohlthat für das holzarme Rügen, ohne welche mancher Arme in den langen und rauhen Wintern verzagen müßte — steht in den Ebenen und Niederungen fast überall auf der ganzen Insel in größern und kleinern, mehr oder minder tiefen Lagern und wird nicht nur in Moor- und Sumpfgegenden (Quebben), sondern auch an ganz trockenen Stellen und sogar auf Anhöhen gewonnen. Auf Wittow hat blos das Gut Starvitz einen Torfstich, die übrigen Haushaltungen holen ihren Bedarf aus der Stubnitz.

Am bekanntsten sind die drei Arten des Sumpf- Erd- und Holztorfes, wovon der letztere, der eine weiße Asche giebt, für den besten gehalten wird; der Erdtorf riecht fast immer übel und enthält Ochertheile, die seine rothgelbe Asche verräth. Von der Art seiner Gewinnung und Zubereitung hat er mehrere Benennungen erhalten; es giebt Stechtorf (Ståktörf), der keiner mühsamen Bearbeitung bedarf, sondern gleich in kleinen Stücken ausgestochen wird, ferner Formtorf, welcher in den Gruben der Torfmoore, oder auf freien Plätzen daneben, mit Füßen durchgeknetet, von größern Holztheilen, Wurzeln, Aesten, Steinen u. dergl. gereinigt und dann als ein dicker Brei in Formen gepreßt und getrocknet wird; diese Art ist die gebräuchlichste, doch fast eben so gewöhnlich, wenn gleich nicht so beliebt, ist der Mattorf, dessen Zubereitung darin besteht, daß der Moder oder Torfschlamm auf einen freien, ebenen und trockenen Platz gebracht, mit

Pferden durchgeritten, nachdem er etwas steif geworden aber mit einem schlittenartigen Instrument, der Ritzer genannt, durchschnitten und dadurch in Würfel zertheilt wird, welche man absondert und zum trocknen aufstapelt (aufringt). Auf Hiddensee und in wenigen andern Districten hat, auch aus dem dürren abgestochenen Rasentorf zu gewinnen und als Feuerung zu gebrauchen, die Noth gelehrt; dies ist der Rasen- oder Sodentorf, plattdeutsch Plaggentorf genannt, das schlechtste Brennmaterial unter den Torfarten, welches überdem unerträglich stinkt.

Der Torf steht in den Mooren nicht in großer Tiefe, gemeinhin nur bis zu der von 4 bis 5, höchstens bis zu 8 und 10 Ellen, dann stößt man nicht selten auf eine Schichte weißen Sandes. Manche Torfmoore sind vormals nicht mit der Sorgfalt behandelt, die den Vortheil einer längern Benutzung verschafft. Man hat darauf los gegraben, die Gruben zu weit von einander angelegt und zu tief ausgetorft, und ist nicht bei Zeiten auf Ableitung des sich darin sammelnden Wassers bedacht gewesen; so sind denn große Rücken und Bänke unbenutzt stehen geblieben und die Moore verdorben. Jetzt geht man mit mehr Vorsicht zu Werke, allein da wegen der Theurung des Brennholzes so viele Torfmoore angestochen worden sind, so muß der Vorrath allgemach erschöpft werden. Der jährliche Verbrauch des Torfes auf Rügen ist ungeheuer, seine Vernichtung geht schnell, seine Wiedererzeugung sehr langsam von statten und auf die Nachwelt wird keine Rücksicht genommen; wird sie die Vorfahren segnen können, die die Torfmoore ausgeleert und Busch und Wald ausgerodet haben? — Uebrigens verdient es noch Erwähnung, daß man in manchen Mooren, z. B. bei Bergen, Gingst, zu Natzvitz u. m. zuweilen ganze Eichen, Tannenstämme,

Erlenwurzeln mit dem ganzen Geflecht ihrer Nebenfasern, auch Aeste, Blätter und Eicheln getroffen hat.

II. Gewächsreich.

Man kann an 800 Arten von zahmen und wilden Gewächsen als einheimisch rechnen, von denen einige für den Handel der Insel von der größten Wichtigkeit sind.

1. Zuerst von den Bäumen und dem Forstwesen. — Ein holz- und waldreiches Land ist die Insel nicht. Der vordere Theil längs der Meerenge zwischen Pommern und Rügen ist fast ganz davon entblößt; nur auf dem Drigge, bei Groß-Dazow, (der dortige auf einer Anhöhe befindliche ziemlich lichte Buchenhain heißt Bökenberg) und bei Sissow sind kleine Gehölze vorhanden, imgleichen bei Poseritz, wo einige dicht am Pfarrhofe belegene Wäldchen, das Frauenholz, der Wolfswinkel und Sassenbusch benannt, dem Pastorate zustehn, so wie bei Gartz das der Stadt zugehörige Hainholz und der Leuenberg liegt, ein Gehölz, wovon der Gartzer Probst die Nutzung hat; auch der Zudar hat ein an Malzin gehöriges Wäldchen, Brandsbohn genannt.

Die ganze Westseite des Landes von der alten bis zur Wittower Fähre leidet Mangel an diesem Naturproducte. Bei Ralow ist freilich Hölzung vorhanden, nemlich das Köhler- und Rügenhöfer Holz und außer diesen noch der Jüttenberg und das Agathenholz, merkwürdig durch die alterthümliche Sage, daß Judith und Agathe, zwei Schwestern des Ralunken, *) sich

*) Im J. 1182 besiegte der Rügenfürst Jaromar I. die Gebrüder Ralunken oder Rolvinken und eroberte ihren Wiking (Wasserfeste) Ralow.

darin erhenkt haben sollen, imgleichen bei Unrow und Landow, von welchem letztern ein von dem Landower Pastorat benutzter Antheil der Papensteert und Rämel benannt worden, allein so wenig sie, als die zu Pansevitz und Gagern gehörigen Wälder, unter welchen das Gagernsche Domanialholz überdem noch während der französischen Occupation des Landes hart mitgenommen worden, noch das kleine Catharinenhölzchen hinter Trent, welches der dortigen Kirche Eigenthum ist, sind vermögend, so viel Stamm= Kloben= und Strauchholz zu liefern, als nöthig ist, um die Kirchspiele Rambin, Gingst, Neuenkirchen, Trent und Schaprode jedes Jahr hinlänglich mit Feuerung und Nutzholz zu versorgen. Im Neuenkircher Kirchspiele hat das Gut Libbow auf seiner Landzunge ein eigenthümliches Gehölz und ein Paar Feldbüsche, der rauhe Berg und das Jungfernholz genannt. Die bedeutendste Waldung in diesem holzarmen Districte ist die, welche zu den Boldevitzer Gütern gehört. Im Rappiner Kirchspiel zeigt sich hie und da Feldgebüsch, unter andern bei und hinter Cartzitz, wo kleine Brüche und Holzkoppeln mit zum Garten gezogen sind und jetzt einen hübschen Park mit Schlangengängen darstellen. Hinter Gnies nach Ralswiek hin ist Feld= und Berggebüsch, das sich zu höherm Baumholz bei Ralswiek gestaltet und Besitzthum dieses Gutes ist; die Namen der bedeutendsten dieser einzeln liegenden kleinen Gehölze sind: das Lehster Holz, der Buchberg, die Prorath, Wirs, Licham, Kattow, Pottow, von welchen zwei and're Haine, die Kreuzhölzer genannt, sich gegen Patzig hinziehen. — Weiterhin folgt das Jarnitzer Gehäge und noch weiter hinüber, nach Strussendorf, stehen an den Anhöhen Feldbüsche, die zum Theil noch ganz Wendische Namen führen, als: der Forbing, Gessenik, die Wyresche, Lüssemike, Schwamtelow,

Ganzow, Kiekenberg und Schnakenbusch. An das Strussendorfer Gebiet gränzt das Prissevitzer Holz und des nicht weit davon belegenen Stedarschen Hakens Spitze ist ebenfalls bewaldet. Ihm gegenüber liegt das Eiland Pulitz — sonst wegen seiner lieblichen Uferwaldung so gefeiert und besucht — nackt und blos, wenigstens der hintere Theil, dessen alte malerische Tannen in den französischen Spitälern und Wachstuben zu Bergen und andern Orten aufgebrannt worden sind; auch die vordere Waldung ist sehr gelichtet. Pulitz gegenüber liegt ein Hölzchen bei Buschvitz; die Feldgebüsche in dessen Nähe, nach Zittvitz und dem Rugard hin sind klein und nicht von Belang; auch die Feldbüsche um Bergen, der Schlumm oder Slump, am Wege nach Patzig, Thessenvitz gegenüber, ferner die Borchow, die Graskammer, der Rabbas, das unterste Holz und andre mehr sind unbedeutend.

Die Inseln Ummanz und Oehe haben gar kein Gehölz und eben so ermangelt dessen die Insel Hiddensee, welche laut der Schaproder Kirchenmatrikel von 1585 ehemals selbst Brennholz lieferte und sogar fremde Schweine zur Mast in ihre Waldungen treiben ließ; das letzte dortige Gehölz vernichteten im 30jährigen Kriege die Kaiserlichen und darauf die Dänischen Truppen und jetzt findet man noch geringe Ueberbleibsel eines ehemaligen Eichwaldes, wie auch einen Tannenkamp daselbst, der zwei Morgen Landes deckt. Die Bewohner dieser Gegenden sehen sich genöthigt, ihr Brenn- und Nutzholz mit Beschwerde und Kosten aus entferntern Gegenden zu holen und würden dennoch zuweilen in Verlegenheit gerathen, hätte die Natur sie nicht mit Torf beschenkt.

Wittow hatte einst, wie aus Saxo Grammaticus

und Urkunden *) erhellt, Holz genug und nach alten Sagen waren seine Nordküsten eben so damit bedeckt, wie die von Jasmund. Allein des alten Saturns und Mavors Zerstöhrungen haben schon seit langer Zeit alle Waldgötter aus diesem Lande fortgebannt und in den Schöpfungen der mildern Ceres darf sich keine Hamadryade mehr blicken lassen. Auch hält eine fast allgemein herrschende Meinung es für unmöglich, daß dort ein Baum fortkommen könne und mißt der hohen freien Lage des allen Winden ausgesetzten Landes und einem gewissen Widerstreben der rauhen feuchten Seeluft die Schuld bei. In dieser Ueberzeugung bezahlen auch diejenigen Pächter, welche zufolge ihrer Contractsbedingungen eine gewisse Anzahl von Obstbäumen und Setzweiden (Paten) anzupflanzen verbunden sind, am Ende der Pachtjahre lieber die auf Nichterfüllung dieser Verbindlichkeit gesetzte Conventionalstrafe, als daß sie durch wiederholte Versuche jenen Glauben zu bekämpfen suchen sollten, denn dergleichen Proben sind mühsam und unsicher; sieht man nun am Ende doch alle Mühe vereitelt und sich dennoch genöthigt, eine Pön zu erlegen, so spart man lieber die Arbeit und rechtfertigt sich dadurch, daß ein solches Unternehmen unausführbar sey. Wiewohl sich der Ungrund dieser Behauptung leicht durch die Erfahrung beweisen läßt, welche zeigt, daß die Baumpflanzungen bei Altenkirchen und Juliusruhe recht gut gedeihen, auch fast kein Hof oder Dorf auf Wittow existirt, wo nicht einige Weiden, Eschen und Obstbäume zu finden wären, so

---

*) Saxo berichtet, die Dänen hätten bei der Belagerung von Arkona im J. 1168 Holz zu Belagerungswerkzeugen aus der in der Nähe befindlichen Waldung geholt und der Stiftungsbrief des Berger Klosters von 1193 spricht noch von einem Eichwalde auf Wittow.

ist dennoch die Meinung der Ungläubigen, daß auf diesem Lande kein Baum fortkomme, schwer zu bekämpfen, selbst, wenn sie das bei Goos oder Katzenhof befindliche, an Lanken gehörige, aus Fauleschen, Haseln, Bruchweiden und Dorngebüsch bestehende Hölzchen vor Augen sehen. Wer aber kraft alter Gerechtsamen zu Brennholz gelangen kann, wird die Arbeit, Zeit und Kosten eigener Holzanlagen scheuen und die Bewohner von Wittow, die ihren jährlichen Holzbedarf leichter aus der Stubnitz holen können, werden immer Gegengründe gegen ein Unternehmen finden, dessen mit Mühe und Schwierigkeiten verknüpfte Ausführung nur späten Lohn gewährt, auch ist es — wenigstens Wittowischen Pächtern, die nicht durch Contracts-Verbindlichkeiten gezwungen sind — im Grunde nicht zu verdenken, wenn sie nicht Lust haben, da zu pflanzen, wo künftig andre erndten wollen.

Wer auf Rügen größere Waldungen und Haine finden will, wende sich nach der Südostseite, wo beim Kniepower See und Casnevitz das W a l d g e b i e t beginnt, eine Benennung, die jedoch nicht so zu verstehen ist, als ob alle dortige sogleich näher zu beschreibende Holzungen ein zusammenhängendes Ganzes ausmachten; dieselben werden im Gegentheil häufig durch Aecker, Wiesen, und Menschenwohnungen unterbrochen und getrennt, zwischen welchen sie theils isolirt liegen, theils in einzelnen Streifen und Armen fortlaufen, oft nur die Rücken oder Seiten der dortigen Anhöhen bedecken. Man kann das ganze Revier nach seiner Lage in d r e i A b s c h n i t t e theilen, in die vordere, mittlere und hintere Waldstrecke.

Die vordere beginnt mit dem Bezirk des gedachten Kniepower Sees, um welchen sich mehrere Gruppen kleiner Holzungen neben den Höfen Kniephof, Tolkmitz, Berglase, Bietgast, Plüggentin, Carnitz,

Tangnitz, Cranſevitz, zu welchen ſie gehören, bis Koldevitz hinziehen. Von da ſtreckt ſich die Waldung, jedoch in großen Zwiſchenräumen, neben Stünkvitz und Teſchenhagen hinüber nach Groß- und Klein-Kubbelkow und dem damit zuſammengränzenden Reiſchvitzer Gehölz bei Bergen. An der Oſtſeite des Kniepower Sees ſteht mit dieſen Hainen in einiger Verbindung das Gehölz Wiſſelkow und der Häſter- (Elſter-) Bruch bei Krakvitz, das Caßnevitzer Paſtoratgehölz und der Hain Parknitz, bei Glovitz; einige dieſer Holzgruppen ziehen ſich nach Putbus hin, von wo die Waldung ſich über Neuhof, Güſtlitz, Grebshagen und Ketelshagen ausdehnt. Bei und um Putbus ſelbſt befindlich ſind: die Medars, plattdeutſch Meidohrz, die Tralower Tannen auf und an dem ſogenannten Putbuſſer Tannenberge und einige kleine Brüche und Feldbüſche. Zwiſchen Putbus und Neuhof liegen: das Gremminer Holz, die Brandkoppel, der Duwoppsbruch; zwiſchen Putbus und Güſtlitz: die Wippzieſe, der Stall- Steindamms- Rien- lange und Achterbruch. Zwiſchen Güſtlitz und Neuhof: das Hofholz, das Banten- und Meyenberger Holz, Kämmlade, Kräuſin. Zwiſchen Güſtlitz und Ketelshagen: die Thelow. Zwiſchen Güſtlitz und Röwenhagen: das große und kleine Röwenhäger Holz, die Kalkkuhle, das Hühnermoor, die Lange, der Borgwall, der Bruch Sappin. An dieſe Forſte ſchließt ſich weiterhin nordweſtwärts das große Putbuſſer Holz, deſſen einzelne Theile verſchiedene Benennungen haben, z. B. Karkenberg, Jahnsberg, Poſtmoor, Voßberg, Lindenberg, Teichbruch, Brandenberg u. ſ. w. ſammt dem daneben befindlichen Kooßheck bei Grebshagen. Von dieſem ſogenannten großen Holz erſtrecken ſich an einer Seite kleine Holzkoppeln, Brüche und Feldbüſche nach der Gegend von Neu-Paſtitz, z. B. die Blöſentin, Eggertskoppel,

Ellerkoppel u. s. w., imgleichen nach Dolgemost, Siggermow, Silvitz und Vogelsang, bei welchem letztern Orte nur Brüche und einzelne Buschgruppen vorhanden sind. An der andern Seite schließt sich dem großen Holze das Berger Klosterholz und die Neclader Waldung an, von wo, bei Mölln und nach Tilzow und Krakow hin, kleine zerstreuet liegende Feldbüsche sich allmälig verlieren. So viel von dem ersten Holzstrich, der sich vom Kniepower See bis zur letzten Ecke des Reischvitzer Holzes in einem großen Bogen herumschwingt.

Der zweite, oder mittlere Abschnitt, welcher so wenig, wie der erstere, auf Mayers Charte durch die gewöhnlichen kleinen Baumfiguren angedeutet ist, fängt an von der Vilminsel und läuft fort bis zur Jasmunder schmalen Haide. Der Vilm enthält gute Waldung, vornemlich der große. *) Diesem Eilande gegenüber liegt, ostwärts von Vilmnitz, ein Gehölz, genannt der Goor (Guhr) isolirt auf einer Anhöhe; längs dem Strande, bei Freetz, und eben so einzeln und abgesondert, zwischen Posewald und Vilmnitz, eine sumpfige, mit Buschwerk bewachsene Ebene, der Vilmnitzer Teich (Diek). Bei Posewald ist kleines Gehölz befindlich, nemlich die Tripsiner Koppel, der Nadlitzer und Dumsower Bruch, Bohlenbusch und die Höle. Nicht weit von da, bei Seelvitz und Viervitz hebt sich der Schellhorn, ein dem stralsunder S. Annen und Brigittenkloster gehöriger Bergwald, der bis Zargelitz und Pantow zum Landwege, von Zirkow nach Seramse, hinabläuft und gegen Schmacht hin noch Fortsetzungen hat, die aber nicht mehr zu ihm gehören, auch andre Namen haben, z. B. der ihm gegen-

*) Das weitere sehe man hinten bei der Beschreibung des Vilms.

über liegende Holzgrund Maschnitz, der dahinter liegende schon unter den Bergen angeführte Tschüschenberg u. s. w.

An das hinter Zirkow belegene Hölzchen, die Kniepow, gränzt eine ziemlich lange Holzstrecke von Süden nach Norden, der lange Berg genannt. Weiterhin, nordostwärts, nicht ferne von dieser Holzung, beginnen die Hagener Waldberge, deren Laubholz einen Theil des Schmachter Sees, an der Südseite, umfaßt. Diese uferähnlich zum See hinablaufenden Anhöhen heißen Fangerihn; das Gehölz zieht sich von hier theils zu den Aalbecker Tannen hinab, theils streckt es sich weiter fort hinter Tribratz und Döllahn nach der Prora und bis Buhlitz (Buhls). Die Thiessower Waldung, obgleich nicht weit davon, ist durch des gleichbenannten Vorgebirges Lage für sich abgesondert. Südostlich, abwärts vom Schmachter See, steigen bei Seramse waldige Anhöhen auf, die sich gegen Nistlitz hinziehen. Auch in diesem Abschnitt haben die Wälder keinen Zusammenhang.

Die dritte, oder hintere Waldstrecke endlich macht die Granitz aus, eine Waldung, die von dem Blarrberge ohnfern Süllitz anfängt, sich von Westen nach Osten bogenförmig bis zu den Hoch-Wurlitzer Tannen hinter Sellin fortzieht und, bis an den Schmachter See reichend, nord- und nordostwärts vom Meere begränzt wird, über deren Lage aber nichts weiter gesagt zu werden braucht, da ihre Berge schon vorher beschrieben sind. Aus diesem Bergforst, welcher mancherlei Baumarten und Gesträuch enthält und über 2000 Morgen Landes bedeckt, werden Mönchgut und ein großer Theil Rügens mit Holz versehen. — Am Ende der Granitz, südwestlich vom Blarrberge und diesem so nahe, daß nur der Landweg nach Lanken sich durchzieht, liegt das Gehölz Porßin, von wo, bis zu den Stresower Tannen und Nisilitz hin, mehrere kleinere und größere Feldbüsche hinter einander emporgrünen.

Mönchgut ist nicht ohne Gehölz. In der großen Baber Haide steht nach dem nordöstlichen Ufer hin, welches mit Buschwerk und Krattholz überwachsen ist, auf dünenähnlichen Anhöhen ein ziemlich kräftiger, obgleich nicht dicht zusammengedrängter Aufschlag von Tannen, und der die genannte Haide von Westen nach Osten abschneidende, oben geschilderte Bergrücken ist mit frischem Laubholz bedeckt, welches sich bis an und um den Plansberg nach Gören zu erstreckt und mehrere stattliche Bäume zeigt. Auch das steile Nordostufer der Halbinsel Thiessow ist mit einem kleinen lieblichen Hain von Ahorn, Ulmen, wilden Kirschbäumen, einigen Buchen und Linden geziert; auf der Südwestseite der Groß-Zickerschen Ufer steht Büchengestrüpp und Krattholz. Indeß sind alle diese Gehölze nicht hinreichend, den Einwohnern Mönchguts beständig Feuerung zu verschaffen.

Die Halbinsel Jasmund hat beträchtliche Holzvorräthe. Gleich vorne hinter der Fähre stehen auf den Bergen linker Hand kleine Feldgebüsche und rechts hinter dem Ausfluß des Wostvitzer Teichs erhebt sich gegen den Binnenstrand eine waldige Anhöhe, Pottlin genannt. Die beträchtlichsten Waldungen aber liegen nordostwärts in dem hintern Theile des Landes, jenseit Sagard. Bewaldete Anhöhen sind dort der Königsberg, Weßlin und die Spiekersche Stubnitz, deren einzelne Gehölze eigene Namen haben, z. Bsp. Krang, Kluddihs, Rögholz u. s. w., welche aber im allgemeinen das Spiekersche Gehege genannt werden. Einige dem Gute Lanken zuständige Waldungen, namentlich das Kienholz, Schmidtsbusch, die Preeßnitz und Stangnitz sind minder beträchtlich, als die Darßin, oder

Dwohrside, eine angenehme Waldung, die stattlichere Eichen und Buchen enthält, als die Stubnitz, imgleichen die Lönns, oder der Lenzbusch, der sich bei Krampatz der Stubnitz anschließt. Die ganze flache Westseite des Ländchens längs der Küste, von Glowe, bis zur Litzower Fähre, enthält, außer einem kleinen, zwischen Spieker und dem Dorfe Polchow, nach dem Strande zu belegenen Gehölz, Bohrs (Baarsch) geheißen, keine Waldung.

Die ansehnlichste Waldung auf Jasmund ist die Stubbenitz, oder Stubnitz, vom dortigen gemeinen Mann de Stoow' genannt, welche einem großen Theile Rügens zur Holzkammer dient. Diese Waldung gehört zum Königlichen Domanium, welches hier einen Förster hält, der im Holze selbst, auf dem sogenannten Werder, ohnweit des Fischerdorfes Sassenitz, wohnt und mehrere Holzwärter unter sich hat. Sie liegt am nordöstlichen Ende der Halbinsel längs dem Meere, besteht mehrentheils aus Buchen, wenigen Eichen und einigen Erlenbrüchen, bedeckt Berge, Thäler und Ufer, fängt an in der Nähe von Krampatz und reicht bis Ranzow. Ihre Länge kann man zu 2 Meilen, ihre größte Breite zu einer halben Meile und ihren Umfang zu vier Stunden schätzen; ihr Flächenraum wird gewöhnlich zu $\frac{1}{2}$ Quadratmeile, oder fast 3000 Morgen Landes angegeben; nach der neuesten Vermessung beträgt derselbe 96 Hufen, oder 2880 Morgen. Zufolge einer Königlichen Verordnung vom J. 1732 sollte sie durch eine Verknickung (Einfassung) eingehägt werden, sie ist aber da, wo andre Waldungen mit ihr zusammenlaufen, nur mit einem Erdaufwurf und Graben umgeben. Laut der gedachten Verordnung darf sie 5 Haupteingänge haben, die alle mit Schlagbäumen verschlossen seyn sollen, von diesen sind jetzt aber nur 4 im Gebrauch, nemlich der

Schwirenzer, Buddenhäger, Werdersche und Russewaſer Baum; für das Durchpassiren von Pferden und Wagen ist eine kleine Abgabe (von 2 ßl. für jedes Pferd) unter dem Titel des Baumgeldes festgesetzt; die Schlagbaumwächter und Wärter heißen Baumlieger.

Aus diesem Walde holen nun die Höfe und Dorfschaften von Wittow und Jasmund nebst den dortigen Predigern, zufolge eines alten Herkommens und Gewohnheitsrechtes, jährlich ihren Bedarf als Freiholz, doch steht jedem Hofe und jedem Bauerwesen nur eine bestimmte, seit einigen Jahren nach Kriegssteuertheilen fest- und nunmehr etwas herabgesetzte Fuderzahl zu, und statt eines Fuders Holz kann man 2000 Stück Torf wählen, den man aber selbst bereiten lassen muß. Auch der Kreishauptmann in Bergen hat bisher jährlich 25 Faden Klobenholz als Deputat von da erhalten, so wie verschiedene Tonnen in der Stubnitz gebrannter Kohlen an das Fräuleinkloster in Bergen, imgleichen an die dortigen Prediger geliefert werden. Für diesen freien Genießbrauch entrichten die Wittower und Jasmunder Höfe zusammen den sogenannten Waldhafer, wovon weiter unten in dem Abschnitt von den Steuern die Rede seyn wird. Die Bauern erhalten für jedes zu holende Fuder vom Kreisamte zu Bergen ein Holzzeichen, welches sie mit 6 ßl. lösen müssen, auch die Höfe bekommen ein solches, worauf ihre Fuderzahl angemerkt ist. Nach der renovirten Holzordnung für die Stubnitz vom Jahre 1723 sollte ein Vollbauer 12, ein Halbbauer 8 und ein Kossat 4 Fuder Freiholz in einem Jahre aus der Stubnitz holen dürfen, in der Folge aber ward diese Fuderzahl herabgesetzt, so, daß der Bauer auf eine Hufe 5 Fuder bekam; fernerhin erhielt der Vollhüfner auf eine Hufe deren nur 4, nemlich 3 Fuder Büchen-

und 1 Fuder Erlenholz; übrigens darf niemand Holz- und Wagenketten mit in die Waldung nehmen. Die Sagarder Einwohner genießen ebenfalls des Stubnitzer Freiholzes, doch erhält ein Haus nur 1 Fuder. Zur Zeit der Abholzung sind die Monate December, Januar und Februar festgesetzt; vormals durfte das Holz zu zwei verschiedenen Jahrszeiten gehauen und gefahren werden, dies hieß die Sommer- und Winter-Wadelzeit.

Die Quantität des Holzes, das zufolge dieses alten Herkommens sonst jährlich aus der Stubnitz geholt ward, kann ohne Uebertreibung zu fünftausend tüchtigen Fudern angeschlagen werden, wodurch diese Waldung so hart mitgenommen ist, daß man sich wundert, wie sie nach solchen fortwährenden Ausleerungen nicht an Dichtigkeit und Umfang eingebüßt hat; indessen nimmt der Forstkundige doch auch manche Reviere wahr, wo nur junge Bäume von mittelmäßigem Wuchse ziemlich dünn und entfernt von einander stehen. Die schonungslose Ausübung der hergebrachten Gerechtigkeit der Art, die den Bäumen nicht Zeit ließ, das zu ihrer Höhe und Dicke erforderliche Alter zu erreichen und schlagrecht zu werden, hat den Abgang des Holzes in neuern Zeiten so vermehrt, daß dagegen einschränkende Maasregeln nothwendig geworden sind. Um die Holzung besser zu conserviren, ist nicht nur die (schon zu der Zeit, als Indigena's Streifzüge verfaßt wurden, vorhandene und auch in diesem Buche erwähnte) zweckmäßige Einrichtung getroffen, den ganzen Forst in gewisse Schläge oder Kaweln, nach einer gewissen Reihefolge von Jahren, einzutheilen und das darin zum fällen geeignete Holz anzuweisen, sondern auch nach vorhergegangener Berathung beliebt worden, daß zur Schonung der Waldung die Wittow- Jasmundischen Gutsbesitzer, Prediger und Bauern einstweilen geringere Quantitäten an Holz, zum Ersatz dafür aber eine angemessene Menge von Torf aus den Stubnitzer Mooren erhalten sollen. Für den Bedarf des Jahrs 1818 ist die gesammte Fuderzahl auf 1400 herabgesetzt worden.

Die den ehemaligen Gardevögten von Jasmund anvertrauete Aufsicht über die Stubnitz muß eben nicht sorgfältig, oder strenge gewesen und diese Waldung schon in frühern Jahrhunderten stark gelichtet worden seyn, denn in dem Wendisch=Rügianischen Landgebrauche sind scharfe Verordnungen wegen ungebührlichen Holzfällens in derselben enthalten, und der Herzog Ernst Ludwig von Pommern beschwerte sich öffentlich über die unordentliche Bewirthschaftung und Verwüstung seiner Waldung, auch sind in folgenden neuern Zeiten in Betref derselben geschärfte Holzordnungen gegeben worden.

Im Jahre 1586 erließ der gedachte Herzog eine eigne Holzordnung für die Stubnitz, zu besserer Schonung der Waldung und untersagte den Wittowern allen bisherigen Holz=Unterschleif. Im J. 1671 ward eine neue Stubnitzer Holzordnung bekannt gemacht, darin, des Holzes zu schonen, ernstlich geboten und verordnet ward, wie viel Fuder Holz jeder Berechtigte jährlich aus der Waldung holen sollte. 1723 ward diese Holzordnung erneuert. Im J. 1676 bekam der Jasmundische Gardevogt H. U. v. Krassow von der schwedischen Regierung in Betref der bei der Holzausfuhr in der Stubnitz vorgefallenen Unordnungen eine Weisung und besondre Verhaltungsregeln wegen des Misbrauchs der Abholzung und Benutzung dieser Waldung. 1698 ward den Dorf=Anwohnern der Stubnitz verboten, in der Waldung Kohlenbrennereien zu halten und Fadenholz heimlich an fremde Schiffer zu verkaufen. 1713 ward das Verbot wegen des Kohlenschwälens wiederholt. 1749 machte die Königlich schwedische Regierung, auf manche Beschwerden der auf Wittow und Jasmund angesessenen Edelleute, neue Erklärungen und Beschlüsse, wie es mit der Benutzung der Stubnitz gehalten und wie allen Holzbefraudationen vorgebeugt werden sollte. —

Aller hier beschriebenen und zum Theil namhaft gemachten Wälder, Haine, Brüche, Holzkoppeln, Rämel, Kratthölzer und Feldbüsche ohnerachtet ist Rügen kein holzreiches Land und wer nicht eigne Waldung besitzt, sondern seine Provision kaufen muß, fühlt dies auch an dem Preise. Wie wohlfeil zu den Zeiten der Vorfahren das Holz gewesen, ergiebt sich aus dem Wendisch-Rügianischen Landgebrauche, wo in dem Titel vom Waldgräwen ausdrücklich gesagt wird: „vor Zeiten konnte man vor 6 oder 8 ßl. das beste Fuder Holz kaufen, gemein Brennholz um 4 oder 5 ßl." — Jetzt gilt ein guter Klafter Klobenholz aus der Stubnitz 7 bis 8 Thaler. (Die übrigen Preise des Holzes sehe man hinten in der Rubrik: Marktpreise.)

Die größern und kleinern Gehölze, in welchen jährlich öffentliche Auctionen gehalten und darin sowohl Strauch- und Unterholz, als einzelne Bäume an Meistbietende verkauft werden, heißen Sellholzungen und haben diese Benennungen von dem plattdeutschen Worte sellen, d. h. in kleinen Portionen oder Kaweln verkaufen. Die Versteigerungszeit (Selltied) währt bis gegen den Frühling (Wadeltied). Das zu veräußernde Schlag- oder Strauchholz wird gewöhnlich in kleine Kaweln oder Schläge getheilt und jedem Käufer seine erstandene Abtheilung durch Schalmbäume, d. h. Gränzbäume, bezeichnet, die zu dem Ende angeschalmt, d. h. angehauen, oder ein wenig abgeschällt werden, und der Käufer bezahlt an den Holzwärter,

Revierjäger und dergl. Personen für solche Anzeige ein gewisses Anweisungsgeld besonders; zuweilen handelt man auch fuderweise.

Die größern rügianischen Waldungen bestehen mehrentheils aus Rothbuchen (Mai- oder Mastbuchen) und Eichen; die kleinern aus Roth- und Weisbuchen (Hain- oder Hagebüchen), Zäh-Eschen, Espen oder Faulesch'en, Birken, Erlen oder Ellern, groß- und kleinblättrigem Ahorn, welcher letztere Löhn genannt und von den Bauern gern zu hölzernen Löffeln benutzt wird, Ulmen, hier Rüstern, Röstern und Reustern genannt, Eichen, Linden, doch selten, Vogelbeerbäumen, hier Quitschen geheißen, wilden Kirschbäumen oder Vogelkirschen, Faulbäumen, Pappeln, wilden Birn- und Apfelbäumen. Lombardische und Canadische Pappeln, Lerchenbäume, unächte Acazien und Roßkastanien dienen nur Parks und Alleen zur Zierde; andere ausländische Bäume und Gesträuche erblickt man blos in Parks und großen Gärten, z. B. in Losentitz, wo eine trefliche Anlage davon ist, Putbus, Cartzitz u. a. m. Von Stauden und Gesträuch enthalten die Wälder Haselstauden in Menge, oft groß, üppig und baumartig von Wuchs, Spindelbaum (Spillbaum), Hirschholder (Gänseflieder), Attich, Hollunder oder Flieder, Wachholder (Knirk) in Menge, Hagedorn oder Weisdorn, der in Strandgegenden zuweilen die Größe eines Baums erreicht, Hasengeil, oder Pfriemkraut, Schlehdorn, See- oder Weidendorn, an den Meeresufern auf Hiddensee, Jasmund und Mönchgut, und Stechpalmen, (Hülsen, Hülsenbüsche,) in kleinen, kurzen, krausen Gruppen unten am Ende des Jasmunder Ufers hinter Truup, am Wege nach der schmalen Haide; daß diese Büsche dort schon vor drittehalb hundert Jahren gestanden haben, ersieht man aus dem Wendisch-Rügianischen Landgebrauche Tit. 10. — Die zähe Esche gedeihet vorzüglich und sollte ihrer Nutzbarkeit wegen mehr angepflanzt werden, allein eigentliche Eschenhorste giebt es nicht. Auch die Silberpappel, Abele genannt, ist empfehlungswerth, da sie schnell wächst und mit schlechtem sandigem Boden vorlieb nimmt; dies ist auch der Fall mit den Schwarzpappeln, deren Holz die Tischler jetzund viel zu feinen Belegen verarbeiten, und welche, gleich den Weiden, durch Setzpathen (Stecklinge, Steckäste) recht gut fortgepflanzt, auch, wie diese, gekröpft werden können und, geschont, zu mächtigen Bäumen aufwachsen. Sie werden hin und wieder in Alleen gefunden. Ueberaus ersprießlich ist die Cultur des Weidenbaums, welcher das rauhe Clima und einen schlechten Boden erträgt. Man trifft in allen Theilen Rügens die gewöhnlichen Weidenarten, (salix alba, fragilis, amygdalina, rosmarini folia, viminalis, capraea, repens, die kleinste unter allen u. s. w.) einige blos in Brüchen und Feldbüschen, andre sieht man häufig als Setzweiden (aus Steckpaten entstanden) in und neben den Dörfern, an den Zäunen und um die Gärten, auch stehen sie oft einzeln, oder unordentlich in Gruppen, oder bilden einzelne Reihen und auch Alleen. Man läßt sie entweder zu Sturmweiden aufwachsen, da sie denn ein stattliches Ansehen gewinnen und so erblickt man sie häufig längs den Scheunen und Wirthschaftsgebäuden als Schutzbäume gegen Sturmwinde, oder gebraucht sie zu Brenn- und Zaunholz, oder andern Nutzungen, als Kröpf- oder Kappweiden, indem man ihnen von Zeit zu Zeit (im März) die Krone abhauet. Einige hie und da vorhandene Fichtenhaine, hier allgemein Tannenkämpe genannt, sind die einzigen neu angelegten Forste im Lande, aber im Ganzen nur von geringem Belang und zu tüchtigen Baumaterialien zu schwach, weshalb man häufig aus Pommern sogenanntes Peenholz, oder große Flöße von den dicksten Tannenstämmen, als Bauholz holen läßt.

Wagener und Rademacher, Faßbinder, Fischer und Bootzimmerleute loben an dem rügianischen Hartholz eine vorzügliche Festigkeit und Dauerhaftigkeit, und willkommen sind ihnen zu manchen ihrer Arbeiten die leicht zu erlangenden Krummhölzer; die gerühmten Eigenschaften lassen sich auch wohl erklären, da das Holz, von Stürmen geschüttelt, oft krumm und schief gebogen, in dem harten Clima nur langsam emporwächst und gleichsam dessen Natur annimmt.

Daß das Forstwesen auf Rügen dem Ackerbau zu sehr nachstehe, ist eine oft gerügte und von verständigen und denkenden Landwirthen anerkannte Wahrheit; allein die Ueberzeugung von derselben führt zu keinen practischen Gegenanstalten. Wenn man zusammenrechnet, was jetzt jährlich die in den Städten vermehrten Brantweinbrennereien und Bäckereien an Holz verzehren, was auf dem Lande zu Zäunen verbraucht wird, statt welcher Steinmauern gesetzt und lebendige Hecken gezogen werden könnten, eine wie große Menge Holzes überdies durch Mangel an holzsparenden Oefen und geschlossenen Feuerheerden, imgleichen durch schlechte Küchenwirthschaft verloren geht und wie viel durch unachtsame Hütung des Viehes in Gehölzen, wo es die jungen Sprossen und Keime (Laden) abfrißt, gleichsam im Keime vernichtet wird, den wirklich nothwendigen jährlichen Gesammtbedarf aller Hauswirthschaften, imgleichen was von Tischlern, Zimmerleuten u. s. w. verarbeitet wird, nicht einmal in Anschlag zu bringen, so führt dies alles zur Aussicht auf eine Zukunft, wegen welcher man zu sorglos ist. Denn, denkbar wenigstens ist eine Zeit, wo bei zunehmender Bevölkerung und folglich bei vermehrter Consumtion des Holzes wirklicher Mangel eintreten und — nach völliger Ausleerung der Torfmoore — der Preis dieses Brennmaterials so theuer werden kann, daß ein kleines Hölzchen wichtiger und von größerm Werthe seyn mögte, als ein großes Ackerstück, und daß mancher Arme dieses kostbaren Artikels halber die Insel verlassen, wenigstens sich scheuen müßte, Bewohner derselben zu werden. Und dies alles könnte, ja es müßte verhütet werden in einem Lande, wo der Anbau der meisten gewöhnlichen Holzarten vortreflich gedeihen würde, wo die geringere und ärmere, kein eigenthümliches Gehölz besitzende, Menschenklasse die Mehrzahl ausmacht und wo in manchen Jahren der Winter über sieben Monate herrscht.

An löblichen und heilsamen gesetzlichen Vorschriften und Holz-Ordnungen fehlt es freilich nicht und in den größern Domanial- und Privatwaldungen werden auch Förster und Holzwärter gehalten, mehr aber zur Aufsicht und zur Schonung des schon vorhandenen Holzes, als zu frischer Erzeugniß durch Aussaat und Nachpflanzung. Neue Holzanlagen sind eine Seltenheit, vielmehr ist bekannt, daß in neuern Zeiten zu Gunsten des Ackerbaues manche Haine und Feldgebüsche ausgerodet worden sind, und daß selbst die größern Wälder nicht dichter, sondern lichter werden; eine traurige Erfahrung, gegen welche patriotische Landwirthe nicht gleichgültig seyn sollten. Allein der Holzanbau verlangt eine Reihe von Jahren, bis das ihm gewidmete Land den erzielten Vortheil bringt, da hingegen derselbe Boden, als Getreidefeld benutzt, alljährlich trägt und erwirbt; Grund genug für die Gewinnsucht, den Ackerbau dem Forstwesen vorzuziehn. Was in des Präsidenten v. Pachelbel Beitr. z. Kenntniß d. Schw. Pomm. Staatsverfas. S. 130 u. f. im allgemeinen über die Holzcultur gesagt ist, verdient, als auch für Rügen geltend, große Beherzigung.

Auch die Fruchtbaumzucht wird nicht so betrieben, wie sie könnte. Einige Ortschaften, hauptsächlich in der Herrschaft Putbus, liefern zwar ganz gutes Kernobst, auch zieht man auf mehrern Landgütern und in etlichen Gärten der Städte und Flecken die feinsten Obstsorten; allein viele Apfel- und Birnbäume sind abgehauen und durch Schleifung der Dörfer zerstöhrt. Wer in andern Gegenden Deutschlands gesehen hat, wie beträchtlich der Gewinn von Obstbäumen in guten Jahren ist, der wird ihre Anpflanzung dem Lande für sehr vortheilhaft halten, und warum sollte nicht auch Rügen ihre Früchte ins Ausland versenden können, statt daß es jetzt manche Obstarten, z. B. gebackene Kirschen und Zwetschen von Mecklenburgern kauft? Der Wallnußbaum, nutzbar durch Holz, Laub und Früchte, wird wenig angebauet, obgleich sein stolzer Wuchs zeigt, daß er vortreflich im Lande gedeihet. Auch der Maulbeerbaum kommt recht gut fort, ist aber selten. Unter den Staudengewächsen findet man den Himbeer- und Stachelbeerstrauch in verschiedenen Gehölzen wild, auch giebt es eine Art wilder Johannisbeeren [Ribes alpinum], welche hier Smarten oder Smargeln genannt werden. Pfirsiche, Aprikosenstämme und Weinstöcke werden nur an der Südseite der Mauern am Spalier gezogen, die Früchte und Trauben gedeihen aber in manchen Jahren recht gut.

2. Der Gartenbau. Darüber ist wenig zu sagen. Außer dem Putbusser Park und dem Cartzitzer, Juliusruher und Losentitzer Gartenanlagen giebt es keine Gärten von großem Umfange auf der Insel, wohl aber mehrere kleinere, die sehr hübsch und zierlich sind, auch verschiedene Seltenheiten aus dem Pflanzenreiche enthalten. Die gewöhnlichen Gemüse, Suppenkräuter und Würzpflanzen, als Zuckererbsen, Bohnen und Kohlarten, Gurken, Zwiebeln, Rüben, gelbe

Carotten, rothe Beete, Petersilien und andere Wurzelgewächse, Sauerampfer, Spinat, Salatkräuter, kurz, was man Küchengewächse nennt, werden häufig in Gärten gezogen. Kartoffeln bauet man in Gärten und pflanzt sie in neuern Zeiten auch auf Brachäckern in unendlicher Menge. Sie sind überaus ergiebig, wohlschmeckend und wohlfeil, man benutzt sie daher auf mannigfaltige Weise und rechnet ihre Cultur nach gerade mit zum Ackerbau. — Der Spargel wächst an den Ufern von Hiddensee und auf Mönchgut auch wild. Mit dem Anbau der beliebten (doch nicht überall belobten) Cichorie sind in einzelnen Gärten Versuche gemacht worden, doch kauft man das edle Cichorienschroot noch immer aus der Fremde.

3. Jetzt einige Worte von dem wohlthätigsten Geschenk des Himmels, jenen nutzbarer Pflanzen, durch deren sorgfältige Erzeugung und künstliche Vermehrung Saamen und Früchte in großer Menge zu gewinnen das Geschäft des Ackerbaues ist, welcher einen Haupt-Erwerbszweig des Landes ausmacht.

Rügen erzeugt folgende Arten des Getreides: Weitzen, Rocken, Gerste, Hafer, Erbsen und zwar weiße und graue, Wicken, Buchweitzen, hin und wieder auch Linsen und Viehbohnen. Die Ausfuhr der fünf erstern Getreidearten ist sehr beträchtlich; unter denselben wird die rügianische Gerste wegen ihrer vorzüglichen Güte besonders geschätzt. Spelz oder Dinkel wird nicht angebauet; mit Himmelsgerste und türkischem Korn sind blos im Kleinen Versuche gemacht. Buchweitzen wird nicht in so großer Menge erzeugt, als diese Menschen und Vieh zuträgliche Frucht es verdient. Von der Feldarbeit und Bewirthschaftung der Aecker sehe man weiterhin den Abschnitt Landwirthschaft und Feldbau.

Der Flachsbau muß in alten Zeiten sehr ausgebreitet gewesen seyn, da Helmold *) erzählt, daß man, statt Münze, mit Leinwand einander bezahlt habe; er wird auch jetzt überall betrieben, hat aber kein solches Gedeihen auf Rügen, wie in Pommern. Ob Clima und Boden ihm ungünstig, ob unrichtige Zubereitung des Ackers und Vernachlässigung der Jätung Schuld daran sind, ob es an dem Leinsaamen liegt, was doch kaum zu glauben, da viele Landwirthe Rigaischen Kron-Leinsaamen ankaufen, oder an einer schlechten Behandlung der eignen Saat (der Bollen), oder ob die Erndte (das Aufziehen) zur Unzeit geschieht, oder ob bei Bearbeitung der Flachsstengel Fehler begangen werden, ist hier der Ort nicht, zu untersuchen; genug, es wird jährlich eine große Quantität Flachs aus Pommern gekauft, auch viel westphälische feine Leinwand im Lande abgesetzt. Der beste Flachs wird auf Ummanz gewonnen durch sorgfältige Zubereitung, besonders sucht man ihn dort durch starkes Klopfen zu verfeinern. Auf Rügen sind jetzt hie und da Schwingmaschinen im Gange, welche gerühmt werden. — Hanf wird zwar auch im Lande gebauet, doch bei weitem weniger, als zum Behuf der Landwirthschaft erforderlich ist. Jeder weiß, zu wie mancherlei Dingen der Landmann Stränge, Seile, Schnüre und Bänder gebraucht, deren aber, die sich diese Bedürfnisse aus selbst gezogenem Hanf verfertigen, sind wohl nicht viele. Der Hanf giebt überdies feste, tüchtige Sackleinwand, der Saame gutes Oel und kann auch als Vogelfutter mit Vortheil abgesetzt werden; man sollte daher auf den Hanfbau mehr Fleiß verwenden. — Auf den Tabaksbau wird jetzt weniger

*) Chron. Slavor. L. I. c. 38.

gegeben, als ehemals, obgleich einige Tabaksplantagen vorhanden sind. Ob dieser Pflanze, die einem wärmern Himmelsstriche angehört, das rügianische Clima zuträglich sey, ist zu bezweifeln. Indeß, wenn auch die Blätter schlecht ausfallen, so thut heutiges Tages die Kunst viel, sie zu verbessern und da eine große Menge Tabak im Lande verbraucht wird, so könnte mancher Landmann, der jetzt sein Geld in die Luft bläst, eigne Tabaksblätter rauchen. —

Auch Kümmel wird etwas angebauet, der beste auf Wittow und in einigen Dörfern auf Jasmund, hauptsächlich in Lohm, doch nur in Gärten. — Rübsaamen oder Raps wird noch wenig cultivirt. — Der Anbau des Hopfens ist sehr vernachlässigt. Wild wachsend findet man ihn häufig genug auf Hecken, Zäunen und in Gehölzen, denen er schädlich ist, auch bauen die Mönchguter und einige Landwirthe ihren Bedarf zum Bierbrau selbst; allein darauf wird nicht geachtet, mancher weiß nicht einmal, daß nur die Zapfen (Bollen, Knuppen) der weiblichen Pflanze den zahmen Hopfen geben, der zur Brauerei am besten ist und die Bierbrauer kaufen gewöhnlich Pölitzer Hopfen von fremden damit herumfahrenden Handelsleuten.

4. Von Futterkräutern bauet man vorzugsweise den rothen und weißen Klee, und zwar in großer Menge in der auf manchen Gütern in neuerer Zeit eingeführten Kleebrache; mit den zartern Kleearten, wozu man den Schneckenklee, die Luzerne, die Esparsette, oder den türkischen oder Schweitzerklee, auch Stachelheu und Hahnkamm genannt, rechnet, welcher letztere aber dem Kleegeschlechte nicht angehört, sind bisher nur Versuche im Kleinen gemacht worden. Mehrere im Lande wild wachsende Kleearten, z. B. der Stein = Hopfen = Berg = und Bastardklee werden so wenig geachtet, als andere zu Futterkräutern sehr

taugliche und deswegen oft empfohlene wilde Pflanzen, z. B. der gelbe Schoten=Lotus, die Platterbsen und wilden Wicken; am wenigsten beliebt und eigentlich ganz verachtet ist der in öconomischen Schriften oft gerühmte Spark oder Spörgel, welcher hier Nägenknee heißt und auf sandigen Feldern und unter dem Getreide in großer Menge wächst; es heißt, das Vieh möge ihn nicht. Das Thimotheusgras, Timothé, [phleum pratense] wird in der neuesten Zeit von einigen angebauet. Der Duwok, Duwopp, Duwenwopp, oder Kandelwisch, [equisetum arvense und palustre] ebenfalls wild wachsend, wird hie und da zu Pferdefutter genommen.

5. Die Wiesen bringen mancherlei Grasarten hervor, auch wächst rother und weißer Klee auf einigen wild, aber die Grasung ist auf wenigen so üppig und hoch, als man sie in Pommern wahrnimmt, und die meisten rügianischen Wiesen sind nur einschürig. Die hohe Lage des Landes und der trockne Sand= oder Lehmboden sind dem kräftigen Wiesenwuchs nicht förderlich; auf vielen Wiesen wuchern blos einige Arten des scharfen stachlichen Riedgrases [carex], welches, mit zartern Gräsern nicht gemischt, ein hartes Heu giebt, und nur von dem Vieh, so daran gewöhnt ist, gefressen wird. Künstliche Grasanger und Wiesenwässerungen sind etwas seltenes, meistens bleibt der Natur der Wiesenwachs überlassen, woran es manchen Gegenden sehr gebricht, die sich denn mit der Kleebrache, Stroh und Häckerling behelfen, oder Heu von andern kaufen. Einige Güter haben jedoch auch gute und reichliche Heuwerbungen. — Der größte Wiesenfleck auf Rügen ist die sogenannte Garwitz oder Garwisch, (plattdeutsch Gaarws oder Gaarw'sch,) eine sumpfige, moorige Niederung zwischen Kaiseritz, Silvitz, Zirkow, Viervitz, Posewald und Pastitz, welche

in ihrer größten Länge über eine halbe Meile enthält. Sie diente den Anwohnern sonst zur gemeinschaftlichen Viehweide, einigen auch zum Torfstich, seit dem Jahre 1815 aber ist die Communion durch gütliche Auseinandersetzung aufgehoben. Die Grasung ist nur sehr mittelmäßig. Der Garwisch ähnlich, wenn gleich nicht von so großem Umfange, zeigt sich ein Wiesensumpf an und um den Rappiner See, neben Postlitz, bis Bokvitz, er dient hauptsächlich zur Viehweide, so wie die südliche und südwestliche Umgebung von Trent, die von gleicher Natur ist. Auf Mönchgut ist an der Hagener Wiek, um den Lobber See und längs dem Binnenwasser zwischen Groß- und Klein-Zicker etwas Wiesenwachs, nur enthält der Boden an manchen Stellen morastige Rijen, oder Rigen,*) unter denen die Fuhr- und Papenrige die größten sind. Zu den besten Wiesen auf Rügen sind die zu rechnen, welche in den flachen Gegenden am Strande liegen; auf ihnen wird ein kräftiges Salzheu geworben, welches das Vieh begierig frißt. Die niedrigen Sumpfwiesen befallen leicht mit Moos, wodurch die Vegetation unterdrückt wird; man sucht diesem Uebel durch Düngung der Oberfläche mit Mist abzuhelfen, nach bewährter Erfahrung aber ist es vortheilhafter, sie mit einer dünnen Lage trocknen Sandes zu bedecken.

6. Was endlich die Gartenblumen, Wald- Feld- Wasser- und Sumpfgewächse, Gräser und Wiesenkräuter, Schilf- und Rohrpflanzen, Farrenkräuter, Pilze, Moose und Flechten anbetrifft, so sind die gewöhn-

*) So werden gewisse mit Seewasser angefüllte Sumpflöcher, Gräben und morastige Tiefen auf flachen Strandweiden, die bei der Sturmflut oft von Ueberschwemmungen leiden, genannt; man trifft ihrer auch auf Hiddensee am Strande von Vitte nach Kloster.

lichsten Gattungen und Arten derselben auf Rügen einheimisch. Unter den Gräsern verdient der Mannaschwingel [festuca fluitans] Erwähnung, der in Menge wild wächst und durch Anbau gezähmt werden könnte, weil sein Saame die Manna- oder Schwadengrütze giebt. Unter den Medizinalpflanzen und Apothekerkräutern ist die Chamille häufig, der Wolverlei selten. In der Stubnitz trifft man seltene Moosarten und am Strande einige nicht gewöhnliche Seepflanzen, z. B. den Seekohl und in der See etliche Arten des fucus. Wer in botanischer Hinsicht genauere Nachricht und Kenntniß von der rügianischen Pflanzenwelt verlangt, sey an das noch immer sehr brauchbare Werkchen des Archiaters und Ritters von Weigel *) gewiesen. Die darin verzeichneten Gewächse sind jedoch nur zur Flora subalpina zu rechnen.

III. Thierreich.

Von zahmen Vierfüßlern sind hier fast alle Arten verbreitet, da das Schlacht- Zucht- und Lastvieh dem Landmanne unentbehrlich ist; nur den Esel, dieses so nutzbare und dabei wohlfeil zu unterhaltende Thier, findet man auf Rügen fast gar nicht; dagegen desto mehr Pferde. Nach einer genauen Zählung betrug im J. 1817 der ganze Bestand im Lande 6427 Pferde und 2974 Füllen. Unter den Pferden sind die alt-inländischen, oder Bauerpferde, nur klein und nicht schön von Gestalt, aber dauerhaft und tüchtig zur Arbeit; ihre Farbe ist gewöhnlich dunkel. Auf größern Landgütern ist die Zucht durch ausländische Racen, als Engländer, Mecklenburger u. dergl. m. veredelt, und

*) Flora Pomerano-Rugica. Auct. C. E. Weigel. Berol. Strals. et Lips. 1769.

man erblickt unter den Reit- und Wagenpferden zuweilen Gestalten von ausgezeichneter Schönheit. Daß der Pferdehandel auf Rügen stark getrieben werde, ist begreiflich; die Pferde sind aber keinesweges wohlfeil. In Gartz wohnen viele Roßhändler.

Mit dem ursprünglich einheimischen Rindvieh verhält es sich, wie mit den Pferden, die Gattung ist unansehnlich und struppig, allein auch sie hat man durch fremde Zuchtstiere verbessert, so, daß jetzt nicht nur Rindvieh von großem, starkem Bau und mitunter von vorzüglicher Güte vorhanden, sondern der Abgang auch kaum mehr bemerkbar ist, welcher während der französischen Occupation des Landes durch die starken Schlachtvieh-Lieferungen entstehen mußte. Zur Verbesserung und Vergrößerung des Viehstandes haben auch die Anlagen und Vermehrungen der Meiereien und die Verpachtungen der Rinderheerden an Leute, welche den Absatz der Milch und der daraus bereiteten Producte zu einem eignen Gewerbe machen, das ihrige beigetragen. Dergleichen Rindviehpächter werden hier Holländer und die Meierhöfe und Vorwerke, wo sie ihre Milch- Butter- und Käsewirthschaft treiben, Holländereien genannt, weil es Nachahmungen ähnlicher in Holland gewöhnlicher Wirthschaften sind. Im Durchschnitt ist in den Holländer-Contracten die jährliche Pachtsumme von jeder Kuh zu 8 bis 10 Rthlr. festgesetzt. Von rügianischer Butter wird jährlich eine ansehnliche Quantität nach Stralsund verkauft, der Preis ist nach den Jahrszeiten sehr verschieden; der von ihnen zum Verkauf bereitete Kuhkäse bedarf noch großer Verbesserung, bis er holländischem gleich kömmt.

Die Schaafzucht ist, vornemlich da, wo Haidedistricte sind, zwar ausgebreitet, wird aber im Ganzen nur schlecht betrieben, auch sind die Heerden in der Regel nur einschürig; das Scheeren geschieht im May, bis zum Junius. Die Wolle der alten einheimischen Race ist mittelmäßig, oft haarig und hart, besonders der Schaafe, denen blos Haiden zur Weide dienen. Widder mit Hörnern sieht man selten. Seit 10—12 Jahren hat man angefangen, die Eingeburt durch spanische Böcke und Abkömmlinge spanischer Schaafe zu veredeln und ihre Wolle wird unter dem Namen der spanischen verkauft. Jahrlinge, Tidschaafe und Olämmer (einjährige Hammel und Schaafe) werden häufig als Schlachtvieh verkauft. — In Betref der Schäfer und Schäfereien sind viele heilsame Landesgesetze vorhanden. Die Schäfereien werden auf dreifache Art bewirthschaftet: 1. entweder durch Kostschäfer, welche blos Schaafhirten oder Schäferknechte sind, die die herrschaftliche Heerde gegen Beköstigung und für die Erlaubniß hüten, etliche eigne Schaafe mit halten zu dürfen; 2. oder man hält Mengschäfer, welche eine gewisse Anzahl eigner Schaafe einsetzen, d. h. mit der herrschaftlichen Heerde vermischen und gemeinschaftlich halten, und nach diesem Bestand den Ertrag von allem genießen, z. B. an einem gewissen Tage die Milch, im Frühlinge bei der Schur ihren Antheil an der Wolle, imgleichen das 6te, 7te, 8te Lamm, so wie es am verabredeten Absonderungstage über die Schwelle springt, u. s. w.; 3. oder die ganze Schäferei wird verpachtet, wobei der Eigenthümer dem Pachtschäfer die Weide und den Hürdenschlag einräumt und im Winter für Stallung, Futter u. dergl. sorgt, sich dagegen aber ein gewisses an Schlachtvieh, Wolle, Sülzmilch, Butter und Schaafkäse ausbedingt. Für 100 Schaafe wird gewöhnlich eine Pacht von 60 bis 70 Rthlr. gerechnet. Die Zeit der angehenden oder fälligen Pacht, so wie des Umzugs der Schäfer, ist um Martini, zuweilen auch den 1sten May, welcher dann Maytag genannt wird. Welche dieser drei Arten der Schaafhaltung und Wartung den Vorzug verdiene, darüber sind die Landwirthe ungleicher Meinung, jeder wählt die Wirthschaft, wobei er am wenigsten betrogen zu werden glaubt. Ueber Betrügereien, Diebstähle und Durchstechereien der Schäfer sind in neuern Zeiten häufig Klagen vorgefallen.

Ziegen werden auf Rügen nur wenig gehalten, obgleich manche Districte sich zu deren Zucht gut eignen; man schätzt sie nicht sonderlich. Desto mehr ausgebreitet ist die Schweinezucht.

Unter den wilden Landthieren sind der Hirsch, der Hase und Fuchs die bedeutendsten. In alten Zeiten mag es viel Wild auf der Insel gegeben haben, weil die vormaligen Herzoge von Pommern, als Fürsten von Rügen, sogar den Titel der Reichs-Jägermeister vom Kaiser Carl IV. im J. 1348 erhielten. Jetzt ist es nicht mehr so; wilde Schweine und Rehe sind gar nicht vorhanden, *) die Wölfe längst ausgerottet, **) und dem Hasen wird so stark nachgetrachtet, daß, bei dem geringen Umfange der meisten Jagdreviere, wo jeder ihn hetzt und schießt, er auf die Länge ganz vertilgt werden mögte, der Füchse nicht zu gedenken, die seine Jungen begierig fressen und noch in Menge vorhanden sind, obgleich ihnen ziemlich nachgestellt wird.

---

*) In Folge eines zwischen dem Herzog Philipp Julius von Pommern und der rügianischen Ritterschaft im Jahre 1612 wegen der Jagd auf Rügen geschlossenen Vergleichs wollte der Herzog Rehe auf der Insel aussetzen, es blieb aber dabei.

**) Die letzte öffentliche Wolfsjagd auf Rügen ist im Jahr 1695 angestellt worden. S. Wackenroders a. u. n. Rügen S. 155.

Auch auf den Hirsch wird jetzt mehr Jagd gemacht; dadurch scheu geworden, wagt er sich aus dem Dickigt der Granitz und Stubnitz, wo er seinen Hauptaufenthalt hat, nicht mehr so hervor, als ehemals, wo er wegen ziemlicher Schonung, sich stärker vermehrte und durch das Land Streifereien unternahm, welche viel Misvergnügen und Beschwerden des Landmanns über Verwüstungen der Saaten, Abschälungen der Weiden und andrer Bäume und Abweidung ganzer Kohlgärten, verursacht haben sollen. Seit 1785 war das Regal der hohen Jagd an das Haus Putbus für ein jährliches Recognitionsgeld von 80 Rthlr auf 20 Jahre verpachtet und niemand im Lande durfte ohne Erlaubniß einen Hirsch, bei Strafe von 10 oder 20 Rthlr., tödten, nur der Besitzer der Herrschaft Spieker behielt, in seinen Forsten, die Hirschjagd frei. Jetzt hat die rüglanische Ritterschaft, zufolge Contractes mit der Krone Schweden vom 24sten März 1803 die Hirschjagd-Gerechtigkeit auf 100 Jahre, von dem Jahre 1809 angerechnet, gepachtet, doch sind die Domanial- und Fürstlich Putbusser Besitzungen ausgenommen. Die zu 2 Last und 3 Drömt (228 Scheffel) bestimmte jährliche Pacht wird bisher in baarem Gelde (den Werth des Getreides nach dem Mittelpreise jedes Jahres gerechnet) an die Königliche Regierungskasse entrichtet. Wer auf eignem Gebiete einen Hirsch schießt, erlegt dafür 5 Rthlr. Schießgeld besonders. — Ob die Duldung und Schonung des Hirsches einem Lande zuträglich sey, wo der Ackerbau so ausgebreitet und prädominirend ist, wie auf Rügen, diese Frage wird immer anders entschieden werden, je nachdem das Urtheil von Jagdlust und Hofnung auf den Gewinn eines Bratens, der vielleicht mehr nur in der Meinung für einen Leckerbissen gilt, bestochen ist, oder nicht. — Die verbotene Zeit der Jagd beginnt vom ersten März und währt bis zum vier und zwanzigsten August, doch wird die Hirschjagd nach einem Patent vom 11ten December 1815 schon am 25sten Julius für offen und erlaubt erklärt.

Der Dachs, vor mehrern Jahren auf Rügen ausgesetzt, muß sich wenig vermehrt haben, weil er äußerst selten ist. Von kleinerem schädlichem Wild giebt es Haus- und Feldmarder, Iltisse und Wiesel, doch die letztern nicht häufig. Der unschädliche Schwein- und Hundsigel wird gefunden. Maulwürfe, Mäuse, Haus- Erd- und Wasserratzen sind in Menge (doch die letztern Arten durchaus nicht auf Ummanz) vorhanden und die Feldmäuse in manchen Jahren eine wahre Landplage. Es kommen zwar zu Zeiten sogenannte Kammerjäger ins Land, und üben ihre Künste aus, um dies Ungeziefer, wenigstens aus den Häusern, zu vertreiben, allein die Mittel wirken nicht lange. Gleichwohl läßt der Landmann diese Leute nicht gerne leer fortgehn, aus Furcht vor ihrer Rache, indem er die vielleicht nicht ungegründete Meinung hegt, daß sie, wenn auch ihre Vertreibungskunst nicht erprobt ist, doch Witterungen hinlegen können, um Ratzen und Mäuse nach einem Ort hinzuziehen. Es scheint auch, als wenn mancher Kammerjäger diesen Glauben der Landleute kennt und sie sich dadurch zinsbar zu erhalten sucht. — In der lateinischen Rede eines ehemaligen Schulmannes *) wird als eine Sage angeführt, daß nach dem Zeugniß des Petrus Atropaeus es in alten Zeiten auf der ganzen Insel keine Ratzen gegeben habe. Es sey aber einmal von einem gestrandeten

*) Martini Schmechelii Rectoris Belgard. orat. pro laudat. et flor. Pomeran. in fascic. oration. Sedin. 1720. — Man sehe auch T. Kanzows Pomerania, 2ter Bd. S. 435 u. 436.

Schiffe ein ganzes Ratzennest! — an die Küste von Wittow getrieben und diese ungebetenen Gäste hätten sich darauf so vermehrt, daß jetzt mehr Ratzen auf Rügen, als anderswo, zu treffen wären.

Von Wasserthieren ist der Seehund, plattdeutsch Sahlhund, zuweilen auch kurzweg Sahl genannt, anzuführen, der nicht selten ist. Er nähert sich öfters der Küste, besonders im Frühling und Herbste, zur Zeit des Heringsfangs; die großen Steinblöcke dienen ihm oft zum Lager, auf welchen er, sich sonnend, zuweilen einschläft und dann von vorsichtigen Jägern beschlichen und geschossen wird; sie müssen bei ihrer Jagd aber ein Boot haben, um den verwundeten Robben, der sich dann sogleich ins Meer wirft, untertaucht und, so viel er noch vermag, das Weite zu gewinnen sucht, zu verfolgen. Man fängt ihn auch in starken Reusennetzen, vornemlich auf Mönchgut, wo er den Heringsfischern ein unwillkommener Gast ist, indem er große Zerstöhrungen unter den Manzen anrichtet, um die daran hängenden Heringe zu fressen. Die Mönchguter singen, wenn sie ihn fahen, ein eignes Fischerlied, welches anfängt:

Hahlt mi den Seehund
Den Sahlhund
Vom Strann=je
To Lann=je! —
Hett mi all dat Nett toräten
Hett mi allen Hiring fräten;
Hahlt mi den Sahlhund u. s. w.

Auch Delphine oder Tümmler, die sehr guten aber übelriechenden Thran geben, werden zuweilen gefangen.

Unter den zahmen Vögeln verdienen die Gänse einer besondern Erwähnung, weil sie in überaus gro=

ßer Menge auferzogen werden und in diesem Lande, gleich wie in Pommern, ein ganz vorzügliches Gedeihen haben. Sie sind bei weitem größer als die Gänse im südlichen Deutschlande, wo man von der Art und Weise, wie sie hier gemästet werden, sonst ganz irrige Meinungen hatte, und werden bis zur Schwere von 20 Pfund getroffen. Als Spickgänse, oder Spickbrüste, (so heißen die geräucherten Rückenstücke, von denen die Flügel abgetrennt sind) werden sie häufig ins Ausland versandt.

Auch an wildem Geflügel ist die Insel reich, besonders giebt es viele Arten von See- und Strandvögeln. Der Seeadler, oder Fischaar hält sich an den Küsten auf, der Steinadler horstet in den Spalten des Arkonaischen Kreideufers, ein Heer von großen und kleinen Möwen umflattert den Strand und erhebt oft ein lautes Geschrei; wilde Gänse, Enten, Kriechenten, Taucherenten (Düker), Strandläufer, Kiebitze (Kiewiet) finden sich an Binnenwassern und Außenküsten. Die Grabgans nistet im Lande in Sandlöchern, ist aber seltener als ehemals. Der Schwan erscheint an der Binnenküste von Ummanz, Wittow und Jasmund, zuweilen auch auf dem Wostvitzer Teich im Frühlinge, in großer Menge und wird dann häufig geschossen. — Der Gänseaar, oder die Weihe, ein zum Glück nur seltener, und der Habicht, ein desto gewöhnlicherer Raubvogel, richten unter den Tauben und anderm zahmen jungen Geflügel zuweilen großes Unheil an; die Züge von Kranichen thun im Frühlinge, nach bestellter Saat, den Aeckern, besonders den Erbsenfeldern, manchen Schaden. Der Storch hat sich seit Jahren sehr vermehrt, und der Landmann schont seiner, in dem frommen Wahn, daß er Glück bringe, allein er ruinirt die Strohdächer der Scheunen, auf deren Giebelspitzen er gewöhnlich sein Nest anlegt und frißt die Bienen weg, deren Zucht ohnehin im Lande nicht sehr ausgebreitet ist. — Raben, Krähen und Dohlen (Korck, Carok), darunter auch die Elster (Häster), erblickt man zu gewissen Jahrszeiten in zahllosen Schaaren und eine Legion lustiger Sperlinge treibt mit ihren Gefährten, den Goldammern (gelben Gänschen) das ganze Jahr hindurch Freibeuterei auf den Feldern und in den Scheunen, wobei aber viele ein Raub des Habichts und der Eulen werden, von welchen letzteren es verschiedene Gattungen giebt. Spechte sind selten, auch die Heher, von welchen der bekannte Holzheher hier Marquard genannt wird; auch die Mandelkrähe findet sich, doch nur sparsam. Die gelbe und graue Bachstelze (Quäkstart, Wäpsteert), der Vorbote, der lustige Kukuk, der Herold und die Nachtigall, die Sängerin des Frühlings, sind, gleich wie die mehrsten Singevögel hier sehr häufig; am zahlreichsten darunter ist die Lerche.

Von eßbarem Federwild verdienen die Schwarzdrossel, oder Amsel, die Golddrossel (Bülow), der gemeine Krammetsvogel, oder Ziemer, Rebhühner, Brachvögel, Lerchen, Ortolane, Wachteln und der Staar (Sprehn) Erwähnung. Der letztere zieht sich gerne nach solchen Wassergegenden, wo hohe, dichte Rohrplane stehen, in welche er sogleich flüchten und sich verstecken kann, denn er ist sehr scheu vor Menschen; man trifft im Herbste große Schaaren in dem Rohr, die einen unendlichen Lerm machen.

Von Schlangen finden sich nur folgende Arten: die graublaue unschädliche Buschschlange [coluber natrix], hier Schnaake genannt, sehr häufig; die braune Natter, Viper, [coluber berus] und die graubunte Natter; in der Stubnitz soll es eine kleine dünne schwarze Schlange geben. Auch die Blindschleiche oder Bruchschlange ist einheimisch; der gemeine Mann auf

Rügen nennt sie Kopperschlang' und auf Jasmund Daufworm, weil er glaubt, sie könne weder sehen, noch hören, da sie niemanden aus dem Wege eilt. Wasserunken, Salamander und Eidechsen halten sich gleichfalls im Lande auf. Von den letztern giebt es drei Arten, eine graue, eine grüne, von ziemlicher Größe, eine kleine graue mit gelbem Bauche, an den Ufern.

Mit Fischen ist der Strand reichlich gesegnet, nicht minder sind es auch die Binnenwasser, Landseen, Teiche, Sölle und Bäche. Man zählt an 30 Gattungen, die als einheimisch anzusehen sind und, nach ihren gewöhnlichen Aufenthaltsgewässern, hier kurz angezeigt werden sollen. 1. In der Ostsee allein werden gefangen: Lachse, Makrelen, Dorsche, Steinbutten, Lachsforellen, Hornfische, Stöhre; seltener Schwerdtfische und Delphine. 2. In der Ostsee und den Binnenwassern zugleich: Hechte, zuweilen von ansehnlicher Größe, bis zu 20 Pfund, Barsche, Sandbarsche (Sander, Zander, Sannate), glatte und rauhe Flundern, Schnäpel, Heringe, Aale, Aalquappen. 3. In den Binnenwassern allein: Plötzen, Weisfische (Witinge), Bleie, Hartköpfe, Blechfische, Brachsen, Kaulbarsche, Tobiasfische, auf Mönchgut Tobbs genannt, Stinte. 4. In den Landseen, Bächen und Teichen werden gefunden: Karpfen, Karauschen, Lachsforellen und Neunaugen; jedoch selten die letztern.

Unter diesen allen sind die Heringe die zahlreichsten und nutzbarsten Fische. Sie werden vornemlich im Februar und März, und vom August bis Ende Octobers an dem Strande bei Wittow, Hiddensee, Jasmund und Mönchgut, auch zuweilen in den Binnenwassern, in ansehnlicher Menge gefangen und theils frisch verkauft, wo man sie denn gleich consumirt, oder marinirt, oder zu Prell- und Druschhering benutzt, theils zu Flick= und Spickheringen geräuchert, mit welchen Handel getrieben wird. Die Bücklinge sind bis nach Berlin versandt worden. — Die Kunst, den Hering einzusalzen, ist früher nur auf Mönchgut ausgeübt, die Versuche sind aber zuweilen gut ausgefallen und öffentlich belohnt worden. *) Von den Heringssalzereien der neuesten Zeit wird weiterhin (im XVIIIten Abschnitt, Nr. 6., Fischereien) die Rede seyn. **)

Auch der Aal ist häufig und mitunter von ansehnlicher Größe. Er wird theils frisch verzehrt, theils durch Räuchern zu Spickaal gemacht, theils marinirt und als Windeaal zubereitet. Man fängt ihn fast zu allen Jahrszeiten, und sogar unter dem Eise.

Unter den Wasserinsecten verdienen angemerkt zu werden der Krebs, der sich in einigen Bächen und Landseen, jedoch nur sparsam, aufhält, und die Krabbe, die im Binnenstrande, vornemlich an den Pommern gegenüber liegenden Küsten, gefunden wird. In manchen Sommern erblickt man in manchen Strandgewässern häufig das sonderbare zu den Mollusken gehörende Geschöpf, welches Meduse oder Kreuzqualle, hier aber Seeflamme, genannt wird.

Unter den geflügelten Insecten darf die Biene nicht übergangen werden. Ausgebreitet ist die Bienenzucht eben nicht, wiewohl häufig Bienen gehalten werden, die in Haidegegenden auch gutes Gedeihen haben

*) In der Zeit, als der Fürst von Hessenstein Gouverneur des Landes war, erhielt ein Mönchguter, Namens Pisch, wegen wohlgelungener Bereitung von Böckelheringen, eine Prämie.

**) Ueber den Hering s. m. einen Aufsatz von dem Dr. und Leibmedicus v. Willich in Weigels Magazin für Freunde der Naturlehre u. s. w. 1 Bd. 3 St.

und sehr wohlschmeckenden Honig liefern. Der Preis des Honigs ist gewöhnlich dem des Syrups gleich, das Wachs ist theuer; Meth wird wenig bereitet. Die sogenannte Bienen-Magazinwirthschaft ist nicht recht üblich, gewöhnlich werden die Schwärme in runden aus Stroh geflochtenen Körben (Immenrumpf) gehalten. In den Wäldern sollen hin und wieder noch wilde Bienen getroffen werden, solche sind aber wohl nur weggezogene, verwilderte junge Schwärme aus zahmen Stöcken. An öffentlichen Aufmunterungen zur Bienenzucht hat es in neuern Zeiten nicht gefehlt. *)

Was sonst die Insecten betrifft, so wird der Entomolog auf Rügen wenig seltene Geschöpfe dieser Art erbeuten; die gewöhnlichen Gattungen der Käfer sind zwar zu finden, aber nicht häufig, und manche in Pommern gewöhnliche sucht man vergebens, wie der Verf. aus eigner Erfahrung weiß. Die Stubnitz enthält einige seltene Erdkäfer [carabi] und Holzböcke [cerambices]; auch der Hirschkäfer [lucanus cervus] verirrt sich wohl einmal nach Rügen. Auffallend ist in manchem Frühlinge die ungeheuere Menge von Maykäfern in Gegenden, die holzarm sind, z. B. auf Wittow und Hiddensee. Man hat nach plötzlichen Stürmen die ganze Küste wie besäumt mit diesen Insecten gefunden. Die Wahrnehmung von den Käfern gilt auch von den Schmetterlingen. Das Geschlecht der Libellen, Wasserjungfern, oder Schrillebolde (plattdeutsch Gottspeerdken) ist zahlreich und mannigfaltig. Unter dem Heuschrecken- oder Grillengeschlecht wird in sandigen Gegenden die Maulwurfsgrille oder der Reitwurm, auch der böse Krebs genannt, doch zum Glück nicht häufig, angetroffen.

---

*) M. s. darüber das Patent vom 29sten November 1799.

XII.

Einwohnerzahl und Volksmenge.

Nach der seit 40 Jahren bestehenden Einrichtung, zufolge welcher die im Lande vorhandene Menschenmenge jährlich einmal öffentlich gezählt und von dem gefundenen Bestand ein allgemeines Verzeichniß in dem Staats-Calender bekannt gemacht wird, läßt sich die Summe der auf Rügen befindlichen Einwohner leicht bestimmen, zugestanden, daß die Tabellen genau und richtig sind, welche sowohl die beiden Pröbste, nach Angabe der Verzeichnisse, die die Prediger der einzelnen Kirchspiele von deren Bewohnern aufzunehmen und ihnen mitzutheilen gehalten sind, von der Menschenzahl in den sämmtlichen rügianischen Kirchspielen, als auch die Magistrate von der Summe der Einwohner beider Städte, beim Anbeginn jedes Jahres anfertigen und in Stralsund bei der Königl. Regierung einreichen müssen. In Beziehung auf eine statistische General-Tabelle, die eine getreue Darstellung des Gesammtwesens geben sollte, ward zu Anfange des Jahres 1817 auch die Volkszählung, unter Aufsicht des Kreishauptmanns, auf dem Lande wiederholt, daher folgendes Verzeichniß, welches dem Verf. aus der ersten Quelle mitgetheilt worden, als sehr richtig anzunehmen ist.

Nach diesem Verzeichnisse waren im Jahre 1817 auf Rügen vorhanden acht und zwanzig tausend ein hundert und vier und zwanzig Menschen; nemlich:

A. In den Städten:			
Bergen . .	2075	zusammen	3231.
Gartz . .	1156		
B. In den Flecken:			
Sagard . .	614	zusammen	1284.
Gingst . .	670		
		Summa	4515.
C. Auf dem platten Lande:			
I. In der Berger Probstei, und zwar in dem Kirchspiel			
von Altenkirchen			1654.
= Bergen (Landgemeine) .			1286.
= Bobbin			832.
= Gingst			1636.
= Hiddensee			654.
= Neuenkirchen . . .			516.
= Patzig			993.
= Rappin			637.
= Sagard			1644.
= Schaprobe . . .			747.
= Trent			1008.
= Ummanz			419.
= Wiek			1703.
		Summa	13,729.
II. In der Gartzer Probstei, und zwar in dem Kirchspiel			
von Altenfähr			581.
= Casnevitz			727.
= Gartz (Landgemeine) . .			631.
= Gustow			603.
= Landow			150.
= Lanken			787.
= Poseritz			908.

von Rambin	1036.
= Samtens	818.
= Swantow	392.
= Vilmnitz	961.
= Zicker und Hagen . .	749.
= Zirkow	910.
= Zudar	627.
Summa	9880.

Nach einer kürzern Uebersicht waren im Lande vorhanden:

In den beiden Städten .	3231.
= = = Flecken . .	1284.
= der Berger Probstei .	13,729.
= = Gartzer = . .	9880.

Im Jahre 1817 waren also 28,124 Menschen und darunter 13,563 Personen männlichen Geschlechts und 14,561 vom weiblichen Geschlechte, mithin fast tausend (998) Frauenzimmer mehr, als Mannspersonen, auf der Insel Rügen befindlich.

Es werden zwar fast alle Jahre mehr Knaben als Mädchen geboren, allein nach der Angabe eines ehemaligen hiesigen Land=Physicus erreicht das weibliche Geschlecht in der Regel auf Rügen ein höheres Alter, als das männliche.

Von diesen Einwohnern lebten:

In den gesammten Städten und Flecken	4515	Menschen.
Auf dem platten Lande des eigentlichen Rügens . .	15,930	=
Auf der Halbinsel Jasmund .	2467	=
= = = Wittow .	3357	=
= = = Mönchgut .	749	=
= = Insel Hiddensee .	654	=
= = = Ummanz .	419	=

Auf der Insel Oehe . .	17	Menschen.
= = = Pulitz . .	11	=
= = = Vilm . .	5	=
Summa	28,124	Menschen.

Wie sich die gegenwärtige Bevölkerung der Insel zu der vor 30 Jahren verhalte, und in welcher Proportion sie gestiegen, werden folgende Hauptzahlen darthun:

Im Jahre 1783 hatte Rügen	23,431	Einwohner	*)
= = 1793 = =	24,085	=	**)
= = 1803 = =	27,426	=	***)
= = 1817 = =	28,124	=	

Die Bevölkerung Rügens ist also in 33 Jahren um 4693 Köpfe gewachsen, allein nicht verhältnißmäßig gleich in jedem Decennium, wie man aus einer Vergleichung dieser vier Angaben leicht ersehen wird; denn in den 10 Jahren von 1793 bis 1803 vergrößerte sich die Volksmenge um 3341, in den letzten 13 Jahren aber, von 1803 bis 1817, nur um 698 Menschen. Kriegsdrangsale, und Versuche einiger, die gewonnene Freiheit zu Auswanderungen zu benutzen, können mitwirkende Ursachen dieser geringen Vermehrung gewesen seyn, ein Hauptgrund ist vielleicht auch, daß das Legen der Bauerhöfe und Dörfer seine Folgen bei der Menschen-Production gezeigt hat, denn daß in

*) S. Gadebusch P. Staatskunde Th. I. S. 260.

**) S. Zöllners Reise nach der Insel Rügen. Beil. 6, S. 533.

***) S. S. 29 u. 30 in den Streifzügen des Indigena, welcher damals die Mittheilung genauer Tabellen der Güte einiger Präpositen und eines Freundes aus der Königl. Regierung in Stralsund verdankte.

den Kriegsjahren die Mortalität ungewöhnlich stark gewesen sey, hat sich nicht ergeben.

Die Sterblichkeit ist auf Rügen unter Kindern am größten, unter Personen von mittlerm Alter am geringsten. Das hohe Lebensalter wird hier auf 60, 70 und 80 Jahre gebracht, doch haben auch, trotz der Rauhheit des Clima, manche Personen ein Alter von 90 bis 100 Jahren, und darüber, erreicht. Im Ganzen verhält sich die Mortalität wie 1 zu 40 bis 50, d. h. von 40 Menschen stirbt jährlich einer.

Vergleicht man die gegenwärtige Totalsumme der Einwohner mit dem oben (Abschnitt IV. Größe und Umfang) bestimmten Flächenraum des Landes, so kann man zwar die Population desselben nicht schwach nennen, aber die Insel auch nicht zu den wohl bevölkerten Gegenden Deutschlands rechnen. Nach Süßmilchs bekannter politischer Rechenkunst und seinen Mustertabellen können 6000, und nach Berechnungen Gatterers,*) der diese Annahme für zu hoch erklärt und auf Ein Drittheil einschränkt, 2000 Menschen auf einer Quadratmeile bequem leben und wohnen. Nun beträgt die Größe Rügens 17 Quadratmeilen, worauf also 34,000 Menschen angenommen werden müßten; da aber nothwendig für das unbewohnbare Sand- und Haideland noch eine Quadratmeile, folglich eine Anzahl von 2000 Menschen, abgerechnet werden muß, so bleibt eine Summe von 32,000 Einwohnern, die das Land auch recht gut haben und ernähren könnte; es enthält aber nur 28,124 Bewohner, welches im Durchschnitt auf jede Quadratmeile, (das Ganze zu 16 bewohnbaren Quadratmeilen gerechnet,) 1757 Menschen ausmacht. Rügen hat folglich noch beinahe

---

*) S. dessen kurz. Begr. d. Geographie 1. Bd. S. 50.

viertausend (3876) Menschen zu wenig. — Wird nun, wie billig, von der Totalsumme der Einwohner noch ein Abzug derjenigen gemacht, die in den Städten und Flecken zusammengedrängt wohnen und deren Anzahl nach der zuvor gemachten Angabe 4515 beträgt, so bleibt für das platte Land nur die Summe von 23,609 Bewohnern übrig, welche für dessen Flächeninhalt zu geringe ist.

Die ungleiche Vertheilung der Inselbewohner in den verschiedenen Districten wird sich aus ein Paar Beispielen ergeben. Jasmund enthält nach der oben (im IVten Abschnitt) angegebenen Berechnung der einzelnen Theile des Landes ohngefähr 2 Quadratmeilen; darauf sind 2476 Menschen vorhanden, welches für die einzelne Quadratmeile 1238 Menschen ausmacht. Wittow und Hiddensee enthalten zusammen auch etwa 2 Quadratmeilen und haben 4011 Menschen, welches auf eine Quadratmeile 2005 Menschen beträgt. Auf dem platten Lande von Rügen, welches mit Ausschluß der Inseln und Halbinseln oben zu 12 Quadratmeilen berechnet worden, leben 15,930, also auf einer Quadratmeile 1327 Menschen.

Wie ungleich auch selbst in den verschiedenen einzelnen Parochien der Menschenbestand sey, ersieht man aus den vorher angeführten Zahlen der Kirchspiels-Bewohner, wo sich ergiebt, daß die 13 Kirchspiele der Berger Probstei 3849 Menschen mehr enthalten, als die 14 Kirchspiele der Gartzer Probstei; genauer noch können dieses folgende Vergleichungen zeigen: im Kirchspiel Rambin leben in 17 Ortschaften 1036, und in noch einmal so viel Ortschaften (34) des Berger Kirchspiels 1286 Menschen, folglich nur 250 mehr. In 6 Ortschaften des Kirchspiels Landow sind 150, in 8 Ortschaften des Kirchspiels Hiddensee 654, in 11 Ortschaften des Kirchspiels Swantow 392 und in eben so vielen des Kirchspiels Mönchgut 749 Menschen befindlich; in 17 Ortschaften des Kirchspiels Samtens beträgt die Menschenzahl 818 und in eben so vielen des Rambiner Kirchspiels 1036, wie schon angezeigt ist. Nach der Anzahl der Ortschaften ist das Sagarder Kirchspiel am schwächsten und das Hiddenseer am stärksten bevölkert.

XIII.

Eintheilung der Insel.

Die sonst gewöhnliche Eintheilung des Landes hat seit dem Jahre 1806 große Veränderungen und mancherlei Modificationen erlitten, daher das in Indigena's Streifzügen von seiner landständischen, kirchlichen und gerichtlichen Verfassung Gesagte größtentheils als veraltert anzusehen ist.

Jetzt kann Rügen nur a. nach seiner Lage, b. nach der gegenwärtigen Staatsverfassung betrachtet und eingetheilt werden.

a. Was die Lage des Landes anbelangt, so hat, wie oben gezeigt worden, schon die Natur selbst es in das Hauptland und die Halbinseln und Nebeninseln getheilt. Der vier größern Halbinseln, Wittow, Jasmund, Mönchgut, Zudar, wird weiter unten ausführlicher gedacht werden; die kleinen Nebeninseln sind schon oben genannt, wo auch das Weitere von ihrer Lage erörtert ist. Einige derselben sollen weiterhin näher beschrieben werden.

b. In Ansehung der bisherigen Staatsverfassung. Was sonst der rügianische District und das Amt Bergen hieß, ist außer Gebrauch. Im Jahre 1806 ward von dem Könige von Schweden Gustav Adolph IV. eine Verfügung getroffen, nach welcher Rügen zu einem besondern Härad, oder Amte (das Berger Amt) ernannt ward. Nach einer spätern Verordnung vom Jahre 1811 wurde diese Einrichtung dem Namen nach so verändert, daß nunmehr das Ganze der Schwedisch-Deutschen Provinz in vier Kreise zerfiel, von welchen die Insel Rügen einen besonders, nemlich den Berger Kreis, ausmachen sollte, wobei es bis jetzt geblieben ist. Da diese Landeseintheilung also jetzt in politischer Hinsicht die einzige allgemein übliche ist, worauf sich alle übrigen gebliebenen ältern Einrichtungen sowohl, wie neuere Anordnungen, als Unterabtheilungen, beziehen, so sind darnach einige derselben jetzt weiter abzuhandeln.

Der Berger Kreis also ist in Betrachtung zu ziehen auf dreifache Weise:

I. In Betreff seiner gegenwärtigen kirchlichen Eintheilung und geistlichen Verfassung.

Daß seit dem Jahre 1168 nach Christi Geburt christliche Kirchen auf Rügen erbauet wurden, daß der rügianische Clerus und alle geistlichen und kirchlichen Angelegenheiten dem Bischof von Roskild unterworfen waren, und daß späterhin das Kloster Hiddensee mit seinen Gütern und die Mönchguter Besitzung des Klosters Eldena unter dem Sprengel des Bischofs von Cammin standen, ist als im allgemeinen aus der Landesgeschichte bekannt anzunehmen. Von der ältesten speciellen Einrichtung weiß man wenig, doch muß der Clerus auf Rügen in großem Ansehen gestanden haben, da er von einigen Landesfürsten bedeutende Begünstigungen erlangte. Daß er schon frühe ein eignes Corpus ausgemacht habe, ist aus dem Siegel einer Urkunde von 1389 zu schließen, welches die Umschrift führt: sigill. universitat. Clericor. in Rugia. Aus andern Urkunden erhellet auch, daß die Landgeistlichen der größern Parochien schon damals Praepositi hießen; so kommt im J. 1284 der Name eines Johannes und im J. 1322 eines Petrus als Pråpositi in Gynxt vor; die praepositi in monte oder de Berghe der damaligen Zeit waren wohl die Klosterpröbste, also weltliche Personen. Die übrigen Landpfarrer heißen in alten Documenten Plebani und Clerici, manchmal auch Rectores ecclesiae, seltener Presbyteri; zuweilen kommen auch die Ausdrücke Minister und Sacerdos vor; der Pfarrer der Rambiner und Altenfährschen Parochie wird in der Roskilder Matrikel Curatus benannt; im damaligen Plattdeutschen ist ihr gewöhnlicher Titel Kerkherren und Perner; die Capellane und Predicanten waren wohl ohngefähr das, was die Land-Diaconen sind. Nicht selten waren die Landpfarrer Edelleute und besaßen mehrere Pfarrstellen zugleich; so kommen in Urkunden die Bonowe, Tzumen, Krakevitze, Buggenhagen, Platen, Usedome als Kerkherren vor; sie hielten sich Vicarien und Caplane und genossen der Einkünfte von ihren Pfründen ohne Arbeit. Der Priesterzehnte an Korn, Gänsen u. s. w. war schon in den ältesten Zeiten üblich; die Geistlichen waren vom Landschoß und andrer gemeiner Unpflicht, (kleinen Steuern und Abgaben für ihre Person und in Ansehung ihrer Pfarrhöfe) frei und standen nur dem Roskild-Ralswieker Land-Probst zu Rechte. Nach dem Bericht des Wendisch-Rügianischen Landgebrauchs Tit. 254. wurden jährlich zwei Capituli oder Synodal-Versammlungen zu Bergen, und zwar 1. Montags nach Quasi modo geniti und 2. Montags nach Michaelis, gehalten, worauf alle Kirchherren und geistliche Personen erscheinen mußten; wer ungehorsamlich ausblieb, mußte eine Tonne Meth Strafe geben. Der Zweck dieser Zusammenkünfte war, sich über kirchliche und geistliche Angelegenheiten zu besprechen.

Die erste alte Einrichtung des Kirchenwesens und der Clerisey in Ansehung ihrer Amtsverrichtungen, Einkünfte u. s. w. scheint bis zu den Zeiten der Reformation, also 368 Jahre lang, ganz unverändert geblieben zu seyn. Als aber auf dem Landtage zu Treptow im J. 1534 die Herzoge von Pommern gebietend erklärten, daß die evangelisch lutherische Lehre nach der Augsburger Confession allgemein im Lande eingeführt werden und von jetzt an der herrschende Cultus seyn sollte, auch der größte Theil der Landstände dieser Veränderung beipflichtete, so gieng im J. 1536 mit dem Clerus auf Rügen eine totale Veränderung vor. Diejenigen Kirchherren und Vicarii, welche sich gegen die Annahme der neuen Lehre weigerten, wurden ihrer Aemter entlassen und anderweitig versorgt. Die ganze Insel ward in vier kirchliche Districte von ziemlich gleichem Umfange getheilt, welche Präposituren benannt wurden und zusammen eine Synode, die Rügianische, bildeten; die Landesfürsten, die sich zu weltlichen Bischöfen erklärten, hoben die geistliche Jurisdiction des Roskild-Ralswieker Landprobstes über den Clerus auf und bestellten statt dessen, nach dem Kieler Vertrag von 1543, einen lutherischen Superintendenten auf Rügen, der von dem Bischofe von Roskild bestättigt werden und aus den Ralswieker Stiftsgütern jährlich ein Salarium von 100 Fl. nebst 4 Last Bischofsrocken erhalten sollte.

Der erste rügianische Superintendent war der berüchtigte von dem Rath zu Stralsund verbannte Prediger Mag. Johann Freder, welcher diese Würde 1550 erhielt und 1551 von dem Roskilder Bischof P. Palladius, so wie von dem Könige Christian III. von Dännemark die Bestättigung derselben erlangte. Er besaß dieselbe aber nur bis zum J. 1556, wo er wegen seiner theologischen Streitigkeiten mit dem damaligen General-Superintendent Kniepstroh verabschiedet wurde. Nach ihm waren nur noch zwei Männer Superintendenten von Rügen, nemlich der General-Superintendent Jacob Runge und dessen Sohn Friedrich Runge, welcher letztere im J. 1597 vom König Christian IV. von Dännemark in dieser Würde bestättigt ward. Seitdem wurde dieselbe mit der General-Superintendentur vereinigt.

Die Präpositi wurden von den Landesherren selber ernannt, mit genauer Bestimmung, welche Pfarreien zu jeder Präpositur und was für Ortschaften zu jeder Pfarre gerechnet, wie viel Acker jeder Pfarre zugemessen werden und was jeder Pfarrer an andern Einkünften erhalten sollte. Die Verbindung mehrerer Kirchspiele*) ward getrennt und in der Kirchen-Ordnung verboten, daß die Pfarrstellen nicht vermiethet und arme Prediger zu Caplanen und Vicarien genommen werden sollten. Den Kirchen wurden ihre eigenthümlichen Grundstücke, Kathenwohnungen, Capitalien und Einkünfte gelassen. Statt des Landprobstes Jurisdiction ward das 1563 errichtete Consistorium der ordentliche Gerichtsstand der rügianischen Geistlichkeit. Im Lauf der Zeit ward Einzelnes genauer und bestimmter ausgebildet und, was in der Einrichtung mangelhaft und unvollkommen war, verbessert.

So ist es auch bis zu den neuesten Zeiten geblieben, nur die Präpositur-Eintheilung ward, nachdem sie 270 Jahre bestanden hatte, durch einen Königl. Beschluß vom 12ten Julius 1806 aufgehoben, so, daß seit dieser Zeit, statt vier Präposituren, zwei

---

*) Nach der alten Bischöfl. Roskild-Ralswieker Matrikel waren die Pfarren von Gingst und Ummanz, Schaprode und Thorent, Gartz, Carßenvitz und Zudar, Zyrkow und Lanken, Rambin und Alte Beere combinirt.

Probsteien auf Rügen angeordnet sind, nemlich die Berger und Gartzer, und diese neue Eintheilung ist durch eine Verordnung des Königes Carl XIII. von Schweden vom 8ten April 1811 bestättigt worden. Das Einst und Jetzt werden folgende Angaben näher bestimmen.

A. Aufzählung aller 27 Kirchspiele der rügianischen Synode, nach den 4 Präposituren, oder Cirkeln, zu welchen sie ehemals gehörten.

1. Berger Präpositur. Dazu gehörten die 7 Kirchspiele Bergen, Casnevitz, Lanken, Mönchgut, Patzig, Vilmnitz, Zirkow.

2. Gingster Präpositur. Dazu gehörten die 8 Kirchspiele Gingst, Hiddensee, Landow, Neuenkirchen, Rappin, Schaprode, Trent, Ummanz.

3. Poseritzer Präpositur. Dazu gehörten die 8 Kirchspiele Altenfähr, Gartz, Gustow, Poseritz, Rambin, Samtens, Swantow, Zudar.

4. Die Jasmund-Wittower Präpositur. Dazu gehörten die 4 Kirchspiele Sagard und Bobbin auf Jasmund und Altenkirchen und Wiek auf Wittow. Die Würde eines Präpositus alternirte in dieser Präpositur, so, daß sie, dem alten Herkommen zufolge, dem jedesmaligen amts-ältesten Pastor (Senior) verliehen ward; daher die Benennung.

B. Aufzählung aller 27 Kirchspiele der rügianischen Synode, wie sie gegenwärtig unter zwei Probsteien vertheilt sind.

1. Berger Probstei. Diese besteht aus 13 Kirchspielen, nemlich: Altenkirchen, Bergen, Bobbin, Gingst, Hiddensee, Neuenkirchen, Patzig, Rappin, Sagard, Schaprode, Trent, Ummanz, Wiek.

2. Gartzer Probstei. Zu derselben gehören 14 Kirchspiele, nemlich: Altenfähr, Casnevitz, Gartz,

Gustow, Landow, Lanken, Poseritz, Rambin, Samtens, Swantow, Vilmnitz, Zicker und Hagen, Zirkow, Zudar.

Nach dieser Vertheilung sind also genommen und gerechnet worden

a. Zur Berger Probstei:

Die ganze ehemalige Jasmund-Wittower Präpositur von . .	4 Kirchspielen.
Von der ehemaligen Gingster Präpositur	7 Kirchspiele.
Von der ehemaligen Berger Präpositur	2 „

b. Zur Gartzer Probstei:

Die ganze ehemalige Poseritzer Präpositur von . . .	8 Kirchspielen.
Von der ehemaligen Berger Präpositur	5 Kirchspiele.
Von der ehemaligen Gingster Präpositur	1 „
Zusammen	27 Kirchspiele.

Durch Vergleichung dieser Verzeichnisse wird sich leicht finden lassen, welche einzelne Kirchspiele und Pastorate jetzt der einen oder andern Probstei zugelegt sind, und zu welchen Präposituren sie sonst gehörten.

Beide Probsteien machen nun, auch in kirchlicher Hinsicht, den Berger Kreis aus, dem seit dem Jahre 1815 auch ein eignes Siegel verliehen ist, welches ein auf einer Seite von einem Weinstock, auf der andern aber von Aehren umgebenes, aufgeschlagenes, mit dem Worte BIBLIA bezeichnetes Buch, und darüber, in einem von Stralen eingefaßten Dreieck, das Auge der Vorsehung enthält; dieses Emblem führen alle Siegel der 27 Kirchen und nur der in der Um=

schrift enthaltene Name der Kirche unterscheidet eins von dem andern.

In ältern Zeiten gab es noch ein anderes (das 28ste) Kirchspiel auf Rügen, nemlich das von Maschenholz (Maskenholt), dessen noch in der Berger Kirchenmatrikel, wiewohl schon als nicht mehr vorhanden, Erwähnung geschieht. Der Herzog Philipp I. von Pommern ließ es etwa um 1550 eingehen, weil es zu klein und schwach war, um einen Prediger zu unterhalten; und das Kirchengebäude sammt dem Pfarrhof erhielt Gutzlaf von Rotermund, welcher die brauchbaren Materialien zum Bau des Boldevitzer Landhauses anwandte; anstatt der abgebrochenen Kirche ward zu Boldevitz eine Capelle errichtet, (wovon hernach weiter) und ein Theil des Maschenholzer Kirchspiels dem Berger, ein andrer dem Gingster und Patziger zugelegt. Daß diese Parochie auch schon in den ältsten Zeiten arm und unbedeutend gewesen, ergiebt sich daraus, daß ihm frühe der Bischofsrocken-Zehnte erlassen ward, denn in der Roskilder Matrikel von 1294 heißt es ausdrücklich: in terra Rugie est una Parochia, dicta Maskenholt, que non dat siliginem, seu decimam partem Episcopo Roeskild. Auch der Hof Maschenholz war frei von dieser Abgabe. Außerdem war auch auf dem Gellen, oder dem südlichen Ende der Insel Hiddensee, eine dem heiligen Nicolaus gewidmete Kirche vorhanden, die aber ebenfalls lange nicht mehr existirt; gleichermaßen sind die Stadt und Pfarrkirchen zu Gartz (m. s. weiterhin die Beschreibung dieser Stadt) durch Brand zerstöhrt worden.

Ueberhaupt gab es, nach der Roskilder Matrikel,*) wie nach dem Zeugniß alter Chronikanten, vor

---

*) S. Dähnert's Pom. Biblioth. 4ter Bd. 2tes Stück. S. 60. Nr. 5.

Alters ein und dreißig Kirchen und eine Menge Capellen im Lande, von denen 9 eingegangen sind.

Schon im J. 1168 weihete der dänische Bischof Absalon 30 Plätze zu Kirchhöfen ein, mit dem Befehl, daß Gotteshäuser darauf erbauet werden sollten, und daß deren 12 auch bald errichtet worden, führt Helmold an. *)

Von den vergangenen alten Capellen stand 1. eine auf dem Rugard bei Bergen, welche der Fürst Witzlaf III. von Rügen im Jahre 1285 den Nonnen des Berger Klosters schenkte und ihnen diese Schenkung im J. 1291 aufs neue zusicherte; sie ließen dieselbe aber darauf, zu großer Unzufriedenheit des Bischofs von Roskild, niederreißen. Indessen ward doch noch das Berger Kirchspiel eine Zeitlang von ihr benannt, wie der Ausdruck parochia Rygharde in einer Berger Kloster Urkunde **) vom J. 1306 zu erkennen giebt, welcher zugleich muthmaßen läßt, daß sie anfänglich zugleich die Pfarrkirche des Berger Caspels gewesen sey. 2. Eine Capelle vor Bergen, am Stralsunder Landwege, dem Armenhause gegenüber, zu welchem sie wahrscheinlich gehörte, weil sie die Sct. Jürgen Capelle hieß; sie ward im J. 1787 niedergebrochen. 3. Die Schloß-Capelle zu Gartz. Diese alte Capelle war vermuthlich eines der ersten Gotteshäuser auf Rügen und gehörte zur fürstlichen Residenz; in einer Urkunde vom J. 1232 ***) heißt es ausdrücklich, daß der Fürst Witzlaf I. von Rügen seiner Schloß-Capelle zu Charenz (Gartz) das Dorf Gawerne (Gagern), imgleichen 6 Mck. jährlicher Hebung aus

*) Chronic. Slavor. Lib. II. cap. 12.

**) S. das Berger Kloster-Urkundenbuch Nr. 20.

***) S. dasselbe Nr. 3.

einem Kruge zu Gingst geschenkt habe. In dem alten Gartzer Stadtbuche, worin ihrer vielfältig gedacht wird, kommt sie zuerst bei dem Jahre 1396 vor. Man erfährt aus den dortigen Documenten, daß sie der Jungfrau Maria gewidmet gewesen, (der Ausdruck ist gewöhnlich: de Moder Gades Marien Capelle upe deme Walle, oder, unser lewen Vrowen Gadeshus uppe deme Walle to Gartze) mancherlei Spenden und Geschenke, besonders an Aeckern, erhalten, (von 1407—1437 ward ihr etwas zum Bau verehrt) und zwei Provisoren gehabt, auch eine Orgel besessen habe. Wann sie eingegangen, ist unbekannt. 4. Die Heilgeist-Capelle, ebenfalls in Gartz, und zwar ganz nahe vor dem dortigen Armenhause, belegen, kommt auch häufig in dem erwähnten Gartzer Stadtbuche vor, doch gewöhnlich in Verbindung mit dem Hospital. Sie hat sich bis 1765 erhalten, wo sie in einem großen Brande untergieng. Die Rudera von ihr, wenigstens die Fundamentsteine, sind auf dem sogenannten Capellenberge noch heutiges Tages sichtbar. 5. Eine alte Capelle, vor Trent belegen und der St. Jürgen genannt, ward im J. 1560 oder 70 abgebrochen. 6. Die Capelle auf dem großen Vilm. Im J. 1350 ward dieselbe von den drei Gebrüdern Waldemar I., Pridbor und Johann von Putbus erbauet und im J. 1358 von ihnen mit einer, aus dem Verkauf von 3 zu Neuen-Camp gelegenen Kathen, errichteten Vicarie bewidmet. 1396 ward sie vier Einsiedlern verliehen, welche sich auf das genannte Eiland zurückgezogen hatten und 1397 von dem Parochial-Nexus mit der Kirche zu Vilmnitz, durch den dortigen Priester und Rector, Nicolaus Horst, eximirt wurden. Nach dem Aussterben dieser Einsiedler scheint sie desolat geworden zu seyn; allein im J. 1490 ward die wüste Capelle von Pridbor II. und Hans von

Putbus wieder hergestellt und von dem Bischof von Roskild bestättigt, worauf im J. 1494 der Bischof Jacob von Odensee den Hochaltar derselben der Maria und andern Heiligen weihete. 1509 empfahl der Bischof Johann Jacobson von Roskild dem Egoard Bugkon die Institution der Capelle, welche der Jungfrau Maria und den eilftausend Jungfrauen gewidmet ward. Seit der Reformationszeit ist das Gebäude verfallen; es lag auf der Nordwestseite des Eilandes, nicht gar weit vom Strande, ganz in der Nähe des jetzigen Holländerhofes. Im J. 1799 waren dort noch Rudera von dem Fundament vorhanden, die der Verfasser dieses Werkes noch betrachtet, auch den im Fürstl. Archiv zu Putbus noch aufbewahrten Capellenschlüssel gesehen hat. In der Folge ist aller Schutt weggeräumt worden. 7. Die Capelle zu Streu. Schon in der Roskilder Matrikel kommt vor, daß das Berger Kloster dem Vicarius der Capelle zu Streu zu einer Abgabe pflichtig gewesen sey, sie ist also schon im J. 1294 vorhanden gewesen. Ferner wird ihrer gedacht in zwei Urkunden, einer vom J. 1396, wo Johann Beischeping Priester an derselben war, der andere von 1398, wo Henning von Putbus seiner Mutter 50 Mck. Sundisch überläßt, mit der Bedingung, daß nach ihrem Tode 5 Mck. davon der Capelle zu Streu zu einer Seelenmesse vermacht seyn sollen. Im J. 1512 erhielt sie noch 100 Mck., nebst 5 Mck. Pacht, laut einer Verschreibung Heinrichs von Krassow an Waldemar von Putbus, zu einer Vicarie. In der Folge ward sie von dem Grafen Wrangel, dem damaligen Besitzer von Streu, abgebrochen und das, was von den Materialien noch brauchbar war, nach Ralswiek gebracht, wo es zum Bau eines Hauses angewandt wurde. Das in der Nähe des Wohnhauses zu Streu, am Strande befindliche Fundament dieser Capelle ist noch erkennbar. 8. Eine kleine Capelle zu Ralswiek. Von derselben waren vor mehrern Jahren noch Ueberreste in dem jetzigen Garten des genannten Landsitzes vorhanden. 9. Die Capelle bei dem Gehöfft Viervitz. Rechts vom Wege von dem Kirchdorfe Zirkow nach Viervitz wird man im Felde, und zwar auf einer kleinen Erhöhung des Bodens, noch zwei Reihen regelmäßig liegender Fundamentsteine gewahr, welche die Stelle andeuten, wo diese Capelle gestanden. Das ganze Ackerstück wird auch noch heutiges Tages der Capellenberg benannt und vom gemeinen Mann Pellenberg ausgesprochen. In der Zirkower Kirchenmatrikel von 1689 wird angeführt, daß auch der Pfarrhof vormals zu Viervitz befindlich gewesen, in der Zeit des Dänisch-Brandenburgischen Krieges (von 1676—1679) aber abgebrannt und zerstöhrt worden sey; wahrscheinlich ist damals auch zugleich die Capelle verwüstet geworden.

In den jetzigen 27 Kirchspielen sind 28 Kirchen befindlich, indem das Mönchguter Kirchspiel zwei Kirchen hat, wovon die Mutterkirche in dem Dorfe Groß-Zicker, das Filial aber in Middelhagen liegt. Ueberdem giebt es folgende 5 Capellen: 1. In, oder vielmehr neben dem zum Altenkircher Kirchspiel gehörigen Fischerdorfe Vitt auf Wittow. Dies auf Veranstaltung des Dr. und Consistorial-Rath Kosegarten von milden durch ihn gesammelten Beiträgen und Unterstützungen angelegte, meist aus gesprengten Granitsteinen erbauete und mit einem Schindeldache versehene Bethaus, welches die Form eines Achtecks hat, ward im J. 1806 angefangen und, nachdem der Bau seit 1807 während der Kriegsläufte unterbrochen worden, endlich so weit vollendet, daß es 1816 eingeweihet werden konnte. Es steht oberhalb des Vitter Thals, nach dem Ufer hin, auf einer Anhöhe, aufgeführt zu dem Zweck, daß bei den Uferpredigten, welche, in Folge eines alten Herkommens, im August, September und October acht Sonntage nach einander des Nachmittags, und zwar gewöhnlich unter freiem Himmel, gehalten werden, die christliche Versammlung, bei regnigtem stürmischem Wetter während des Gottesdienstes, darin bessern Schutz und Schirm haben sollte, als in der Scheune, worin sie sich sonst zu begeben pflegte. 2. Zu Putbus in einem Angebäude hinter dem Schlosse. Der erste Erbauer der Capelle war Ludwig von Putbus, im J. 1583, welcher sie auch 1594 vollständig einrichtete. Der Pastor zu Vilmnitz hat, laut der dortigen Kirchenmatrikel, in dieser Capelle, die aber jetzt nicht im Stande ist, am dritten Tage aller drei hohen kirchlichen Feste zu predigen und alle Donnerstage Betstunde zu halten. 3. Die Capelle zu Bessin. In dieser Capelle, welche im J. 1486 von dem damaligen stralsundischen Bürgermeister Matthias Dorn erbauet und dotirt worden und ein Filial der Altenfährschen Kirche ist, hat der Prediger der letztern jährlich fünf mal, zwischen der Saat- und Erndtezeit, und zwar am Donnerstage, Catechismus Vorträge zu halten. In alten Zeiten hieß die Kirche zu Altenfähr die Capelle, weil sie ein Filial der Rambiner war. 4. Die alte zum Hospital Sct. Jürgen bei Rambin gehörige Capelle, worin der Pastor zu Rambin jährlich zwölf mal, an Werkeltagen, zu predigen, auch Communion zu halten hat, ist ein antikes, nach dem J. 1339 errichtetes Gebäude, von welchem weiter unten (in dem Abschn. Polizei; Nr. VIII. Armenversorgungs-Anstalten) noch etwas gesagt werden wird. 5. Die schon vorher erwähnte Capelle zu Boldevitz, hinter dem Herrnhause. Dies Gebäude, welches im J. 1655 von dem damaligen Besitzer von Boldevitz, dem Landrath Gutzlaf von

Rothermund in der Stelle eines alten sonst zu Maschenholz befindlich gewesenen Gotteshauses aufgeführt worden, ist ein Filial der Kirche zu Gingst. Rothermund verglich sich wegen der darin zu haltenden Predigten mit dem damaligen Gingster Präpositus von Essen, dem er jährlich 25 Rthlr. Recognition bewilligte. Seitdem hat der Pastor zu Gingst alle 14 Tage Sonntags Nachmittags Gottesdienst darin zu halten, auch um Ostern und Michaelis dort Communion zu verrichten.

Was das Patronatrecht, oder Kirchenlehn, betrift, wozu vornemlich auch die Befugniß, erledigte Pfarrstellen wieder zu besetzen, gehört, so kann man darnach die Pfarren in Königliche und adeliche theilen. Auf Rügen übt dieses Recht der Landesherr an 10 zur Berger und an 6 zur Gartzer Probstei gehörigen, also an 16 Pfarren aus; die übrigen Gerechtsamen und Zuständnisse des Patronats nimmt der Kreishauptmann (sonst Amtshauptmann) als Vice-Patron wahr. In ältern Zeiten war diese Administration dem Landvogt übertragen. Das Fürstlich Putbusser Haus ist gegenwärtig Patron über 7 Pfarreien, nemlich von 5 auf dem eigentlichen Rügen und von 2 auf Jasmund gelegenen. Auf 3 Pfarren, nemlich der zu Gustow, Landow und Samtens, steht einigen Eingesessenen von Adel das Patronatrecht zu; über die Pfarre auf Ummanz hat die Stadt Stralsund das Patronat.

Das Kirchenlehn der Landesherren ist uralt und scheint, ohnerachtet der geistlichen Obergewalt der Bischöfe von Roskild auf Rügen, von ihnen frühe ausgeübt worden zu seyn, denn, besage mehrerer Urkunden, verliehen und verschenkten sie die Kirchenpatronate; ob in alt-catholischen Zeiten ihnen auch das jus vocandi, oder die Befugniß, die Pfarrstellen mit Geistlichen zu besetzen, gehört habe, ist nicht klar. Daß das Haus Putbus schon in den ältsten Zeiten von den Landesfürsten das Patronatrecht über verschiedene Pfarren erhalten habe, erhellet aus Documenten von 1249, 1309 und 1365. *) Das Patronat dieses Hauses über die Zudarsche Pfarre ist eines der ältsten, so wie auch das von Sagard, welches Putbus schon im J. 1309 besaß, allein im J. 1415 brachte der Herzog Wartislav das letztere an das Kloster Pudgla auf Uesedom. Im J. 1665 erhielt Erdmann Ludwig, Freiherr von Putbus von dem Könige Carl XI. von Schweden das Patronat über die Pfarre zu Casnevitz. Das Zirkower Patronat hat das Putbusser Haus später, durch Wiedererlangung der Herrschaft Streu, und in den neuesten Zeiten das von beiden Pfarren auf Jasmund durch Ankauf der Spiekerschen Güter acquiriret, nach dem schon von Thomasius aufgestellten Satze, wer Besitzer des Bodens (Grundeigenthümer) ist, hat auch den Besitz des Patronatrechtes, ein Satz, den vormals auch die Stralsunder, als sie den Pfandbesitz von Mönchgut hatten, auf das Patronatrecht der Zicker-Hagenschen Pfarre anzuwenden suchten und der in Ansehung der Ummanzer Pfarre seine unbezweifelte Richtigkeit und Gültigkeit hat, indem die Stadt Stralsund im J. 1341 die Insel sammt dem Kirchenlehn von den Herzogen von Pommern erkaufte. — Die drei adlichen Patronate anlangend, so hat ältestens blos das Geschlecht der von der Osten dieselben durch Begnadigung der Landesfürsten, bei welchen es lange in Ehren und Ansehen stand, besessen, weil es sich um das Kirchenwesen besonders verdient gemacht hatte; späterhin änderte sich zwar der Besitz des Fundus,

*) S. Schwarz histor. finium principat. Rugiae, pag. 154. 155.

jedoch sind die von der Osten Mitbesitzer der beiden Patronate von Gustow und Landow geblieben. Das Kirchenlehn der Samtenser Pfarre haftet auf Plüggentin, welches auch einst ein Sitz der gedachten Familie war.

Bei einzelnen rügianischen Pfarren giebt es auch Diaconate, welche der Pastor zu besetzen das Recht hat, z. B. zu Gingst, Sagard, Altenkirchen und Wiek, der Diaconus zu Bergen aber wird von dem Landesherrn berufen und angestellt.

Die Einkünfte und Gehalte der rügianischen Pastorate sind sehr ungleich, einige klein und geringe, höchstens mittelmäßig, wie die Pfarreien zu Hiddensee, Landow, Lanken und Ummanz, andre ansehnlich, wie die auf Wittow, zu Sagard, Gingst, Poseritz. Die hauptsächlichsten Pfarreinkünfte fließen ein aus den Ackerwerken, Wiesen, hie und da auch Gehölzen, welche den Pfarrern zur Benutzung eingeräumt werden; nur die Berger Pfarren ermangeln des Ackers. Ferner aus den Zehnthebungen und kleinen Accidenzien. Die Salariengelder sind bei den meisten Pfarren geringe, die Naturalhebungen in uraltem Gebrauch. Zu den letztern gehört der Schmalzzehnte und das Meßkorn. Schon in alt-catholischen Zeiten *) waren alle caspelgesessene Höfebesitzer, so Edelleute, als Bauern, verpflichtet, ihren Kirchherren den Zehnten (Tegenden) von rauhem oder reinem Korn, Gänsen, Lämmern, Kälbern und Füllen in 4 Quartalen der höchsten Kirchenfeste zu entrichten; dies hieß, den gemeinen Opferpfenning erlegen, auch mußten sie jährlich um Michaelis ein gewisses Räuchergeld und das Vier-Fest-Opfer, hernach Vierzeiten-Geld genannt, geben. Diese

*) S. v. Normanns W. R. Landgebrauch Tit. 15.

Hebungen existiren noch heutiges Tages, bis auf das Rauchgeld und den Kälber- und Füllenzehnten, welcher letztere im Jahre 1674 und 75 auf Verordnung der Schwedischen Regierung aufgehoben ward; auf Mönchgut ist diese Abgabe im J. 1747 zu baarem Gelde gesetzt, so, daß von jeder Rauchstelle, oder einem bewohnten Hause und für jedes aufgezogene Kalb und Füllen 1 ßl. gegeben wird. Diese Abgabe wird jährlich mit dem Vierzeiten-Gelde, wie auch einem Schillinge von jeder Person über 12 Jahren erhoben, jedoch mit Ausnahme des Hofes Philippshagen, welcher auch seit alter Zeit von dem Schmalzzehnten befreiet ist. Der Lämmerzehnte ist noch bei mehrern Pfarren üblich.

Der sogenannte Schmalzzehnte ist eine besondere nur den rügianischen Pfarren eigne Hebung. Ein rügianischer Pastor muß nemlich die an den Pfarrgebäuden nothwendigen mittelmäßigen und kleinern Reparaturen selbst beschaffen und den Wiedem in wohnbarem Zustande erhalten, wofür er den Genuß des Schmalzzehnten, d. i. von allen Gänsen, und, wo es üblich, auch Lämmern, oder, statt deren, Hammeln, das 10te Stück (auch das 9te, wenn nicht mehr, als 9, von derselben Gattung vorhanden sind) von seinen Eingepfarrten erhält.

Nach Einführung der Augsburgisch-evangelischen Confession, wo die ersten lutherischen Prediger sehr unbemittelt waren und doch der Amts Nachfolger den Erben des verstorbenen Pfarrers, ohnerachtet des von diesem genossenen Schmalzzehntens, die Bauten des Wedemenhofes vergüten sollte, ist es, wie aus dem Tit. 183. des Wendisch-Rügianischen Landgebrauchs zu ersehen, nicht selten gewesen, daß die Pfarrgebäude ganz verfallen und dann veräußert sind; denn es wird gesagt: „daß man sie (die Pfarrhöfe) jetzund den

Bauern verkauft und profaniren läßt, wird künftiger Zeit doppelten Schaden gebähren." Da die Prediger die Pfarrgebäude selbst repariren müssen, so geschah es auch, daß die Erben des verstorbenen Pfarrers das, was er zur Reparatur und Verbesserung an der Wedemen verwandt hatte, in Anrechnung brachten und als ein Onus für den Nachfolger auf die Pfarre legten, und zwar unter dem Namen eines Erbgeldes. Der Nachfolger that ein gleiches und so wurden nach und nach dieser Bau- und Reparationskosten so viele, daß beschlossen ward, damit das Erbgeld nicht als ein perpetuelles Onus auf den Pfarrzimmern haften bliebe, daß jährlich von diesen angeschwollenen Kosten 3 Procent abgezogen werden sollten, bis die Pfarrzimmer von solcher Belastung völlig frei wären; hernach wurden die Erbgelder gewissermaßen ganz abgeschaft.

Der Getreidezehnte, oder das Zehntkorn, Priesterkorn (Preester-Tååg'), eine Einnahme, welche in der 10ten Garbe vom Felde, oder in dem 10ten Scheffel aus der Scheune bestehen soll, wird von einigen Eingepfarrten rauh, d. h. in Garben (Rauhkorn), von andern rein, oder ausgedroschen auf den Pfarrhof geliefert, mancher aber giebt statt dessen ein nach getroffener Uebereinkunft festgesetztes Aequivalent an baarem Gelde. In alter Zeit mußte, nach Angabe des Wendisch-Rügianischen Landgebr. Tit. 15, ein Vimm Zehntgarben 4 Scheffel Getreide enthalten und eine Zehntgarbe so groß seyn, als ein vollkommener Mann sie unter dem Arm und zwischen der Hüfte beklemmen konnte; von einigen Gütern wurden sogenannte Schwopen gegeben, welche um ein Drittheil größer waren, als die gewöhnlichen Garben.

Das vorhin gebrauchte Wort Wiedem, Wiedemen oder Wedem, welches so viel als Weihthum, oder geweihetes Gut bedeutet, ist der eigentliche hiesige Ausdruck für ein Pfarrgehöfft, welches der gemeine Mann de Wäden nennt. Der Besitzer desselben hat während seiner Amtsführung davon den uneingeschränkten Genießbrauch und wenn damit ein beträchtliches Ackerwerk verbunden ist, so kann derjenige, welcher zugleich ein tüchtiger Landwirth ist, seine Stelle vorzüglich nutzen. Ob aber solche weltliche Beschäftigung dem geistlichen Stande angemessen sey und in wiefern das Treiben des Ackerbaues dem Beruf und Zweck des Prediger=Amtes entspreche, diese Frage zu beantworten ist hier der Ort nicht.

Die Prediger sind für ihre Person frei von allen Staasabgaben, Steuern und bürgerlichen Lasten, allein einige Pfarren haben besondere onera zu tragen. So muß z. B. von der Mönchguter Pfarre jährlich Bischofsrocken an Ralswiek geliefert werden, und die Pfarren zu Vilmnitz und Lanken sind die Hälfte ihres Schmalzzehntens an das Haus Putbus abzugeben pflichtig. Hieher gehören auch der geistliche Canon und das Ablagergeld, wovon weiter unten (in dem Abschnitt von den Steuern) das nöthige gesagt werden soll. Einige Pfarren haben blos den Canon, andre nur Ablagergeld, etliche aber beide Abgaben zugleich zr entrichten. — Außerdem geben die Kirchen und Pastorate von Bergen, Gartz, Sagard, Bobbin, Altenkirchen, Altenfähr, Poseritz, Rambin, Rappin, Schaprode, Trent, Ummanz, Wiek und Zudar auch Beiträge zum Unterhalt des Schulmeister=Seminariums in Greifswald.

Die Kirchenmittel verwaltet der Pastor, welcher, bei Aufnahme der Kirchenrechnung, die bei Königlichen Pfarren alle 2 Jahre geschieht, den zugleich mit dem Kirchen=Patron oder Vice=Patron auf dem Pfarrhofe anwesenden Eingepfarrten die Register über Einnahme und Ausgabe u. s. w., so wie über den ganzen Zustand des Kirchenvermögens vorlegt. Bei den Fürstlich Putbusser Patronatpfarren auf dem eigentlichen Rügen werden die Kirchenrechnungen jährlich auf Valentin oder Trinitatis in Gegenwart des Patronats-Bevollmächtigten, des Pastors und der Kirchenvorsteher (Vörstender) im Pfarrhause aufgenommen und wenn mit diesem Geschäfte ein Kirchspielstand verbunden ist, so wird ein Notar als Protocollführer zugezogen. In den Kirchen zu Casnevitz, Zirkow und Zudar wird der Tag der Rechnungsaufnahme zuvor abgekündigt, weil in diesen Kirchspielen fremde Eingepfarrte vorhanden sind, welche auch erscheinen können. Die Rechnung wird in ein besondres Buch eingetragen und der Prediger ertheilt dem Fürstl. Patron eine eigne Rechnung mit beigefügter Berichtserstattung. Nach geschehener Durchsicht wird sie zu Putbus, in einem eigenen Buche für jede Kirche, wörtlich und gleichlautend mit der auf jeder Pfarre zurückbleibenden Rechnung, notirt. —

Ist die Kirche arm und bedarf nothwendiger Ausgaben zu Bauten und dergl. so wird darüber auf einem Kirchspielstande, d. h. einer Versammlung des Patrons und der Caspelgesessenen das erforderliche verhandelt und dann der Kostenbetrag durch einen allgemeinen unter dem Namen des Kirchenschosses bekannte Beisteuer zusammengebracht. Die wenigsten Kirchen auf Rügen sind wohlhabend, reich keine zu nennen in Vergleichung mehrerer Pommerschen Stadt- und Landkirchen und wenn gleich einige derselben Capitalien, Ortschaften, Kathen, Ackerstücke und Gehölz besitzen, so sind die Einnahmen davon doch nicht beträchtlich. Daß in diesem Lande so wenigen Kirchen Dörfer und Güter zustehen, rührt vielleicht daher, daß vor Alters die reichen Klöster besser im Stande waren, Güter käuflich an sich zu bringen, und daß der fromme Sinn jener Zeit solche lieber den geistlichen Stiften zuwendete, als den kleinen Landkirchen. Für die wohlhabendsten Kirchen werden die von Trent, Sagard, Poseritz, Bergen und Gartz gehalten, dahingegen sind viele andre so arm, daß sie Gelder haben anleihen müssen.

Wenn ein Prediger mit Tode abgeht, so sollen dessen Wittwen, oder Kinder, Verwandte oder Hausgenossen den Sterbefall dem Probste der Synode anzeigen, welcher ihn dem Generalsuperintendenten bekannt macht und mit den Predigern seiner Probstei Anordnungen wegen fernerer Verwaltung der Amtsgeschäfte trifft, obwohl eigentlich der Wittwe, wenn solche vorhanden, es obliegt, die Fortführung der kirchlichen und geistlichen Geschäfte während des Sterbe-Quartals zu besorgen, indem die Verpflichtung der Prediger zu Amtsverrichtungen bei der vacanten Kirche und deren Gemeine erst mit dem Gnadenjahre beginnt. Dieses Gnadenjahr besteht aus 365 Tagen des Genusses für die hinterbliebene Wittwe und Kinder und fängt mit dem Ablauf des Deservit-Vierteljahrs an, fällt aber bei unverehlicht gestorbenen Pfarrern weg, deren Erben jedoch das Deservit-Quartal bleibt. Die erste Gnadenjahrspredigt pflegte sonst der Präpositus, die zweite der Senior der Synode zu halten und dann folgten die übrigen Prediger nach dem Amtsalter. In der Gartzer Probstei ist im J. 1814 die Vereinbarung getroffen, daß bei Gnadenjahren jetzt ein dreifacher Cirkel besteht, welcher nach einander die Arbeiten übernimmt. Zum ersten Cirkel gehören die Pfarren Mönchgut, Lanken, Vilmnitz, Zirkow; zum zweiten Casnevitz, Gartz, Poseritz, Swantow; zum dritten Altenfähr, Gustow, Landow, Rambin, Samtens.

Was das abverdiente Vierteljahr oder Deservit-Quartal, tempus deserviti salarii, betrifft, so ist darauf Rücksicht genommen worden, daß die Landprediger ihre Einkünfte hauptsächlich von dem Ertrage des Ackers genießen, und daß es also unbillig wäre, wenn den Erben des Verstorbenen der Ertrag von dem von ihm bestellten Acker entzogen würde. Dies ist nun auch auf die übrigen Hebungen ausgedehnt und die Erben nehmen nicht nur an dem Einschnitt des Sterbejahres, sondern auch an den übrigen von Michaelis desselben Jahres an fälligen Einkünften Theil. Genau genommen sind bei Berechnung des Deservit-Quartals 4 Fälle zu unterscheiden: 1. stirbt ein Landprediger um Johannis, oder zwischen Johannis und Michaelis, so wird seinen Erben der völlige Einschnitt an Winter- und Sommersaat desselben Jahres, als eine schon abverdiente Einnahme zu Theil und der Ertrag des folgenden Jahres steht ihnen zu als beneficium oder Gnadenjahrshebung. 2. Stirbt er nach Michaelis, oder kurz vor Weihnachten, so genießen seine Erben den vierten Theil des Jahres-Einschnitts. 3. Stirbt er nach Weihnachten und vor Ostern, so erhalten die Erben die Hälfte des Ertrags. 4. Ereignet endlich sich der Todesfall zwischen Ostern und Johannis, so erhalten die Erben drei Viertheile des künftigen Einschnitts und der fixen auf Michaelis fälligen Hebungen, mit Ausnahme des Ertrages von der Sommersaat, welcher schon hinüber in das Gnadenjahr gerechnet wird.

Nach dem Genusse des Gnadenjahrs erhält die Wittwe lebenslänglich gewisse Hebungen aus der Pfarre als Wittwenunterhalt, welche $\frac{1}{8}$, $\frac{1}{6}$, seltener $\frac{1}{5}$, in Rambin jedoch $\frac{1}{4}$ der sämmtlichen Pfarreinkünfte betragen, imgleichen freie Wohnung in dem Wittwenhause, wo aber solches nicht vorhanden, wird ihr etwas an baarem Gelde zur jährlichen Hausmiethe bestanden. So geringe und so wenig hinreichend zum Unterhalt diese Einrichtungen auch bei manchen kleinen und armen Pfarren sind, so kommen sie der Wittwe doch immer zu statten, und das um so mehr, da im Lande keine allgemeine Prediger-Wittwenkasse existirt. Eine besondre Wittwenkasse ist jedoch im Jahre 1753 von den Predigern der damaligen Berger Präpositur errichtet worden. Diese von der Königl. Regierung autorisirte und bestättigte Einrichtung besteht in folgendem. Jeder zur Berger Präpositur gehörende Prediger ist verpflichtet, im ersten Jahre seiner Amtsverwaltung 10 Rthlr. als Eintrittsgeld an diese Kasse zu bezahlen. Nachher giebt er jährlich um Martini einen Beitrag von 2 Rthlr. Die Braut eines Predigers muß, wenn sie in seiner Parochie an ihn verheirathet wird, 2 Rthlr. erlegen. Ein Prediger, der Wittwer wird und keine Kinder hat, ist von fernerm jährlichen Beitrag frei. Auch andre Prediger Rügens, die nicht zum Berger Cirkel gehören, können gegen Erlegung der Eintrittsgebühr von 10 Rthlr., nebst 2 Rthlr. für jedes Jahr ihres schon geführten Amtes, darin aufgenommen werden. Jeder in dem gedachten Cirkel neu angenommene Küster muß an die Kasse 1 Rthlr. entrichten und soll dazu von seinem Pastor augehalten werden. Die Zinsen des Capitals dieser Kasse werden als ein jährliches Beneficium unter die in der Berger Präpositur vorhandenen (und sonstiger Theilnehmer) Prediger-Wittwen und Waisen vertheilt, an die erstern ad dies vitae, wofern sie nicht zu einer neuen Ehe schreiten, an die letztern bis zum zurückgelegten 24sten Jahre. Eine Wittwe aber, die noch das Gnadenjahr zu genießen hat, erhält in dieser Zeit nichts, sondern muß vielmehr für das Benefizjahr noch eine Zulage von 1 Rthlr. geben. Director der Kasse ist der Probst in Bergen, der unter den Theilhabern sich einen Assessor wählt, und außerdem ist ein Prediger zum Administrator bestellt, um die jährliche Einnahme und Ausgabe zu berechnen.

II. Der Berger Kreis ist ferner zu betrachten in Beziehung auf das Grundeigenthum der Güter, Dörfer u. s. w. und ihrer Steuer Cataster.

Rügen zerfiel sonst, seit dem Jahre 1720, in den Amts-District, wozu alle Königl. Domänen gehörten, über welche in öconomischen, so wie in Justizsachen ein Amtshauptmann gesetzt war; in den rügianischen District, wozu alle Lehngüter des Adels gehörten; und in den Stralsundischen Commissariats-District. Im wesentlichen, wenn gleich nicht öffentlicher Benennung nach, ist dies so geblieben und soll hier daher ein wenig genauer angegeben werden.

a. Das Domanium. Die alt-fürstlichen Kammer- und Tafelgüter, welche ältestens auf Rügen unbeträchtlich geworden waren, erhielten dadurch einen neuen, ansehnlichen Zuwachs, daß die Herzoge von Pommern in der Reformationszeit die bedeutenden Besitzungen der Klöster Hiddensee und Eldena einzogen, auch mehrere Güter des Berger Frauenklosters an sich nahmen. Wegen dieser Vergrößerung ward aus der alten rügianischen Rentmeisterei im J. 1570 ein ordentliches Fürstliches Rentamt errichtet, das seinen Sitz in Bergen bekam und die sämmtlichen Domanial-Einkünfte, zugleich nebst denen des Berger Klosters, verwaltete, da bisher, vom J. 1538 bis 1570, ein zweiter Fürstlicher Rentmeister, dem das Klostergebäude auf Hiddensee zur Renterei angewiesen war, die Güter dieses Klosters besonders administrirt hatte; die Hebungen der Klöster Bergen, Hiddensee, Pudgla und, wie es genannt wird, des Klosters Reddevitz, d. h.

des Ländchens Mönchgut, welches das Kloster Eldena besessen hatte, wurden jedoch von da, bis zum J. 1625 immer besonders berechnet und in eignen Klosterregistern aufgezeichnet, die von den Rentamtsregistern separirt waren.

Seit dem Jahre 1600 wurden von den alt-fürstlichen Domänen und den neu acquirirten Klostergütern nach und nach acht große sogenannte Ackerwerke errichtet, um den Landbau mehr in Flor zu bringen und dadurch von den Grundstücken einen höhern Ertrag zu gewinnen. Jedes dieser so entstandenen Domanial-Ackerwerke umfaßte mehrere Höfe und Dörfer, von denen die Pächte u. s. w. in das Fürstliche Rentamt einflossen; und da es sich fand, daß die Besitzungen der ehemaligen Klosterbauern, die bisher nur eine geringe Klosterpacht gegeben hatten, weit höher genutzt werden konnten, so wurden mehrere dieser Bauern nach den neu eingerichteten Ackerwerken versetzt, deren folgende waren: 1. das Lütkevitzer und Schwarber Ackerwerk auf Wittow, 79 Hufen Landes betragend. 2. Das Ackerwerk Rosengarten, von 60 Hufen, ohne das Gehölz. 3. Das Ackerwerk Gagern, von 50 Hufen. 4. Das Ackerwerk Güttin von 29 Hufen. 5. Das Ackerwerk Lischow und Murswick, von 20 Hufen. 6. Das Ackerwerk Varbelvitz und Cubitz, von 13 Hufen. 7. Das Ackerwerk Münchgut, von 52 Hufen. 8. Der Grahl mit der Wamper Fähre, von 5 Hufen.

Während des 30jährigen Krieges, wo viele Fürstliche Kammergüter veräußert wurden, finden sich sogar Andeutungen, daß der Herzog Bogislav XIV. von Pommern im J. 1630 in der Noth die ganze Insel Rügen, mit Genehmigung und unter Vermittelung des Deutschen Kaisers, an den König von Dännemark, Christian IV. habe verkaufen wollen. Der König

Gustav Adolph von Schweden verpfändete zur Führung des deutschen Krieges mehrere Domänen auf Rügen, und noch härter wurden diese von der Königin Christine von Schweden angegriffen. Unter dem schwedischen König Carl XI. ward daher eine Reduction derselben für eine nothwendige Maasregel erachtet und das Geschäft der Wiederzurückführung der Kammer- und Tafelgüter auf die vorigen Verhältnisse im J. 1692 einer Reducirungs-Commission übertragen, bei welcher Veränderung die Einrichtung der sogenannten Tertialgüter entstand; auf Rügen giebt es aber nur ein Tertialgut, nemlich Varbelvitz, und ein Paar Tertialdörfer. Was durch diese Reduction gewonnen war, zerstöhrte der nordische Krieg unter Carl XII. wieder, so, daß im J. 1710 mehrere Domanialgüter aufs neue verpfändet wurden; die unverpfändet gebliebenen wurden von 1715 bis 1721 von einem Königl. Dänischen Amtmann verwaltet. Nach einer öffentlichen Designation waren im Jahre 1722 auf Rügen folgende Domanialgüter verpfändet: Buschvitz, Dollahn, Dramvitz, Drauske, Dumsevitz, Gademow, Gagern, Gutzlafshagen, Güttin, Hagen bei Jarnitz, Lischow, Lütkevitz, Medow, Möndhgut, Platvitz, Prommoisel, Pulitz mit dem Holze, Parchtitz, Rosengarten, Russewase, Schwarbe, Sehrow, Udars, Varbelvitz, die Zessiner Mühle; imgleichen die Ackerwerke zu Banzelvitz, Brege, Dramvitz, Dubnitz, Dumsvitz, Fern-Lütkevitz, Mönkvitz, Sagard, Slavitz, Zirzvitz. — Nach Endigung des siebenjährigen Krieges ward ernstlich Bedacht darauf genommen, die verpfändeten Domänen wieder einzulösen, einige derselben aber wurden fernerhin Pfandträgern überlassen, z. B. das Mönchguter Land.

Bis zum Jahre 1806 wurden die Domanial-Besitzungen der Amts-District und die ganze Einrichtung das Berger Amt genannt, allein in diesem Jahre bekam der District den Namen des Berger Härad, oder Amtes, auch ward in einer andern Königl. Verordnung vom 8ten December 1806 erklärt, daß der König gewilligt sey, die bisherigen zu seinen Domänen gehörigen Grundstücke und Ländereien in Pommern und Rügen zu parceliren, oder in kleine Farms und Pachthöfe eintheilen zu lassen, um durch solche Einrichtung der Bauerschaft und andern weniger bemittelten Personen Auswege zu eröfnen, sich durch Pachtung derselben eignen Ackerbau und Wohnsitze zu verschaffen. Die Einführung dieser Farm- und Parcelen-Wirthschaft ward aber durch den Krieg Frankreichs mit Schweden nicht nur gehindert, sondern der damalige Franzosenkaiser Napoleon verschenkte sogar die beträchtlichsten Domänen auf Rügen im J. 1809 an französische Militairs und der König von Schweden erkannte in dem am 6ten Januar 1810 zu Paris geschlossenen Friedenstractat §. 5. die Gültigkeit dieser Donationen an, und zwar mit billiger Rücksicht auf diejenigen, welche in dieser Zeit dergleichen Güter von französischen Donatairs in Pacht genommen hatten. Als hierauf die Franzosen das Land ohne alle Kriegserklärung wieder besetzt und feindlich behandelt hatten, so nahm die Krone Schweden bei Wieder-Occupation desselben im J. 1813 auch die verschenkten Domänen wieder in Besitz und schenkte im J. 1814 aufs neue den größten Theil davon an schwedische Kriegsmänner und andre Militair-Beamte.

Nach Abtretung Pommerns und Rügens an die Krone Preußen ward in einem Publicandum vom 4ten Junius 1816 festgesetzt, daß die verschenkten Domanialgüter und Pertinenzen, zufolge eines zwischen Preußen und Schweden geschlossenen Tractats vom 7ten Junius 1815, an die erstgenannte Macht zurückfallen und die Donatare auf andre Art in Schweden entschädigt werden sollten.

Dies ist im kurzen die Geschichte der bisherigen Schicksale des rügianischen Domaniums und der Veränderungen, die dasselbe in Hinsicht des Besitzthums erfahren hat. In Beziehung auf die von demselben einfließenden Steuern und Abgaben hat es sein eigenes Cataster behalten, nach welchem das Kreisamt in Bergen solche entgegen nimmt. — Von den gegenwärtigen Domanialgütern liegen 16 auf Wittow, 12 auf Jasmund, 77 auf dem übrigen Rügen und die sämmtlichen Ländereien des Domaniums, mit Inbegrif der Holzungen, betragen 29,020 Morgen und 212 Ruthen.*) Auf den Inseln Hiddensee und Ummanz, dem Zudar und in den Kirchspielen Altenfähr, Gustow, Landow, Lanken, Poseritz, Rappin und Vilmnitz sind keine Domanialgüter befindlich.

In älterer Zeit hieß, wie schon erinnert, der Verwalter der rügenschen Domänen der Fürstliche Rentmeister. Seit dem J. 1700, wo die rügensche Landvogtei und das Rentamt zusammengezogen wurden, ward er Königl. Amtmann genannt. Seit dem J. 1720, wo diese Einrichtung verändert und die Landgerichtsbehörde von der Amtmannschaft wieder getrennt wurde, bekam er den Titel eines Königl. Amtshauptmanns und zugleich die Jurisdiction über die Domanial-Pächter und Unterthanen. M. s. den Abschn. XXIII. B., spätere Zeit, Nr. 3., im IIten Theil.

Seit dem J. 1811, wo nach der neuen Kreiseintheilung die Domanial-Besitzungen auf Rügen und deren Administration das Berger Kreisamt benannt wurden, besteht das zur Verwaltung der Geschäfte

*) S. Gadebuschs Staatskunde 2ter Bd. S. 299.

angeordnete Personale aus dem Kreishauptmann, der das Directorium und seit 1818 den Titel eines Königl. Landraths führt und dessen Posten gegenwärtig bedeutender und von größerm Umfange ist, wie der eines bloßen Amtmanns, oder Domänen-Verwalters; ferner einem Kreis-Actuar, einem Kreis-Schreiber, und einem Kreis-Boten. Ueberdem sind bei dieser Administration vier Kreis-Reuter zu Versendungen und andern polizeilichen Verrichtungen angestellt.

b. Des Adels Besitzungen. Dazu wurden sonst alle eigentliche Lehn- und Rittergüter mit den dazu gehörigen Dörfern und Pertinenzen gerechnet, welche zusammen den adlichen District ausmachten. Jetzt, da der Unterschied zwischen Lehn- und Allodegütern in so weit aufgehoben ist, daß die Rechte und Verbindlichkeiten, die aus der Lehnsverfassung hervorgiengen, den sonstigen Lehngütern keine Vorzüge mehr vor den Allodialbesitzungen geben, lassen sich diese Güter in allodisicirte, nicht allodisicirte und Allode theilen.

Da nemlich kraft der Erklärung des Königs Carl XIII. von Schweden in einer eignen Allodifications- und Assecurations-Urkunde vom 18ten Februar 1811 der Lehns-Nexus mit dem Landesherrn aufgehoben worden, so sind dadurch die bisherigen Lehngüter in freie Allode verwandelt worden. Die Hauptbedingung dabei war, daß der bisherige lehnsfässige Adel in Pommern und Rügen zusammen jährlich 5000 Rthlr., als ein Surrogat für die Aufhebung der bisher schuldigen Roßdienste und anderer aus dem Lehnrechte fließender Leistungen von seinen Ritterhufen geben, und daß der Antheil, den jedes also frei gewordene Lehngut zu dieser jährlichen Prästation von 5000 Rthlr. zu tragen hätte, als eine auf dem Gute haftende Steuer angesehen, von den Kreis-Einnehmern eingehoben und an den Landkasten eingesandt, von diesem aber an die Königl. Kammer abgeliefert werden sollte. — Dieser Urkunde sind zugleich Verordnungen beigefügt, welche in Hinsicht derjenigen, die als Mitbelehnte und Lehnsvettern Anwartschaft auf zu allodificirende Güter haben und daher Ansprüche auf dieselben machen mögten, imgleichen wegen der Art und Weise ihrer Abfindung, wie auch wegen der Auseinandersetzung und gänzlicher Aufhebung aller Lehnsverbindungen mit denselben, genaue Bestimmungen enthalten. Nach diesen Maximen haben nun viele Lehngüter auf Rügen sich von allen Lehnsansprüchen der Agnaten durch gerichtliche Verhandlungen und Vermittelungen befreiet und dadurch eine vollkommene Allodial-Qualität erworben.

Die Besitzungen des Adels sind die ansehnlichsten auf der Insel. Sie betragen über 2 Drittheile mehr, als die Domanial-Besitzungen und enthalten über 150 Ortschaften mehr, als das Domanium und die stralsundischen Commissariat-Güter zusammen. Nach einer Schätzung im allgemeinen mag des Adels Grundeigenthum etwa $\frac{3}{5}$tel oder $\frac{2}{3}$tel des ganzen Landes ausmachen, denn zusammen mit den stralsundischen Ländereien beträgt es 111,528 Morgen 7 Ruthen, und das stralsundische Commissariat begreift weniger Land unter sich, als das Domanium. — Die Lehn- und Ritter- oder nunmehr allodificirten Güter des ehemaligen rügianischen Districts bilden ein eigenes Cataster und die Einhebung und weitere Besorgung ihrer Steuern und öffentlichen Abgaben ist einem von der Ritterschaft besöldeten Collector übertragen.

c. Die Güter des Stralsundischen Commissariats. Diese bestehen: 1. aus Besitzungen der Stadt Stralsund selbst; 2. in den Gütern, welche stralsundische Kirchen, Klöster, Stiftungen und Commünen auf der Insel besitzen; 3. in solchen Gütern, die ehemals von stralsundischen Bürgern und Angehörigen auf Rügen angekauft worden und als freie Allodien besessen und vererbt sind. Der Herzog Bogislav X. verbot den Stralsundern zwar den fernern Ankauf von Gütern, weil solche als Allode ihm keine Roßdienste leisteten, gab aber nach einem im J. 1504 getroffenen Vergleich der Stadt die künftige Erwerbung von Gütern frei, wenn sie mit seiner Bewilligung geschähe. Gegenwärtig stehen der Stadt und ihren Klöstern u. s. w. 70 Güter auf Rügen eigenthümlich zu, und außerdem gehören noch 22 Allodial-Besitzungen zum stralsundischen Commissariat.

d. Güter der Rügianischen Kirchen und Pfarren. Die Kirchen besitzen wenig auf Rügen. Die Hauptbesitzung hat die Berger Kirche, nemlich das Dorf Strussendorf, wovon weiterhin. auch steht der Kirche zu Altenkirchen ein Antheil von dem Dorfe Gudderitz zu, so wie der Gartzer ein Antheil von Dumgnevitz. Einige Pastorate, z. B. das Altenkircher, Patziger, Poseritzer, Rambiner, Rappiner, Sagarder, Swantower u. s. w. besitzen ebenfalls Antheile und Wohnungen in ihren Kirchspielen, hauptsächlich in ihren Kirchdörfern, und die Einkünfte und Hebungen aus denselben gehören mehrentheils zu ihrem Gehalt. Die Kathen und Häuslerwohnungen selbst verdienen keine weitere Erwähnung.

e. Güter der Stadt Greifswald. Diese hat nur zwei Besitzungen und zwar beide auf dem Zudar, nemlich das Gut Pritzwald, welches sie den 1sten Julius 1798 von dem Hauptmann von Kahlden Normann erkauft hat und die Glevitzer Fähre, die ihr seit einigen Jahrhunderten gehört. Die erste Besitzung steht unter dem stralsundischen Cataster, die andre unter dem adelichen.

Die beiden rügianischen Städte ermangeln des Eigenthums von Höfen, Dörfern und dergl. gänzlich; die Stadt Bergen muß aber die Landessteuern von dem in ihrer Nähe liegenden kleinen Gehöft Krakow einheben.

XIV.

Zahl und Classification der Städte, Flecken, Höfe und Dörfer im allgemeinen.

Rügen enthält zwei Städte und zwei Flecken. Die Zahl der sämmtlichen Landgüter, Schlösser, Haupt= Neben= und Beihöfe, Dörfer, Bauer und Kossätenwesen, Vorwerke von Holländereien, Meiereien und Schäfereien, einzelner besonders gelegener Müllergehöfte, Fähren, Schmieden und Krüge, imgleichen der Förster= Jäger= und Holzwärterwohnungen, so wie der Fischer und Einligerkathen, die eigne Namen führen, beträgt nach einem authentischen, dem Verfasser von einem Freunde mitgetheilten Verzeichnisse gegenwärtig fünfhundert und vier und dreißig, welches die Hauptsumme ist von 2 Schlössern, 295 Höfen, 208 Dörfern und 29 einzelnen eigenbenannten Wohnungen.

Das von dem Prof. Dähnert *) ehemals bekannt gemachte Namens=Verzeichniß dieser Ortschaften hat keine Brauchbarkeit mehr und eben so wenig ist Gadebuschs Angabe **) noch jetzt für richtig zu halten.

---

*) S. dessen L. Urk. II. Supplem. B. XIII. Abthl. Nr. 51. S. 70—76.

**) Dessen Schwed. Pomm. Staatsk. 2 Bd. S. 190 u. f.

Nach den Probsteien gezählt, in deren Bezirk sie liegen, sind vorhanden:

In der Berger Probstei	154 Höfe	134 Dörfer	15 Kathen.	Zus. 303.
In der Gartzer Probstei	143 =	74 =	14 =	= 231.
	297 Höfe	208 Dörfer	29 Kathen.	Sum. 534.

Davon liegen auf dem eigentlichen Rügen .	356	Ortschaften.
Auf Jasmund . .	81	=
= Wittow . .	48	=
= Mönchgut . .	11	=
= dem Zudar . .	16	=
= Hiddensee . .	7	=
= Ummanz . .	11	=
= der Oehe . .	1	=
= Pulitz . .	1	=
= dem Vilm . .	1	=
= Libitz . .	1	=
Zusammen	534	Ortschaften.

Von diesen sämmtlichen Gütern u. s. w. gehören:

Zu den Königl. Domänen . .	105.
Zu den Besitzungen des Adels . .	349.
Zum Stralsundischen Commissariat .	92.
Der Stadt Greifswald . . .	2.
Der Kirche zu Bergen . .	1.
Zusammen	549.

Die Verschiedenheit und Abweichung dieser Zahl von der zuvor angegebenen Hauptsumme aller rügenschen Ortschaften wird dadurch erklärt, daß in dieser Angabe, die die Hauptzahl um 15 übersteigt, alle kleinen Neben-Pertinenzen und Ortsantheile jedweder Grundherrschaft mit einbegriffen sind.

Folgende Eintheilung der Ortschaften, die, aus einer allgemeinen Schätzung ihrer Größe, der Beträchtlichkeit ihrer Ackerwerke, und ihres öconomischen Werthes hervorgehend, weiterhin bei andern Bemerkungen zum Maasstab angenommen werden soll, wird wenig von der Wahrheit abweichen. Ihr zufolge enthält die Insel:

Große Höfe . .	50.
Mittel = . .	97.
Kleine = . .	150.
Große Dörfer . .	50.
Mittel = . .	50.
Kleine = . .	108.
Einzelne Wohnungen .	29.
In Summa	534.

XV.

Einzelne Beschreibungen.

I. Der Städte, ihres gegenwärtigen Zustandes, ihrer Verfassung und anderer Einrichtungen.

A. Bergen. Diese Hauptstadt Rügens, deren Polhöhe nach Mayers Charte 54°, 23′, 30″ beträgt, liegt so ziemlich in der Mitte der Insel auf einer Anhöhe, von welcher die Straßen sich fast in allen Richtungen herabneigen und Zweifelsohne hat diese Lage zu ihrer jetzigen Benennung Anlaß gegeben. Auch schon vor Alters, als der Sage nach dieser Ort, welcher nach Behauptung einiger zuerst im J. 1208 von sächsischen Colonisten angelegt seyn soll, noch blos aus einigen elenden Fischerhütten bestand, hieß er Gora, oder Göre, ein Wort, das in der Slavisch=wendischen, wie noch jetzt in der Russischen Sprache einen Berg bedeutet. *) Im 12ten und 13ten Jahrhundert nach Chr. Geb. und noch nach der Stiftungszeit des dortigen Nonnenklosters blieb Bergen ein unbedeutendes Dorf. Der Rügenfürst Witzlaf I. nennt es in einer Urkunde v. J. 1232 **) einen Ort, Göra geheißen und in der Roskilder Matrikel von 1294 führt es den Namen villa (das Dorf) Berghe. — In der Folge kam der Ort durch den Verkehr des Klosters, und daß mehrere Handwerker daselbst Zünfte errichteten, auch nach und nach Krämer sich ansiedelten und sogar Tuchhändler den Gewandschnitt trieben, imgleichen, daß das rügianische Landvogteigericht dort seinen Sitz bekam und andre Fürstl. Beamte in dem Orte ansässig wurden, zwar etwas in Aufnahme, allein er blieb doch Jahrhunderte hindurch ein bloßer Marktflecken und völlig dem Kloster unterthan, welches über ihn die hohe und niedere Gerichtsbarkeit hatte, bis solche nach der Reformation dem Landvogteigerichte zufiel.

Erst zu Anfange des 17ten Jahrhunderts ward Bergen eine Stadt. Es sind gerade jetzt 205 Jahre verflossen, seit sie ihre ersten städtischen Privilegien von dem Pomm. Herzoge Philipp Julius für 8000 Mck. baar erkaufte. Dies geschah im J. 1613. Weil aber über die Stadtgerechtsame, besonders über die Gerichtsbarkeit bald Irrungen mit den Fürstlichen Beamten entstanden, so erlangte die neue Stadt im J. 1616 eine Erweiterung und genauere Bestimmung ihrer Privilegien, welche ihr im J. 1626 von dem

---

*) Noch jetzt heißen mehrere Orte auf Rügen Göre und Goor.

**) Berger Kloster=Urkundenbuch Nr. 4.

Herzog Bogislav XIV. bestättigt wurden. Fernere Confirmationen ihrer Privilegien erhielt sie im J. 1663 von dem Könige Carl XI. von Schweden; im J. 1681 von der Schwed. Haupt-Commission zu Stettin; im J. 1724 von dem Könige Friedrich I. von Schweden; diese Privilegien sind auch von den folgenden Königen 1750 und 1772 confirmirt worden, bis auf Gustav Adolph IV. — In Folge dieser Privilegien begehrte Bergen auch die Landstandschaft und schickte 1627 ihren Bürgermeister zu dem Wollinschen Landtag. Derselbe ward aber abgewiesen, weil die Stadt nicht landtagssässig sey und nicht zum Landkasten contribuire; darüber entstand großer Streit. Im J. 1681 ward von der Schwed. Regierung der Stadt die Landstandschaft, nebst dem jus sessionis et voti zugesichert, mit der Bestimmung, daß der Landmarschall sie zu allen Landtagen fordern sollte. In den neuesten Zeiten hat sie dem Landtage und öffentlichen Stände-Versammlungen beigewohnt.

Bergen hat weder Mauern, noch Thore und beinahe so viel Aus- und Eingänge, als Straßen vorhanden sind. In dem städtischen Bewidmungs-Privilegium ward es zwar schon den Einwohnern sehr anempfohlen, ihre Stadt zu mehrerer Sicherheit mit Mauern und Thoren zu befestigen und vors erste wenigstens die vier Hauptwege mit guten Schlagbäumen zu versehen; allein da die Landesherren zu einem so kostbaren Bau nicht zugleich Hülfsmittel anwiesen, so überstieg die Ausführung desselben die Kräfte einer kleinen, armen Commüne, die durch den Ankauf ihres Privilegiums beinahe erschöpft war und ihre geringe erste Einnahme zu andern städtischen Einrichtungen verwenden mußte.

Ihre größte Ausdehnung hat die Stadt von Osten nach Westen und am östlichen Ende breitet sich in einer

Ebene eine Häusergruppe zwischen mancherlei Fruchtbäumen aus, welche der Speck-Caspel genannt wird. Um die sämmtlichen Wohnungen her sind in großer Mannigfaltigkeit Kornfelder, Gebüsch, Landseen, Hügel, Windmühlen zu einem angenehmen Prospect verbunden und der Ort hat von weitem ein gewisses Ansehen, das ihn empfiehlt und die Erwartung erregt, die Nähe werde der Ferne, das Innere dem Aeußern entsprechen. Allein der erste Eintritt in Bergen zerstöhrt alle Täuschung und der Anblick schlechter, zum Theil unebener und ausgehölter Wege, schmutziger Winkel, krummer und schiefer, abschüssiger, großentheils ungedämmter Gassen und Durchgänge, kleiner, kümmerlicher, höchstens mittelmäßiger, hie und da ohne alle Ordnung umherstehender Häuser dient anfänglich eben nicht dazu, die von einer Hauptstadt des Landes vorgefaßte vortheilhafte Meinung zu rechtfertigen, vielmehr wird der Glaube, in einen elenden Flecken gekommen zu seyn, dadurch noch bestärkt, daß Bergen, wie schon gesagt, ein ganz offener Ort ist; zu geschweigen, daß die Zäune und häufigen Steinmauern, die Scheunen, wovon einige noch mit Stroh gedeckt sind, das Holzwerk, das beständig vor manchen Thüren liegt und die Gärten in der Stadt noch mehr die Idee von einer Landstadt herbeiführen. Auch von den bessern Straßen ist keine einzige völlig gerade und symmetrisch, die vornehmsten laufen nach dem Markte zu und auch dieser Platz, an dem die besten Häuser liegen, hat eine unregelmäßige, winkliche Figur, obgleich seine Größe nicht unbeträchtlich ist. — Die seltsame Bauart der Stadt lernt am schnellsten kennen, wer den Kirchthurm besteigt und von dem Umgange, oder der Gallerie desselben, das Schrank, oder Schrankelwerk genannt, sie betrachtet. Der Grundriß von ihrer höchst unregelmäßigen Lage, der hier unter ihm liegt und die ausgezackte vielseitige Figur, der es an aller Abründung mangelt, wird ihm zugleich zeigen, daß er mehr als eine halbe Stunde gebraucht, ihren Umfang zu umgehen. Dieser Raum, den Bergen mit Einschluß der Gärten u. s. w. einnimmt, ist in der Landesvermessung zu 38 Morgen Landes angegeben worden.

Die eben bemerkte wunderliche Anlage rührt aus Zeiten her, wo der Ort ein kleiner unbedeutender Flekken war, der viele leere unbebauete Stellen enthielt, auf welchen, zur Zeit eines Kloster-Regiments, wo die Nonnen um Regeln der Symmetrie in der Baukunst sich wohl am wenigsten bekümmerten, jeder Ansiedler sich ein Häuschen hinsetzte, wie und wo es ihm am besten dünkte. Aus dieser Willkühr gieng allmälig eine Unform und Misgestalt hervor, die selbst durch die oftmaligen Feuersbrünste, von welchen Bergen in vorigen Jahrhunderten gelitten hat,*) nicht geändert werden könnte, weil Armuth und Mangel bessern Entwürfen und ihrer Ausführung im Wege standen, Scheiden und Gränzen der Häuser, Hof- und Gartenplätze schon durch Straßen und Nachbarschaft bestimmt und beschränkt waren und wüst gewordene Hausstellen nur nach ihrer bisherigen Lage

---

*) Im J. 1445 wo die Kirche und das Kloster vom Brande sehr beschädigt wurden, ward der Flecken fast ganz ein Raub der Flammen. In den Jahren 1563, 1621, 1690 und 1715 hat die Stadt durch Brandschaden viel gelitten, besonders in dem Brande von 1726, wo viele Hauptstraßen eingeäschert wurden. Daher darf nach einer strengen Verordnung späterer Zeit kein neues Haus in der Stadt, auch keine Scheune, mehr mit Stroh gedeckt werden; auch ist die Duldung der Scheunen innerhalb der Stadt eben nicht wünschenswerth.

und Begränzung den neuen Anbauern überlassen, neue Bauplätze aber ohne allen weitern Bedacht auf schicklichen Zusammenhang mit den Besitzungen der Anwohner angewiesen wurden. Aber auch selbst das bergige Local ist dem Ebenmaaß äußerst abhold und widerspenstig, so, daß tausend Schwierigkeiten und Hindernisse zu bekämpfen und nur durch einen die Kräfte der Einwohner übersteigenden Aufwand von Zeit, Geld und Arbeit zu besiegen seyn würden, im Fall Bergen nach einem regelmäßigen Plan auf seiner jetzigen Stelle von Grund auf neu erbauet werden sollte, weil eine gleichförmige, zierliche Anordnung und eine die gerade Richtung beobachtende Aufführung des Ganzen, außerdem, daß sie die Abtragung vieler Hügel und Erdrücken und die Ausfüllung und Ebenmachung mancher Tiefen und Hohlwege erforderte, eine nicht geringe, vielen nachtheilige Veränderung des Besitzes von Grund und Boden bedingen würde. Größer jedoch, regelrechter und besonders massiver könnte gebauet und der Uebelstand der großen Zwischenräume zwischen den Häusern vermieden werden, allein dieser Wunsch wird wohl noch lange unerfüllt bleiben, indem die wenigsten Hauseigenthümer die Mittel dazu besitzen und selbst der Wohlhabende über Theuerung der Baumaterialien und des Arbeitslohns Klage führt. Um den Häusern ein stattlicheres und städtischeres Ansehen anzugewinnen, hat man freilich angefangen, die Vorderseite einiger Häuser mit einer Bekleidung und Verzierung von Gyps zu versehen, auch hie und da die Fronte massiv aufzuführen, aber im Ganzen findet man weder große noch moderne Gebäude und nur noch wenig völlig massive Häuser in der Stadt. Die meisten bestehen aus Fachwerk, dessen Zwischenräume häufig, besonders an beiden Nebenseiten, nur ein Mauerwerk von Lehmsteinen enthalten; die Außenwände sind dünn, die

Zimmer in der Regel niedrig, oft klein und enge. Gleichwohl ist seit den letzten Jahren der Preis der Wohnungen sehr hoch gestiegen, wie es nicht anders seyn kann, wenn bei zunehmender Einwohnerzahl es an gut gelegenen Bauplätzen mangelt und wenn Häuser, ohne Rücksicht auf ihre Qualität, und ob für die Kaufsumme vielleicht ein eben so großes Haus würde neu gebauet werden können, nur nach einem Affectionspreise verkauft werden. Sonst ist jeder neue Ansiedler, der auf einem ihm angewiesenen Platz eine neue Wohnung erbauet, so wie überhaupt der Bauherr eines Hauses auf der alten Wohnstelle, während der ersten 5 Jahre frei von allen städtischen Steuern und bürgerlichen Lasten.

Nach einer sehr genauen Zählung waren im J. 1817, ohne die Scheunen, Ställe, Schoppen und Nebengebäude, deren Anzahl 240 betrug, imgleichen mit Ausschluß des Klosters, 324 Häuser in Bergen vorhanden, nemlich 268 Kathen, 38 Buden und 18 Freihäuser.

Der Werth der sämmtlichen in die rügianische Brandkasse aufgenommenen Gebäude ist zu 118,605 Rthlr. verzeichnet.

Der öffentlichen Gebäude giebt es in der Stadt folgende:

1. Die dicht neben dem Kloster befindliche Stadt- und Pfarrkirche. Dies alte anfangs der Jungfrau Maria geweihete Gebäude, wovon späterhin (besage der Kirchenmatrikel von 1666) ein Theil der heiligen Dreifaltigkeit, der andere aber, oder das Chor, worin die Klosterjungfern ihre Betstunden hielten, dem heiligen Sixtus gewidmet worden, liegt ziemlich hoch, ist von mittler Größe und hat einen pyramidalisch spitzen mit Kupfer gedeckten Thurm,

welcher, achteckig, auf dem viereckten Thurmgemäuer ruhet und als der höchste der Kirchenthürme nicht nur im Lande selbst überall hervorragt, sondern sogar auf der Insel Mön*) wahrgenommen wird. Im J. 1614 ward er mit Kupfer gedeckt und 1669, wo er sehr baufällig geworden war, reparirt und mit neuen Kupferplatten bekleidet, bei welcher Arbeit man in dem Knopfe des Thurms ein auf Pergament geschriebenes Exemplar des Stadt-Privilegiums von Herzog Philipp Julius vom 2ten September 1614, nebst einem auf dem Umschlage befindlichen Verzeichniß der damaligen Kirchen- und Schulbediente, imgleichen der ersten Rathsmitglieder, wie auch der Stadt-Alterleute, gefunden hat, welches noch in dem Stadt-Archiv aufbewahrt wird. Sonst ist von dem Aeußern der Kirche nichts weiter zu melden, als daß sie ihre jetzige Form eines Kreutzes, welche von vier an den beiden Seiten befindlichen Flügelgebäuden entsteht, wohl erst nach dem großen Brande im J. 1445 erhalten hat, und daß das an ihrer Nordseite nach dem Kirchhofe zu vorhandene ehemalige Erbbegräbniß der ausgestorbenen Familie von Rhaden seit dem J. 1800 von der rügianischen Ritterschaft angekauft und zu einem Archiv für deren Documente und schriftliche Verhandlungen eingerichtet ist. Für eine Merkwürdigkeit gilt noch ein an der Westseite des Thurms dem Fundament der Mauer eingefügtes, altes, steinernes, oben zugespitztes, in der Hand ein Crucifix haltendes Mönchsbild, weil davon behauptet wird, daß der Zapfen auf dem Kopfe gleiche Höhe mit der Spitze des Marienkirchthurms in Stralsund habe. — Daß der Kirchhof

*) S. v. Bonstettens verm. Schriften 2ter Bd. Beschreibung der Insel Mön.

vor Alters viel eingeschränkter, als jetzt, gewesen, bei Vergrößerung der Commüne des Orts aber erweitert geworden sey, und daß beide Plätze durch die Benennungen der alte und der neue Kirchhof von den Einwohnern noch lange unterschieden worden sind, erhellet aus alten in plattdeutscher Sprache geschriebenen Kirchenpapieren.

Das Innere der Kirche hat außerordentlich gelitten, dadurch, daß im J. 1807 zuerst die schwedischen Militair-Befehlshaber das Ganze derselben zum Magazin nahmen, so, daß der Gottesdienst mehrere Sonntage auf dem Kirchhofe gehalten werden mußte, und darauf die Franzosen, einen Raum nach dem Altare hin zum Gottesdienste frei lassend, den größern Theil derselben zum Getreide- und Fourage-Magazin einrichteten und während der ganzen unglücklichen Occupationszeit dazu gebrauchten. *) Erst in dem Jahre 1816 ward die Kirche, sowohl eigene Hülfsquellen benutzend, als von mehrern Spenden und Gaben, vornemlich aber von einer mit Genehmigung der Landesregierung und der Eingepfarrten gemachten Anleihe von 1000 Rthlr. unterstützt, durch Bemühung des Probstes und den thätigen Eifer des einsichtsvollen Provisors wieder hergestellt, gereinigt, geebnet, mit neuen Bänken und Chören versehen und nebst der, vorher ganz verdorbenen, aber durch das Vermächtniß von 200 Rthlrn. eines gebornen Bergers, des verstorbenen Hofraths Wünsch in Mitau, so wie durch milde hauptsächlich bei einem Concert eingeflossene Beiträge, gründ-

*) Ein ähnliches Schicksal hatten die Kirchen zu Gartz, Sagard, Altenfähr, Gingst, Rambin und Lanken. In der Folge (1813) ward auch die Kirche zu Zirkow zum Behältniß für Lazareths-Parcelen gebraucht, doch ohne ausgeräumt zu werden.

lich reparirten Orgel am 20sten October desselben Jahres aufs neue eingeweihet. Jetzt ist das Innere der Kirche, das ehemals finster und von alten Schnörkeleien und geschmacklosen Verzierungen verunstaltet war, wenigstens einfach, hell, reinlich und freundlich, wenn es auch sonst nichts sehenswerthes enthält, als etwa eine aus dem Grabe eines angèblichen Vatermörders hervorgewachsen seyn sollende verdorrte Hand, die als solche Neugierigen gezeigt wird, wahrscheinlich aber eine Heiligen-Reliquie des Nonnenklosters aus den Zeiten des Catholicismus ist. Merkwürdiger vielleicht mögte ein vor dem Altare liegender Leichenstein seyn, dessen Inschrift beweist, daß die Prinzessin Elisabeth von Pommern, eine jüngere Schwester des Herzogs Bogislav X., welche laut Urkunden des Berger Klosters dessen Aebtissin bis zum J. 1473 war, dort begraben liegt. *) — Bei der Kirche sind zwei Pfarrherren, der Probst und der Diaconus, von welchen der erstere bei öffentlichen Zusammenkünften den Vorrang vor den übrigen Pröbsten in Pommern und Rügen hat.

Zur Verwaltung der Kirchenmittel, deren Einnahmen in den Armen- den Reichen- und Baukasten fließen, sind zwei Provisoren angestellt. Die Stadt hat keinen Antheil an dem Provisorat. Die Zinsen der Kirchen-Capitalien sind als Theile der Besoldungen für die Prediger, den Cantor, Organisten und

*) Die etwas abgekürzte mönchische Lapidarinschrift lautet vollständig also: Anno Domini MCCCCLXXIII feria quarta post Judica abiit in Monasterio principissa et ducissa Domina Elisabet, abbatissa in Berge, orate pro ea. Unrichtig ist es, daß v. Klemptzen und Kanzow in ihren Pomm. Chroniken diese Elisabeth als Aebtissin zu Verchen anführen.

andre Kirchenbediente angewiesen, das übrig bleibende wird zu Reparaturen verwandt. Zum Vermögen des Kirchenbaukastens gehört das in der Nähe von Bergen nicht weit vom Landwege nach der Jasmunder Fähre gelegene Dorf Strüssendorf, eigentlich Strußmannsdorf, welches der Kirche schon seit so langer Zeit angehört, daß es an Nachrichten fehlt, wann und wie dieselbe zu dessen Besitz gelangt ist. Die neueste und einzige landesfürstliche Urkunde darüber vom Herzog Philipp Julius von Pommern besteht blos in einem Ermahnungsschreiben, das Dorf und Ackerwerk nicht eingehen zu lassen, sondern der Kirche zu conserviren. — Dieses Dorf enthält in Ansehung des Besitzes eine besondere, sonst auf Rügen nicht zu treffende Eigenthümlichkeit. Die drei in demselben wohnenden nunmehr freien Bauern hatten schon vormals und haben noch das völlige Eigenthum von ihren Wohnungen, Scheunen und Ställen, Vieh und Fahrniß, Ackergeräth u. dergl. ihr Gebiet aber und Besitz an Aeckern, Wiesen, Gehölz und Haide, welche im Ganzen sandig und mager sind und zusammen ungefähr 6 bis 8 Hufen Landes betragen, gehört der Kirche eigenthümlich, die auch von der Ganzow, einem bei dem Dorfe befindlichen Sellholze, die Nutzung hat. Alle drei Bauern gaben sonst jährlich an die Kirche zusammen 50 Rthlr. Pacht und 48 Rauchhühner, auch waren sie zu folgenden Spanndiensten verpflichtet: bei Bauten, die zum Kirchenwesen gehören, alle Fuhren unentgeldlich zu thun, dem Probste und Diaconus in Bergen wöchentlich zweimal Wasser anzufahren, ferner für den Probst vier große und acht kleine und für den Diaconus drei große und fünf kleine, nöthigenfalls aber für erstern noch zwei große und für letztern eine große Fuhre zu leisten. Aber vor 14 Jahren kam es bei ernstlicher Erörterung der Frage, ob die Bauern ihr

Wesen als Pachtbauern, oder als Erbzinsleute besäßen, worüber die Berger Kirchenmatrikel gar nichts sagt, wegen dieser Pacht und Dienstleistungen zur Sprache. Die Bauern behaupteten, daß ihre jährliche Abgabe, wenigstens nach Verhältniß der Hufenzahl ihrer Besitzungen, nur als ein Canon anzusehen sey, der sie zu Erbzinsleuten mache, zumal da ihre Wehren u. s. w. ihr Eigenthum wären, auch seit 1667, als dem Confirmationsjahre der Kirchenmatrikel, diese Abgabe von 50 Rthlr. nie erhöhet geworden sey. Allein die Matrikel sagt nichts, weder von einer superficies nach römischem Rechte, noch von Erbzins und Canon, sondern nennt die jährliche Abgabe ein Pachtgeld, mit dem Zusatz, daß solches in frühern Zeiten schon höher gewesen und nur aus bewegenden Ursachen herabgesetzt sey. Der darüber geführte Rechtsstreit ist dahin verglichen, daß die Bauern jetzt an Pacht so viel bezahlen, als der Mittelpreis von 150 Scheffel Rocken beträgt und die altherkömmlichen Frohndienste und, statt ehemaliger Mühlenfuhren, den Predigern einige Holzfuhren fernerhin leisten.

Außer den Stadtbewohnern sind dem Kirchspiel von Bergen noch 34 Ortschaften, nemlich 24 Höfe, 9 Dörfer und 1 Kathen eingepfarrt, welche die Berger Landgemeine ausmachen.

2. Als eines zur Kirche gehörigen Gebäudes muß noch des zwischen derselben und der Schulwohnung belegenen Leichenhauses gedacht werden, welches erst im J. 1792 oder 93 erbauet geworden ist und wozu die noch brauchbaren Steine der oben gedachten alten verfallenen Sct. Jürgen Capelle benutzt sind. Das Leichengewölbe ist unten in der Tiefe und das Gebäude darüber, welches zwei Abtheilungen enthält, dient zum Materialhaus der Kirche. Diese Todtenbehausung scheint in der Gemeine keinen Beifall zu finden, we-

nigstens sind seit länger als 25 Jahren nur drei bis vier und zwanzig Särge darin beigesetzt worden.

3. Das Fräuleinkloster. Dieses Stiftsgebäude, bestehend in einem Mittelgebäude und einem Flügel an der Südseite, welche beide, ohne verbunden zu seyn, in der Figur eines rechten Winkels gegen einander, die Fronten gegen Westen und Norden gerichtet, auf einem ebenen freien Platze (dem Klosterhof) stehen, von gleicher Länge sind und ein Erdgeschoß mit einem Stockwerk enthalten, ist im vorigen Jahrhunderte neu aufgeführt worden. Der Klosterbau ward, nachdem schon seit dem Jahre 1728 mancherlei Verhandlungen darüber gepflogen worden, im Jahre 1732 begonnen und, laut den darüber vorhandenen Kloster-Acten, das Hauptgebäude 1733, der Flügel aber erst 1736 vollendet. Der Bau eines an der Südseite der Kirche, da, wo noch ein Paar alte zu Wohnungen für einige Stiftsdamen eingerichtete kleine Gebäude stehen, zu errichtenden zweiten Flügels unterblieb wegen zu hoher Kosten. In jedem Gebäude sind 4 Abtheilungen und in beiden also 8 Wohnungen enthalten; jedes Fräulein hat zu ihrer Wohnung 4 Zimmer und im Erdgeschoß eine Küche, nebst Vorrathskammern, wie auch einen Keller und guten Bodenraum; eine angenehme Zugabe ist die gute Aussicht, die man aus den Fenstern einiger Zimmer im Obergeschoß des Flügels hat. Der über der Wohnung der Priorin befindliche Conferenzsaal dient nicht nur bei feierlichen Einführungen neuer Conventualinnen und andern Gelegenheiten zu öffentlichen Versammlungen, sondern auch zu Andachtsübungen, indem wöchentlich, und zwar alle Donnerstage, Vormittags von 10—11 Uhr, eine Betstunde darin gehalten werden soll. Nach den ältern Statuten, vor etwa 70 Jahren, mußten täglich zwei Betstunden gehalten werden und dabei

wenigstens sechs Conventualinnen zugegen seyn, auch sollte dazu, nach altem Gebrauch, mit der Betglocke des Klosters geläutet und da die alte vergangen, eine neue Klosterglocke angeschafft werden. — Außer diesen Hauptgebäuden steht noch auf dem Klosterhofe, abgesondert und dem Flügelgebäude gegenüber ein einzelnes Haus, das zur Wohnung für eine Dame eingerichtet ist und woran, gegen die Südseite der Kirche, ein mit Bäumen besetztes und von einem Stakettenwerk umgebenes Plätzchen gränzt, welches zum Kirchhof der Stiftsfräulein bestimmt ist. An der andern Seite dieser Wohnung, doch weiter hinterwärts und mit einem Ende beinahe die Kirche berührend, liegt ein altes Querhaus von sehr dickem Mauerwerk, das einige finstere, zellenartige, unbewohnte Zimmer enthält; dies, so wie die gegenüberstehende in Bogen ausgeschweifte Klostermauer, ist noch ein Ueberbleibsel aus der Vorzeit und früherhin muß dieses Gebäude genau mit der Kirche verbunden gewesen seyn, wie man an einem schrägen Einschnitt in dem Gemäuer derselben bemerkt. Zwischen diesen beiden Nebengebäuden führt ein Gang zu einer besondern Kirchenthür für die Klosterdamen, wodurch sie bequem und unbemerkt auf das dem Kloster in der Kirche eigenthümlich gehörige Chor gelangen können. Ein anderes kleines Häuschen am Haupteingange rechter Hand dient dem Klosterpförtner zur Wohnung. Das Ganze aller Gebäude ist südwärts von der Kirche, sonst aber von einer Mauer umgeben und hat ein Thor und eine Pforte. So viel von diesem Gebäude, welches schon im Jahre 1807 von den Schweden theilweise, hernach aber von den Franzosen ganz und gar zu einem Militair-Hospital eingerichtet wurde und darauf wesentlich reparirt werden mußte.

Es wird hier der schicklichste Ort seyn, auch von

der jetzigen und ehemaligen Verfassung und Einrichtung dieses Stiftes etwas näheres mitzutheilen.

Die Domina, Priorin, oder Priörin, welche die wirklich eingeführten Stiftsfräulein unter sich und zwar durch Stimmenmehrheit erwählen, wobei jede abwesende Conventualin das Recht hat, ihre Stimme in einem versiegelten Zettel zu ertheilen, genießt gewisser Vorrechte, und soll alle Documente und Acten des Klosters in Beschluß haben. Während ihrer Abwesenheit, oder Krankheit übernimmt die älteste Conventualin, als Amtsfräulein, ihre Geschäfte. Die ihr zunächst folgende (nach der Zeit der Einführung) älteste Conventualin führte ehemals den Titel einer Canonissin, oder eines Prälatenfräuleins; der Name ist aber ganz außer Gebrauch gekommen.

Alle Töchter des auf dem Lande mit Gütern angesessenen Adels haben Recht und Freiheit in dies Stift einzutreten, doch genießen alt-adliche rügianische Geschlechter des Vorrechtes, daß ihre Töchter nur das einfache Einkaufsgeld entrichten dürfen, dahingegen die Edelleute, welche erst seit dem J. 1720 Lehngüter, oder Lehns-Anwartschaften auf rügianische Besitzungen erlangt haben, für die erste einzuschreibende Tochter die dreifache Receptions-Summe (225 Rthlr.), für die folgenden Töchter jedoch nur das gewöhnliche Einfache zu bezahlen haben; für mehr, als zwei Töchter muß der Vater derselben bei der Landesregierung um Expectanz ansuchen. *) Das gewöhnliche einfache Concessions- oder Einschreibegeld, ehemals zu 50 Rthlr. festgesetzt, beträgt für jedes einzuschreibende Fräulein jetzt 75 Rthlr. Pomm. Cour.

---

*) Nach der neuesten Verordnung muß für jede Tochter um Expectanz nachgesucht werden.

Diese Summe wird dem Ansuchenden sogleich wieder vom Kloster angeliehen, und da er die Anleihe annehmen und das Capital 15 Jahre lang mit 5 p. C. jährlich verzinsen muß, so kann man das Einkaufsgeld mit Inbegrif dieser Zinsen zu 150 Rthlr. rechnen. Eine Tochter, oder nahe Verwandtin ganz unentgeldlich einschreiben zu lassen, ist eine Begünstigung, die denjenigen Curatoren zu Theil wird, welche die Kloster-Curatel mehrere Jahre geführt haben.

Die volle Präbende eines Jahres, welche jeder Conventualin zukommt, ist von 50 Rthlr. jetzt zu 75 Rthlr. erhöhet, wovon am Schlusse jedes Vierteljahres ein Viertheil (18 Rthlr. 36 ßl.) ausbezahlt werden soll, ferner in 4 Fudern Strauchholz aus der schon oben angeführten, mit dem Putbusser großen Holz zusammengränzenden, dem Kloster eigenthümlich zustehenden und daher schon vor Alters das Klosterholz benannten Waldung, aus welcher auch der Landvogt und Kloster-Curator 50 Fuder Strauchholz und die beiden Prediger und Schullehrer gewisse Fuder Strauchholz und Wasen, d. h. kurze Reisigbündel, bekommen; ingleichen in 6 Tonnen Holzkohlen aus der Stubnitz, die ihnen von Jasmund her unentgeldlich angefahren werden, so wie in einigen Zehntgänsen aus dem Berger Kirchspiel. Die Priorin erhält überdem eine jährliche Zulage von 25 Rthlr., nebst 1 Rthlr. 8 ßl. von der hernach anzuführenden Zirzvitzer Hebung, von welcher auch jedes der drei ältesten im Kloster wohnenden Fräulein 24 ßl. bekömmt. — Außer diesen Emolumenten werden jeder Conventualin jährlich 2, der Priorin aber 3 Fuhren innerhalb des Inselbezirks bestanden, welche die Domanialdörfer unentgeldlich leisten müssen. Die sämmtlichen Klosterhebungen waren, den Antheil der Priorin abgerechnet, im J. 1794 in 12 volle und zwei halbe Präbenden vertheilt, welche 1795 noch durch zwei halbe Präbenden, jede von 25 Rthlr. vermehrt wurden. Im J. 1800 ward eine außerordentliche Gratification von 130 Rthlr. an jede der 13 Conventualinnen gleichmäßig vertheilt. Die vier, nach dem Jahre ihrer Einschreibung, ältesten Anwärterinnen erhalten, jede für sich, jährlich die halbe Hebung von 25 Rthlr., welche am Schlusse des zweiten Quartals ausbezahlt wird; den beiden ältesten von ihnen dienen zu dieser halben Präbende 50 Rthlr. Zinsen, von der zu diesem Behuf in dem Pommerschen Gute Nehringen zinsbar bestättigten Gräfl. Meyerfeldschen Schenkung von 1000 Rthlr. Gelangt eine Exspectantin frühe zur vollen Hebung, so soll sie doch nur erst nach zurückgelegtem 15ten Jahre ins Kloster eingeführt, und bis dahin das, was für sie an Emolumenten einfließt, zur Klosterkasse gezogen werden.

Die baaren Geldhebungen der Stiftsdamen werden aus folgenden Kloster-Einkünften bestritten:

	Rthlr.	ßl.
1. Aus der uralten, dem Kloster gebliebenen und zum immerwährenden Behuf desselben festgesetzten Hebung von 667 Rthlr. 23½ ßl. wovon 550 Rthlr. 38½ ßl. von 28 Höfen, Gütern und Dörfern unter dem Namen alter Klosterpächte an die Kloster-Collectur einfließen und 116 Rthlr. 33 ßl. unter dem Titel geistlicher Prästationen von dem Kreisamte in Bergen eingehoben werden. Hievon haben die Priorin und Conventualinnen jährlich zu genießen	261.	12.
2. Aus den, von einem in Saalkow		

	Rthlr.	gl.
zu 5 p. C. zinsbar stehenden Capital von 500 Rthlr., zu hebenden Jahreszinsen von . . .	25.	36.
3. Aus den, von der v. Wolfradt Udarßer Präbende von 1000 Rthlr. einfließenden Jahreszinsen von .	50.	—
4. Aus dem Antheil, welchen das Kloster, zufolge eines mit der Pommerschen Ritterschaft im J. 1723 getroffenen Vergleichs, von den, zur Erhaltung der Pommerschen und Rügenschen adlichen Klöster und deren Bewohnerinnen, von der Krone Schweden ausgesetzten und aus dem Domanium jährlich zu hebenden 1000 Rthlr., jährlich erhält, und welcher beträgt . .	330.	—
5. Aus einer von dem Könige Gustav IV. Adolph von Schweden seit dem J. 1800 dem Kloster aus den Pommersch-Rügenschen Domanial-Einkünften bewilligten jährlichen Hebung von . . .	200.	—
6. Aus den Jahreszinsen von der vorher erwähnten Gräfl. Meyerfeldschen Schenkung, betragend .	50.	—
7. Aus den Zinsen eines den sämmtlichen Conventualinnen zustehenden, jetzt zur Klosterkasse gezogenen Capitals, betragend . . .	3.	24.
8. Aus einer Anweisung, bis weiter, auf die zufälligen Kloster-Intraden, angeschlagen zu . . .	104.	24.
9. Aus einer kleinen Hebung aus		

	Rthlr.	ßl.
dem Domanialdorf Zirzvitz, jährlich betragend	2.	32.
10. Aus einer jährlichen Hebung von dem Sct. Jürgenhof, einem vor Bergen belegenen Ackerwerke, betragend	2.	—
In Summa	1029.	32.

Im J. 1794 betrugen die Capitalien des Klosters 4200 Rthlr. Die Ueberschüsse der Klosterkasse sind nach einer Verfügung der Landesregierung vom J. 1800 zu Capital geschlagen und die Zinsen davon zur Verbesserung der Geldhebungen, bis zu 75 Rthlr., als welche, wie zuvor angegeben, die Conventualinnen gegenwärtig auch genießen, angewandt worden. Das Kloster beerbt kein gestorbenes Stiftsfräulein, vielmehr erhalten die Erben derselben noch sogar die Klostererhebungen der ersten 3 Monate, oder des Quartals, in welchem die Conventualin verstorben ist, aber mit Ausschluß des Brennholzes, welches den übrigen im Kloster befindlichen Fräulein zufällt. Nach dieser Zeit hat das Kloster die Nutznießung der vollen Hebung eines Jahres, Naturalhebungen werden jedoch unter die im Kloster anwesenden Conventualinnen gleichmäßig vertheilt.

Des Klosters Patron ist der Landesherr, für welchen die Landes=Regierung das Patronat verwaltet. Die Inspection und Obsorge für dasselbe ist zwei Curatoren übertragen, nemlich Namens des Landesherrn dem sonstigen Landvogt, jetzigen Kreisrichter und von Seiten des Adels einem landbegüterten angesessenen Edelmann; bei Abgang des letztern schlägt der Landvogt einen andern zum Curator vor. Nach einer Verordnung vom 8ten April 1811 soll bei dem Jung=

frauenkloster alle 5 Jahre, (sonst alle 4 Jahre) eine Nachsicht der Verwaltung angestellt und das Visitationsgeschäft von einer aus 3 Personen, nemlich einem Regierungsrath, einem von der Rügianischen und einem von der Pommerschen Ritterschaft, bestehenden Commission vorgenommen werden; daher sollen die Curatoren zu solcher Zeit die Klosterrechnungen an die Landesregierung einsenden und Bericht über den Zustand des Klosters abstatten.

Von den beiden Curatoren werden folgende Officianten beim Kloster angestellt: 1. ein Kloster-Secretär und Collector, der die Hebungen und Pächte einnimmt, die Rechnung führt, Protocoll hält und die gerichtlichen und außergerichtlichen Aufsätze in Kloster-Angelegenheiten verfertigt. 2. Ein Klosterbauherr, zu den Bauten und Reparaturen. 3. Ein Schaffner, der zugleich Holzwärter seyn und wozu ein Landreuter genommen werden soll. 4. Ein Pförtner zur Oefnung und Schließung des Klosterthors und der Pforte. Er ist der zweite Holzwärter und in nothwendigen Angelegenheiten auch Klosterbote, außerdem darf der Secretär ihn zur Abreichung der Hebungen gebrauchen. Der Pförtner hat in einem auf dem Klosterhofe befindlichen Häuschen freie Wohnung, 12 Rthlr. Lohn und 3 Rthlr. 12 ßl. für die Vertheilung der Geldhebungen an die Fräuleins; daneben bekömmt er die Hälfte des Holz-Anweisegeldes, 4 Fuder Strauchholz und die sogenannten Streu- oder Sammelkohlen bei Abladung der Deputatkohlen, die die Klosterfräuleins, wie schon gesagt, aus der Stubnitz erhalten.

Die Gesetze und Statuten des Stiftes in Rücksicht auf seine Bewohnerinnen sind sehr milde und legen keinen klösterlichen Zwang auf. Die Damen genießen aller weltlichen Freiheit, können ungehindert ausgehen und verreisen, Besuche geben und annehmen, jedoch haben sie sich, was die Kleidermoden betrifft, in ihren Anzügen aller lebhaften und grellen Farben zu enthalten und überhaupt soll die Kleidung aller anständig und bei feierlichen Gelegenheiten schwarz seyn. — Nach der öffentlichen Einführung kann jede im Kloster, oder außerhalb desselben wohnen, allein im letztern Falle nur mit Verlust ihrer Naturalhebungen. Einer das Kloster bewohnenden Conventualin kann die Priorin Urlaub ertheilen, sich 14 Tage außer dem Kloster aufzuhalten, die Erlaubniß aber zu einer längern Abwesenheit soll nur von den Curatoren und zwar höchstens auf 6 Monate gegeben werden. Ungehorsam, kleine Excesse und Vergehungen ziehen die Strafe des Verlustes einer 3 bis 6 monatlichen Hebung, größere Verbrechen aber die Ausschließung aus dem Kloster und gesetzliche Bestrafung nach sich.

Die Verheirathung eines eingeführten Stiftsfräuleins hat die Folge, daß es gleich nach bekannt gewordener Verlobung auf alle Einkünfte verzichtet und das Kloster räumt, dem ihre Hebung eines Jahres alsdann zufällt. Wird eine schon der vollen Hebung gewärtige Exspectantin zu Ende des Jahres verheirathet, so tritt sogleich die nächste nach ihr in deren Stelle ein.

Das Thor und die Pforte des Klosters werden im Sommer um 11 Uhr und zur Winterszeit um 10 Uhr Abends geschlossen und der Pförtner soll der Priorin beständig den Schlüssel zur Verwahrung bringen. Dies Verschließen kann aber nicht immer strenge befolgt werden, weil der freundschaftliche und gesellschaftliche Verkehr mit den Stadteinwohnern oft eine Ausnahme von der Regel macht.

Zuletzt muß noch des Ordenskreutzes erwähnt werden, das von der Königin von Schweden, Sophie

Magdalene, der Gemahlin Gustavs III. den Stiftsdamen im J. 1775 verliehen ist. Es hat die längliche Form eines Christus-Kreutzes, ist weiß emaillirt, von schmalen goldenen Rändern eingefaßt und mit einem runden, convexen Mittelschilde versehen, dessen Vorderseite auf dunkelblau emaillirtem Grunde die von einer Krone gedeckten verschlungenen Anfangsbuchstaben des Namens der Königin, (S. M.) die Rückseite aber das Bildniß der Jungfrau Maria mit dem Christuskinde, von einer Flammenglorie umgeben enthält, denn dies war das alte Wappen und Siegel des Klosters; zwischen den 4 Ecken des Kreutzes schießen aus dem Schilde goldene Stralen hervor. Dieses Ordenszeichen trägt jedes eingeführte Stiftsfräulein, doch nur bei öffentlichen Gelegenheiten, am Ende eines ziemlich breiten himmelblauen, mit zwei schmalen weißen Streifen eingefaßten, stark gewässerten, seidenen Bandes, das über die rechte Schulter nach der linken Seite herabhängt, die Priorin aber um den Hals auf der Brust an einem Bande von gleicher Art. Die Königin Friderike, Dorothea, Wilhelmine von Schweden, Gemahlin Gustavs IV. Adolphs, hat dem Stifte noch ein kleineres Ordenskreutz verliehen, welches, nach dem Reglement von 1806 §. 8., bei feierlichen Gelegenheiten die Domina und die beiden ältesten Expspectantinnen, an der linken Brust geheftet, tragen.

So viel von der jetzigen Beschaffenheit und Einrichtung des Stiftes, nach der Verordnung wegen des adelichen Jungfrauenklosters zu Bergen auf Rügen vom Jahre 1733 *) und besonders nach dem neuesten

*) S. Dähnerts L. Urk. II. Bd. 14te Abtheil. Nr. I. S. 1019 u. f.

noch ungedruckten Kloster-Reglement vom 31sten Januar 1806.

Da dieses Kloster als eines der ältesten im Lande Pommern und Rügen bekannt und auch schon dadurch merkwürdig ist, daß es in dem Kampf der Reformationszeit fest stand und nun seit sieben Jahrhunderten (724 Jahren) besteht, so wird es zweckdienlich seyn, eine kurze Geschichte seiner Stiftung, alten Verfassung und fernern Schicksale, so weit die Nachrichten darüber zureichen, hier anzufügen, zumal, da in den wenigsten, die Landesgeschichte betreffenden Schriften bisher etwas zusammenhängendes oder ausführliches davon gesagt ist.

Die meisten der folgenden Nachrichten sind unmittelbar aus dem Kloster-Archiv geschöpft, zu welchem der Herr Landvogt und Kloster-Secretär dem Verf. freien Zutritt zu gestatten die Gefälligkeit gehabt haben.

Eingeschaltete Geschichte des alten Cisterzienser-Nonnenklosters in Bergen.

Daß dieses Kloster im Jahre 1193 nach Chr. Geb. und also 25 Jahre nach Bekehrung der Rügianer, imgleichen zur Zeit der Regierung des Deutschen Kaisers, Heinrichs VI., von dem damaligen Rügenfürsten Jaromar, oder Germar I. gestiftet und für Nonnen des Cisterzienser-Ordens bestimmt worden sey, darin stimmen alle einheimischen Chronikanten und Geschichtschreiber überein. Nur Schwallenberg bestimmt das Jahr 1191 zum Gründungsjahr und macht das Stift zu einem Benedictinerkloster, allein seine Angaben sind beide durch nichts begründet, vielmehr ist in dem Fürstlichen Stiftungsbriefe, wovon das Kloster noch eine alte gute Abschrift besitzt, (das Original ist im Laufe der Zeiten untergegangen,) das Jahr 1193 als Stiftungsjahr deutlich angegeben und in mehrern der ältesten Kloster-Urkunden *) heißt es Conventus

*) Das Kloster hat zwar die Originale seiner alten Pergamentbriefe und Documente nicht mehr, allein es besitzt eine alte, den Originalien gleich zu achtende, aus 82 Pergamentblättern bestehende Chartularia, welche 138 in alter Mönchsschrift abgeschriebene Urkunden enthält. Lange war diese sogenannte Klosterrolle in fremden Händen, bis endlich das Kloster sie im J. 1736 von

sanctimonialium ordinis Cistertiensis, obwohl es öfters auch nur Claustrum Sanctimonialium in monte oder in Berghe genannt wird. Eingeweihet worden seyn soll dieses Kloster von dem Bischof Siegfried von Camin, welcher von 1185 bis 1202 regierte. *)

Daß es von dem Fürsten Jaromar gleich anfangs reichlich dotirt geworden, erhellt aus dem Stiftungsbriefe selbst, welcher sagt, daß es nicht nur mit Gütern und Einkünften auf Rügen selbst, sondern auch mit Getreidehebungen, nemlich einem vollen Pflugschatz, aus den Districten Ostrusna, Buccua, Muschitza, Gotzkowa, Sithne, Tribuses, Barth und Wasitha bewidmet worden sey; wann und wie diese Einkünfte aus Pommern und dem landfesten Theil des damaligen Rügens vom Kloster abgekommen, davon ist jegliche Spur verschwunden. — Die folgenden Rügenfürsten spendeten dem Kloster noch mehrere Güter und Einkünfte und bestättigten ihm die Schenkungen und verliehenen Gerechtsamen ihrer Vorfahren. Dies thaten Witzlav I., im J. 1232, Witzlav III., im J. 1285, Witzlav IV. in mehrern Briefen von 1313 und Her-

---

einem Dr. Helwig in Greifswald, der dieselbe in einer Auction gekauft hatte, für 10 Rthlr. einlöste, nachdem ihrentwegen von 1733 bis 36 lange Verhandlungen zwischen ihm und dem damaligen Bürgermeister von Bergen und Kloster-Secretär Jendrich statt gefunden hatten. Von dieser Sammlung ist im J. 1748 eine genaue gleichlautende Abschrift unter dem Titel eines Klosterbuchs gemacht und dasselbe dem Verf., der solches mit dem Original verglichen, zur Benutzung mitgetheilt worden. Auf diese Urkunden, so wie auf die in dem Archive noch vorhandenen alten Klosterregister, wird derselbe sich daher öfter beziehen.

*) Mart. Rangonis origines Pomeranicae etc. und zwar in animadversion. ad I Diplom. vet. Pomeran. pag. 104.

zog Wartislav IV. von Pommern im J. 1325. (S. Berger Klosterbuch Nr. 4, 9, 23, 24, 25, 34.)

Schon damals war der Wohlstand des Klosters so, daß es einen Prövener (praebendarius) zu Bergen unterhalten konnte. Dies war im J. 1349 ein gewisser Ludolf von Cartlevitz, der, nebst seinem Bruder, seine Güter dem Kloster vermacht hatte; (Klosterbuch Nr. 54, 55.) auch war dasselbe, nach der Roskilder Matrikel von 1294 Patronin von 3 Vicarien in der Berger oder Rügarder Parochie.

In der Folge bekam es durch Ankauf, fromme Schenkungen und Vermächtnisse, so wie durch Pfandbesitz, dessen Wiedereinlösung unterblieb, einen ansehnlichen Zuwachs an Gütern und Hebungen; die meisten dieser Spenden und Erwerbungen fallen (laut Klosterbuch) in die Zeit von 1250 bis 1450. — Im J. 1445 hatte es das Schicksal, bei einem Brande fast ganz eingeäschert zu werden, allein durch seine Wohlhabenheit ward es bald wieder hergestellt und der Herzog Bogislav X. von Pommern bestättigte ihm im J. 1494 alle Besitzungen und Gerechtsamen, jedoch mit der Bestimmung, daß es fernerhin keinen Edelleuten, auf seinem Grund und Boden zu wohnen, gestatten, und die vorhandenen absondern sollte. (Klosterb. Nr. 127.)

Die letzte Bestättigungs-Urkunde vom J. 1525 ist von den Herzogen Barnim und Georg von Pommern; (Klosterb. Nr. 128.) aus derselben ersieht man, was das Kloster, etwa 10 Jahre vor Einführung der evangelisch lutherischen Lehre, an Gütern und Einkünften besaß.

Dies waren folgende: Bergen mit den Pertinenzen, Antheil von Blischow, Burkvitz, Burtevitz, Buschvitz, Charow, Carow, Czertzitz, Czirtzvitz, Cluptow, in Coldevitz 24 Mck. Weidegeld, Chotze, oder Chutz,

Antheil von Dalkvitz, Dönkvitz, Dollann, Dranske, Drewoldeke, Antheil in Dubnitz auf Jasmund, Drewessevitz, Gademow, Krughebungen in Gingst, Goore auf Wittow, Güttin, Hagen, Hagen und Jarnitz, Jütersow, Kaiseritz, Kontz, oder Konitz, Labenitz, Möllne und Medow, Möllen, Moisall, Murkevitz, Neclade, der halbe Krug zu Nienkerken, Nistlitz, Nobbin, Nonnevitz, Parchtitz, Antheil in Pyaszeke, Presnitz, Pritzevitz, Reitze, oder Reetz, Antheile an den Krügen und einigen Kathen in Sagard und 14 Mck. von der dortigen Kirche, Seraw, Sehlen, Sussin, oder Zessin, Subbezow, Teschevitz, Tilzau, Antheil von Tangenitz, Tegelhoff, Varschenvitz, Vechtevitz, Viereye, Antheil in Wiek auf Wittow, Wobboise, Zechendargatzke, groß und klein Zitzevitz.

In frühern Urkunden kommen manche andre Besitzungen vor, von denen man, bis auf die Namen, jetzt nichts mehr weiß, z. B. die Höfe und Dörfer Bakevitz, Blysow, Czartitz, Desitli und Desitz, Glukzitz, Gutitz auf Jasmund, Knistlevitz, Moislekow, Myltzitz, Neradine, Tegotzli, Tollentrede, Ubilitz, Vernin, Zelazevitz u. a. m. Andre erhielten vermuthlich ihre Namen dadurch, daß sie dem Kloster vereigenthümet wurden, z. B. Nonnendorf (eingegangen), Nonnevitz auf Wittow, der Nonnsee bei Bergen. Einige alte Besitzungen kamen späterhin ab vom Kloster durch Verkauf, Tausch, Wiedereinlösung durch die Eigenthümer, oder deren Erben. — Einige Klostergüter wurden Kleidergüter und die Einkünfte aus denselben Kleiderpacht, oder Kleidergelder genannt, weil sie zur Bekleidung der Schwestern bestimmt waren.

Außer diesen Gütern besaß das Kloster den Gänse- und Lämmerzehnten, bekam gewisse Rauchhühner, imgleichen bei Todesfällen ein Erbpferd von Kloster-

Insassen, etwas Einkommelgeld bei Verlassungen (Veräußerungen), hatte die Braugerechtigkeit, den Mühlenzwang in den ihm angehörigen Windmühlen und das Patronat über die Handwerkszünfte in Bergen, die auch Amtsrollen und sonstige Berechtigungen von ihm erhielten; so hält z. B. das Schustergewerk in gedachter Stadt noch ein Privilegium der Priorissa Gertrud vom J. 1355 in seiner Amtslade aufbewahrt. Außerdem hatten die Klosterjungfern auf den Herbstmärkten in Bergen das Vorkaufsrecht, kraft dessen sie die schon von einem andern behandelte Waare für denselben Preis erhielten. (S. den Wend. Rüg. Landgebr. Tit. 163.)

Ueber die vorbenannten Güter hatte das Kloster die hohe und niedere Gerichtsbarkeit. Die erstere war ihm schon im J. 1296 von den rügianischen Prinzen Witzlav und Sambor über alle seine damaligen Besitzungen verliehen. (Klosterb. Nr. 16.) Im Jahre 1338 bestättigte der Herzog Bogislav V. von Pommern des Klosters Gerichtsbarkeit über mehrere Güter und die dort wohnenden Edelleute; (Klosterb. Nr. 47.) über andre Güter verlieh der Herzog Barnim IV. von Pommern im J. 1357 demselben die hohe und niedere Gerichtsbarkeit. (Klosterb. Nr. 75.) Dazu kamen noch die letzten Bestättigungen seiner Gerechtsamen von den Herzogen Bogislav X. im J. 1472 und Georg und Barnim von 1525.

Es war nothwendig, daß das Kloster vermöge dieser Besitzungen und Gerechtigkeiten mehrerer Personen bedurfte, die theils die Jurisdiction, theils die Klostermittel und Einkünfte verwalteten und öconomische Angelegenheiten besorgten, mit denen die Nonnen sich nicht befassen konnten, oder durften.

Die beiden vornehmsten männlichen Beamte waren:

1. Der Klostervogt, welcher die Jurisdiction administrirte. Zum Klostervogt erkohr die Priorin und der Kloster-Probst, mit Beirath der Nonnen, Jemand vom Adel, der ein rechtserfahrner Mann und geschickt war, den Klosterleuten Beistand zu leisten. (S. d. Wend. Rüg. Landgebr. Tit. 258.) Daß ältestens die Wahl desselben gänzlich vom Kloster abgehangen habe, läßt sich auch daraus vermuthen, daß die von Westingbrügge der Vogteigerechtigkeit über das Kloster im J. 1319 entsagen mußten, weil dasselbe sie ihnen nicht zugestehen wollte; *) diese Ablehnung war wohl die Folge davon, daß Johann und Jacob von Westingbrügge dem Kloster gewisse Einkünfte aus Nonnendorf vorenthalten hatten, worüber man sich jedoch in demselben Jahre (1319) verglich. Der Klostervogt saß (in einer besonders dazu bestimmten Gerichtsstube des Klosters) mit der Priorin und dem Kloster-Pröbste zu Gericht, nicht selten in Angelegenheiten des Klosterfleckens Bergen, über welchen das Stift, laut der schon vorher angeführten, dem alten Kloster-Documentenbuch angehefteten, Fürstlichen Confirmation von 1525, die geistliche und weltliche Gerichtsbarkeit hatte; auch wurden auf Wittow und Jasmund zuweilen Klostergerichte gehalten und in der Trenter und Neuenkircher Parochie waren die Klosterleute einem von Adel empfohlen, der ihre Rechtssachen schlichtete. Der Klostervogt hatte nicht mehr Gerichtsgewalt als die Priorin und der Probst ihm zugestanden. Für die Verwaltung der Justitz erhielt er als Deputat 20 Mck. und eine Last Hafer vom Kloster, imgleichen von allem Bruch (Strafgefällen) das dritte

*) Schwarz Einleit. in die Pomm. Rüg. Justitzhist. S. 36. Anmerk. t.

Pfund; die andern Untervögte auf Wittow u. s. w. bekamen das dritte Pfund von den Strafgefällen ebenfalls und hatten jährlich einen Tag, wo ihnen die Klosterleute Dienste thun mußten. *) Vom J. 1517 bis 1520 kommt Berend Buggenhagen als Klostervogt vor. Späterhin ward dem Landvogt die Ausübung der Kloster-Gerichtsbarkeit übertragen, wofür er 20 Mck. und 3 Last Hafer aus dem Fürstl. Amte erhielt; von Strafgeldern fiel eine Hälfte dem Kloster, die andere dem Landesherrn zu. — Das Kloster selbst stand übrigens in rebus ecclesiasticis et saecularibus gänzlich unter dem Sprengel des Bischofs von Roskild und selten fehlt daher in alten Klosterbriefen der Beisatz: dioecesis Roskildensis.

2. Der Kloster-Probst, oder Jungfern-Probst, Pravest, Vormund, Praepositus, späterhin auch Provisor genannt. **) Dieser hatte die Renten und Pächte des Klosters zu besorgen und eigentlich die ganze Verwaltung der Klostermittel und aller Güter unter Händen. Mit seinem Consens wurden Güter gekauft und verkauft und an ihn die Klostereinkünfte entrichtet, das Holzgeld ausgenommen, welches einzuheben und ihn davon zu bezahlen, der Priorin vorbehalten war. In der Folge hob er auch das Holzgeld, und gleichwohl blieb ihm das Kloster von Jahr zu Jahr 4 bis 500 Mck. schuldig. Ohne Vorwissen und Er-

*) Wend. Rüg. Landgebr. Tit. 258.

**) Daß praepositus und provisor nur zwei verschiedene Benennungen eines und desselben Amtes waren, nimmt man wahr in einem Klosterregister, welches den Titel hat: Registrum praepositor. Sanctimonial. terr. Rugiae Provisoris. D. Henric. Molerus provisor atque praepositus, de anno salutis MDXXI incipiendo, usque ad annum XXij.

laubniß der Priorin und der Nonnen durfte der Probst kein Holz verkaufen und, so wenig, wie der Klostervogt, Unterthanen des Klosters ihrer Höfe, Kathen und Aecker eigenmächtig entsetzen, sondern mußte in solchen Fällen alte verständige Edelleute als Rathgeber und Commissarien annehmen; auch war er verbunden, jährlich einmal Wittow und andre Ortschaften des Klosters zu bereisen, um Erbschichtungen vorzunehmen und andre öconomische Angelegenheiten abzumachen. Von seiner Verwaltung mußte er in jedem Jahre dem Convente in Beiseyn vieler von Adel Rechnung ablegen. (S. Wend. Rüg. Landgebr. Tit. 258 u. 259.)

In Documenten sind uns die Namen einiger Kloster-Pröbste und Provisoren aufbewahrt erhalten. So wird in einer Urkunde des Fürsten Witzlav I. unter den Zeugen ein Martinus als praepositus dominarum in monte aufgeführt; im J. 1292 kömmt abermals ein Martinus als Präpositus vor; um 1329 Gherhard; um 1343 Berthold; 1350 Siegfried; von 1355 bis 1364 Claus oder Nicolaus Vent als Provisor; — nach einer Lücke von beinahe 100 Jahren kommt im J. 1453 als Provisor wieder vor Jürgen Jorke; 1488 Henning von der Lanken; 1508 Heinrich Tzum und nach ihm in eben diesem Jahre Heinrich von der Lanken, der auch Pächter genannt wird; von 1521 bis 1528 Jürgen Heinrich Möller, als der letzte, der von den Herzogen von Pommern zum Kloster-Probste ernannt worden, doch kommt noch im Jahre 1567 Johann Gotschalk als Provisor des Klosters vor. Seit dem Jahre 1570, als der Errichtungszeit des Fürstlichen Amtes in Bergen, verwaltete der Fürstliche Rentmeister, wie schon oben beim Domanium angeführt worden, zugleich das Amt des Kloster-Probstes, auch ward er noch 1573 mit dem letztern Namen benannt und der Herzog Ernst Ludwig von Pommern nennt ihn in einer (im Klosterarchive in origine befindlichen) Schuldverschreibung vom J. 1588 den Probst und Rentmeister. Hernach aber erlosch dies Prädicat. Für die Klosterverwaltung bekam er damals aus Klostermitteln 30 Mck. und 3 Mck. Stiefelgeld für einen Jungen, im J. 1624 aber 150 Mck. und 15 Mck. für einen Jungen.

Anderer Unterbedienten, deren das Kloster manche hatte, z. B. der Holzwärter, Klosterreuter, Boten u. s. w. findet man auch Erwähnung; so kommen in einem Register von 1490, dessen Original unter den Manuscripten auf der Bibliothek zu Greifswald befindlich ist,*) ein Vogt, ein Reitknecht, ein Wagenknecht, Becker, Hirte; eine Conventsmagd, als Unterbediente des Klosters vor.

Was die eigentliche Oeconomie des Klosters und den Unterhalt des geistlichen Personals desselben nebst der Beamten und einiger Kirchenbedienten, die auf dem Klosterhofe gespeist wurden, betrifft, so war zur Zeit der Reformation, (denn von der frühern Einrichtung weiß man nichts,) in dem in der Nähe der Klostergebäude befindlichen Probsteihofe eine Wirthschaft zum backen und brauen, zum waschen und zur Schlächterei eingerichtet, welche das Administrationswerk hieß und unter des Probstes Aufsicht stand, der zugleich in dem Probsteihofe wohnte. Das Kloster hielt dazu eigene Knechte und einige Jungen zum Wasserfahren, nebst anderm Gesinde, so es besoldete. Seit 1648, als der Krone Schweden durch den Westphälischen Frieden das Land zugefallen war,

---

*) S. Dähnerts Pomm. Biblioth. 1ter Bd. S. 185. Nr. 6.

scheint diese Wirthschaftsführung gänzlich abgeschaft worden zu seyn.

Daß das Kloster von seinem Stifter zuerst mit Nonnen von der Marienkirche zu Roskild besetzt geworden, sagt der Fürstliche Stiftungsbrief ganz deutlich, daher zu vermuthen ist, daß die Stiftung zu Ehren der Jungfrau Maria geschehen sey und der Bestättigungsbrief des Fürsten Witzlav I., vom J. 1252, (Klosterb. Nr. 4.) nennt gerade zu Maria die Patronin des Klosters; auch heißt es in den Statuten des Abtes Robert, des Stifters des Cisterzienser Ordens, ausdrücklich, daß das Bild der Jungfrau Maria immer den Altar zieren soll. In den folgenden Jahrhunderten, vielleicht bei Wiedererbauung der Klostergebäude, nach dem großen Brande von 1445, muß mit dem Patronat eine Veränderung vorgegangen seyn, denn in den beiden letzten Bestättigungs-Urkunden, Herzogs Bogislav X. von 1494 und Barnims und Georgs von 1525, wird erwähnt, daß das Kloster dem heil. Lucius zu Ehren fundirt und bestätigt sey.

Das Personal der Nonnen ist nicht immer gleich gewesen, obwohl nach der Regel und den Statuten des Cisterzienser-Ordens jeglicher Convent, nach der Zahl der 12 Apostel, nur 12 Mitglieder haben sollte. Gewöhnlich waren es 12 oder 13, zuweilen auch nur 11 Jungfrauen. *)

Diese bestanden in der Domina, oder Priorin, (in Urkunden Priorissa claustri sanctimonialium in Berghe genannt,) und eilf, zuweilen zwölf, Nonnen, welche Oldfruwens (Altfrauen), genannt wurden.

---

*) Der Wend. Rügian. Landgebr. Tit. 259., giebt ihrer 12 an.

Unter ihnen hatten folgende, als graduirte Personen, einen Vorzug in Ansehung der Hebungen: 1. die Priorin, oder Domina; 2. die Sacristeyjungfer, die die Meßgewänder und den Kelch in Verwahrung hatte; 3. die Cantorin, oder Sangmeisterin; 4. die Kleiderjungfer, die das Kleideramt, d. h. die Aufsicht über die Garderobe, Leinwand, Betten und Decken hatte und dafür einer kleinen Rente genoß; — außerdem gab es eine Schaffnerin, die die Brod- und Bier-Kellnersche hieß und eine Pförtnerin, wozu in spätern Zeiten eine betagte Person weiblichen Geschlechts angenommen ward.

In Urkunden und Registern des Klosters sind die Namen einiger Priorinnen und Nonnen noch aufbewahrt. Im J. 1350 kommt eine Johanna, von 1355 bis 1375 eine Gertrud von Putbus, 1442 Elisabeth Bonow und 1450 Ermenghard Jorke als Priorissa vor, nur die Prinzessin Elisabeth von Pommern (v. 1461 bis 1473) wird Abbatissa genannt. *) (Klosterb. Nr. 122. 123. 126.) Unter den folgenden Priorinnen findet man erwähnt im J. 1515 Ilsabe von Platen, 1527 Anna Byre; (Klosterregister von 1528, wo es heißt: Anno Dm. mdxxvij am Mandage na Bartholom. Apostoli do bin ick Anna Byre vth göttl. Gnade to eyne Priorissa des Klosters Bergen erwählt vnd to Woning ingesettet.) 1582 Anna Blixen, 1597 und 1603 Margarethe von der Osten, 1614 Ilsabe von Quatzen. — Unter den Nonnen geschieht in den ältesten Klosterdocumenten nur

---

*) Nach Kanzows Erzählung hat diese Fürstin zu ihrem Bruder, dem Herzog Bogislav öfter gesagt, er hätte sie lieber einem schlechten Edelmann oder Grafen geben sollen, als daß er sie in das lebendige Leichenhaus gestecket. S. dessen Pomerania 2ter Bd. S. 315.

einer Sophie, Tochter des Ritters Pribbor von Bilmenitz im J. 1306, zweier Schwestern, Sophie und Staneke von Barnekow im J. 1330, einer Helena von Rothermund im J. 1333 und einer Christine von Putbus im J. 1339, Erwähnung.

Ein Paar Klosterregister späterer Zeit liefern vollständige Verzeichnisse von den damaligen Nonnen, weshalb sie hier angeführt werden mögen:

Verzeichniß der Berger Kloster Nonnen vom J. 1490. — 1. Domina Priorissa. 2. Gertrud Blomen. 3. Margarethe Berkglaßen. 4. Ide Szumes. 5. Ilske Obels. 6. Anna Bonow. 7. Hille Barnekow. 8. Anna von Ahnen. 9. Gertrude Balzen. 10. Anna Königes. 11. Metke von Raden. 12. Alheit Pasewalk. 13. Trude von Raden.

Anm. Diese genossen gewisser Geldprówen unter dem Titel von Leibgedinge; das Register sagt auch, daß 7 Männer ebenfalls solche Geldhebungen vom Kloster gehabt hätten und führt 9 Jungfern an, die keiner Prówen genossen. Diese hießen: Heylike Jermers, Gertrud Crassow, Elsche Grundys, Metke Gagern, Ermegard Platen, Talke von der Osten, Anna Masantz, Gertrude Quatzen, Ilske Bohlen.

Verzeichniß der Berger Nonnen vom J. 1508. Domina Priorissa. Mechelde Bangerode, Margarethe Berglase, Elisabeth Szumes, Elisabeth Grundis, Anna Bonow, Hille Barnekow, Ermegard Platen, Gertrude Balsen, Gysela von der Osten, Sabina Barnekow, Alheid Pasewalde und Chatarina Holsten.

Anm. Auch diese 13 genossen das Leibgedinge; 17 andre ebenfalls dort benannte Frauenzimmer hatten keine Einkünfte und waren gewissermaßen nur Anwärterinnen auf Klosterjungferstellen, oder vielleicht Kostgängerinnen, wenigstens findet sich in den Klosterregistern, woraus diese Verzeichnisse entlehnt sind, keine weitere Spur, ob dieselben Nonnen, oder Novizen, oder Kostjungfern gewesen sind.

Man sieht hieraus, daß die meisten dieser Frauenzimmer Töchter angesehener rügianischer Familien waren und es ist wahrscheinlich, daß überhaupt keine andre, als adliche Jungfrauen aus dem damaligen Lande Rügen aufgenommen worden sind; reiche, angesehene Leute aus der Bürger-Classe waren in den rügianischen Städten und Flecken wohl schwer zu treffen, große, wohlhabende Pächter gab es nicht, die Geistlichen lebten im Cölibat und hatten keine Töchter und was für Honoratioren bürgerlichen Standes waren sonst auf Rügen damals vorhanden, deren Töchter zu dem reichen und angesehenen Berger Kloster hätten Eingang finden können? — Aus Kloster-Nachrichten ergiebt sich auch, daß schon zu alten Zeiten eine Nonne, oder Novize für ihren Eintritt in das Kloster 100 Mck., unter dem Titel Weddeschatt, oder Rentegeld erlegen mußte *) und dies läßt vermuthen, daß das Stift zugleich als eine Versorgungsanstalt für adliche Töchter des Landes betrachtet worden sey.

*) Berger Amts-Visit. Absch. v. 1602. „In des Berger Klosters Registern ist ein Titell von dem Weddeschatt oder Remtegeldt befunden, und rührt die Hauptsumme dahero, wenn Jungfern ins Kloster genommen, muste eine jeglüche hundert Mark ins Kloster zum Antritt entrichten, und wurden die Summen auf Zinsen ausgethan, von den Renten aber die Klosterjungfern, wenn die andern Klostergüter nicht zureichend, unterhalten." NB. Auf dem Umschlag der alten Chartularia befindet sich ein solches Verzeichniß vom Weddeschatt, der im J. 1525 an 14,000 Mck. betrug.

Daß es armen Fräulein dazu gedient habe, sagt der Wendisch-Rügianische Landgebr. gerade zu, und daß die Nonnen auch Kostgängerinnen bei sich aufgenommen haben, ist aus einer andern Stelle (Tit. 54.) zu ersehen, wo es heißt, daß arme Fräulein, die Waisen geworden waren, oder keinen anständigen Aufenthalt hatten, von den Klosterjungfern, entweder aus Freundschaft, oder für eine geringe Wedderstedinge (Kostgeld, Vergütung) aufgenommen zu werden pflegten.

Daß die Kleidung der Nonnen weiß gewesen, ist nur aus der Ordensregel zu schließen, welche befiehlt, daß die Ordenstracht, für Mannspersonen, wie für Frauenzimmer, aus weißem wollenen Tuch bestehen soll. Wie strenge der Klosterzwang und die Ausübung der Ordensregeln beobachtet worden sey, darüber fehlen alle Nachrichten. Auf Mönchgut hat sich jedoch die Sage von einem Nonnenloch erhalten, einer tiefen Grube, welche in dem oben gedachten Ufer Vorsprung Swantegard (der heilige Bezirk) befindlich und, nach der Behauptung alter Leute, zu ihrer Väter Zeiten noch unverschüttet gewesen seyn soll; dahin sollen die zu der Strafe des lebendig eingemauert werdens verurtheilten Klosterjungfern heimlich gebracht und in die Tiefe des furchtbaren Nonnenlochs hinabgestürzt worden seyn. Ob diese Grube blos für Verbrecherinnen des Berger Nonnenklosters bestimmt gewesen, weiß niemand, daß aber Mönchgut vormals eine Eldenaische Klosterbesitzung war, weiß und die Macht und geheimen Verbindungen der Klöster kennt man, auch gehörten der Berger, Hiddenseer und Eldenaer Convent sämmtlich demselben Orden an.

Die Einkünfte des Klosters betrugen, nach einem Verzeichniß aus dem 16ten Jahrhunderte, 2791 Mck. 1 ßl., wenn alle Hebungen zu baarem Gelde gerechnet wurden; davon blieben nach den erforderlichen Abzügen übrig 2257 Mck. 14 ßl. 1 Dl. oder 752 Fl. 50 ßl. 1 Pf., die kleinen Hebungen an Vieh- und Gärtenzehnten ungerechnet.

Die Lasten und Leistungen des Klosters waren nach dem Verhältniß seiner Einkünfte, Gerechtsamen, Immunitäten und Exemtionen geringe. In den ältesten Zeiten mußte es, nach der Roskilder Matrikel von 1294, von seinen Gütern in dem Berger, Sagarder und Samtenser Kirchspiel den Kornzehnten entrichten, nachher findet sich weiter nichts von dieser Abgabe. Der Landesherr bekam jährliches Ablagergeld, wovon weiter unten (in der Rubr. von den Steuern), und die Fürstin 10 Mck. Opfergeld aus dem Kloster. Für den an das Fürstliche Hoflager zu liefernden Hafer mußten 20 Mck. und wegen der Krüge in Bergen, wovon das Kloster, außer der Gerechtigkeit über dieselben, auch Nutzungen zog, ebenfalls 20 Mck. jährlich entrichtet werden, dazu kam der schon vorhin angeführte Gehalt des Klostervogtes von 20 und der des Probstes von 30 Mck. Der Fürstliche Amtsbote erhielt als Klosterbote 1 Mck., auch mußte das Kloster an den Reichen-Kasten der Berger Kirche jährlich 62 Mck. als eine alte Pacht abtragen, die ehemals von dem Kloster-Backhause gegeben worden. Ferner hatte es an zwei Vicarien zum Sunde, dem Caland zum Sunde, dem Vicarius der Capelle zu Streu, dem Kirchherrn zu Gynxt, dem Kirchherrn zu Bergen, dem Caplan und Küster, wie auch dem Sct. Jürgen daselbst, Inhalts des Klosterregisters von 1490, etwas gewisses an baarem Gelde zu entrichten; außerdem war es schuldig, den hintern Theil der Kirche, oder die alte Klosterkirche, das Magisterhaus und die Schule zu repariren und in gutem Zustande zu erhalten.

Einen Haupt-Abschnitt in der Geschichte des Berger Klosters macht die Zeit der Religions-Reformation. Die Pommerschen Landesherren, durch dieselbe von geistlichem Zwange frei und unabhängig geworden, hatten die Mannsklöster im Lande säcularisirt und deren Güter eingezogen und gleiches Schicksal schien dem Berger Kloster, so wie den übrigen Frauenstiften, bevorzustehen. Mittlerweile aber erklärten die Herzoge Barnim und Philipp I., im J. 1541, in einem Erb-Vereinigungsbriefe, daß sie fünf weltliche Jungfrauenstifte, worunter auch das zu Bergen benannt war, erhalten wissen wollten und zwar so, daß denselben von ihren liegenden Gründen und sonstigen Besitzungen und Gerechtsamen nichts genommen, oder geschmälert werden sollte, alles jedoch nur aus besonderer Gnade und nicht aus Verpflichtung von Rechtswegen; auch sollten diese Klöster nur Zuchtschulen für adliche Jungfrauen seyn und die Fürsten behielten sich sowohl das Patronat über dieselben, als die aus ihnen zu hebenden Deputate, Fuhren, Dienste und das Ablager vor. *) Allein es verliefen beinahe 20 Jahre, ohne daß wegen der Conservation dieser Klöster nähere Bestimmungen und Anordnungen gemacht wurden; als nun die Ritterschaft auf dem Landtage zu Stettin die Wiederherstellung der weiblichen Klöster für ihre Töchter aus dem Grunde begehrte, weil ihre Vorfahren zum Unterhalte dürftiger weiblicher Personen ihres Standes solche vormals reichlich begabt hätten, so erklärten die Herzoge diese Behauptung für ein unerwiesenes Vorgeben und zeigten, daß die Frauenklöster vielmehr von Ihren Vorfahren fundirt und dotirt geworden wären. Gleichwohl ward in dem Stettiner Landtags Absch. von 1560 festgesetzt, daß auf besonderes Ansuchen der Prälaten und Ritterschaft einige

---

*) Dähnerts L. Urk. I. Supplem. Bd. S. 315.

Frauenklöster, worunter auch das Berger, als Zuchtschulen und zu adelicher Jungfrauen Unterhalt beibehalten werden sollten, doch wollten die Landesfürsten alle Nutzungen und Gefälle an Pächten, Renten, Zehnten und Diensten einziehen, das Einkommen davon an die Fürstliche Kammer weisen und die Alimentation der Jungfrauen übernehmen. Die Ausführung aber unterblieb.

Im J. 1569, wo auf dem Landtage zu Wollin die Kloster-Angelegenheit wieder angeregt und unter den zur Fortdauer bestimmten Frauenstiften auch das Berger wieder mit aufgezählt wurde, ward ausgemacht, daß die Anzahl der Frauenzimmer sich in jedem zu conservirenden Stifte bis auf 20 erstrecken und keine darin eher, als nach zurückgelegtem 15ten Jahre aufgenommen werden sollte, mit dem Beisatz, daß in dem Falle, wenn ein Frauenstift mit der bestimmten Anzahl von adelichen Jungfern nicht besetzt werden könnte, auch städtische Bürgertöchter aufgenommen werden sollten. Auf diesem Landtage ward auch eine eigene Kloster-Ordnung errichtet, in welcher den Jungfrauen ein gewisses Deputat angewiesen und zugleich wegen ihrer Kleidung bestimmt wurde, daß solche schwarz und von einem weißen Schleier bedeckt seyn sollte; zwei betagte Personen unter ihnen sollten zu Regentinnen ernannt und in jedem Kloster, (nach alt-catholischem Gebrauch,) ein Sprachgemach mit einem Gitter eingerichtet werden. Eine durch Lüderlichkeit zu Falle gekommene Jungfer sollte mit dem Schwerdt hingerichtet und eine Hälfte ihres Nachlasses zu des Klosters Bestem verwendet, die andere aber den Armen gegeben werden. Zur Bequemlichkeit und Führung der Wirthschaft sollte jedes Kloster eine Schaffnerin, eine Köchin, eine Kellnerin, verschiedene Mägde zum Dienst und einen frommen, betagten

Mann zum Pförtner haben. — In dem Fürstlichen Schluß zu Jasenitz vom J. 1569 wurden der Landvogt Georg, Joachim von Platen, Gerlof von Kahlden und Andreas von der Osten zu Inspectoren des Berger Klosters verordnet.' — In dem Landtags-Abschiede zu Rügenwalde von 1571 ward die Herstellung und Aufrechthaltung der Jungfernklöster von den Herzogen von Pommern noch einmal bestättigt.

Allen diesen landesfürstlichen Beschlüssen und Versicherungen zufolge, erhielt sich denn das Kloster in Bergen und blieb anfänglich ganz in seinem alten Zustande, indem aus den Klosterregistern von 1550 bis 1564 erhellet, daß damals noch nichts von seinen Gütern eingezogen war, sondern das neue weltliche Stift alle Intraden besaß und genoß; auch die Errichtung des Fürstlichen Rentamtes in Bergen im Jahre 1570, zur Verwaltung der Domänen, änderte zuerst nichts darin. — Was für Güter das Stift zu damaliger Zeit noch gehabt, was für Revenüen und wie viel stehende Hebungen es daraus gezogen habe, ist aus einem (dem Verf. im Original mitgetheilten) Extract aus den Klosterregistern von 1573 und 1611 ersichtlich, nach welchen es von folgenden Gütern Pächte, Hebungen und Steuern einnahm:

Von dem Flecken Bergen, wegen Häuser, Krüge und Aecker; an Zehntkorn von Bergen 101 Vimm; vom Bobbiner Kirchenacker, von Burnitz, Burtvitz, Buschvitz, Blischow, Carow, Cluptow, Dalkvitz, Dollahn, Drewoldke, Dubnitz, Dumsevitz, Dranske, Goitz, oder Goos, Gademov, Hagen, Hagen, Jarnitz, Jütersow, Kaiseritz, Konitz, Krakow, Krampatz, Lubnitz, Murkvitz; 22 Vimm Zehntkorn von Maschenholz; Pächte von der Klostermühle bei Bergen, der Rugarder Haidemühle, der Wind- und Wassermühle zu Neclade; von Neclade selbst, von den Krügen zu Neuenkirchen;

von Nistlitz, Parchtitz, Patzke, Prissevitz, Prommoisel, Pressenitz, Pulitz, Reetz, Sehrow, Subbezow, von dem Kruge zu Sagard, von dem Sagarder Gardvogtei-Acker, imgleichen von einigen dortigen Einwohnern und Aeckern; von Tangnitz, Tegelhof, Teschvitz, Varßenvitz, Wobboise, Groß- und Klein-Zittvitz, Zirzvitz.

Die Hebungen von diesen Gütern betrugen im J. 1573 1. an baarem Gelde 1661 Mck. $4\frac{3}{4}$ ßl.; 2. an Getreide 352 Scheffel Rocken, $440\frac{1}{2}$ Scheffel Gerste, 458 Scheffel Hafer und 3. 58 Hühner; — im J. 1611 im Ganzen 3003 Mck. Sie wurden als Klosterprästationen eingenommen, in den Klosterregistern berechnet und zum Unterhalt des Kloster-Personals angewandt. In wie gutem Wohlstande das Stift noch damals gewesen, ergiebt sich auch aus einer in dessen Archiv noch vorhandenen Schuldverschreibung des Pommerschen Herzogs Ernst Ludwig vom J. 1588, wo er von dem Kloster 1000 Fl. Pomm., den Gulden zu 48 ßl. gerechnet, gegen eine jährliche Rente von 60 Fl. baar anlieh. — Gegen das Jahr 1580 wurden einige Klostergüter veräußert und der gedachte Herzog Ernst Ludwig machte, seinem in jener Verschreibung gegebenen Versprechen, nichts von Klostergütern abbringen zu wollen, ganz entgegen, damit den Anfang. Als nach seinem Tode im J. 1592 sein Sohn, der Fürst Philipp Julius, unter seines Oheims und einiger Räthe Vormundschaft stand, wurden der Güter schon mehrere losgeschlagen, wodurch natürlich eine Schmälerung der Kloster-Einkünfte entstand. Da aber den Klosterjungfern das, was ihnen ausgesetzt war, doch gereicht werden mußte, so wurde der Zuschuß den Landesfürsten kostbar und daher vorgeschlagen, zur Erleichterung der Fürstlichen Rentkammer ein zur Alimentirung der Jungfrauen dienliches Ackerwerk auf Rügen zu errichten. Dies zeigen folgende alte Auszüge aus einigen Visitations-Abschieden des Berger Rent-Amtes.

In dem Visitat. Absch. von 1596 heißt es:

„Als sonst hiebevor in Anmerkung genommen, ob nicht zu dem Kloster Bergen, zu desto besserer der Jungfrauen Unterhaltung und damit U. gn. Fürst u. Herr der großen Ausgaben, so J. F. Gn. aus den Tischgütern dem Kloster zuschießen müssen, etzlichermaßen mögte erleichtert werden, ein geringes Ackerwerk anzulegen. Ist solches auch de novo zu künftigen und weitern Nachdenken zu verzeichnen verordnet.“

Und in dem Visitat. Absch. von 1597:

„Weil sonst hiebevor fürgewesen, ob nicht irgendwo in der Nähe von Bergen, zu Kaiseritz, oder irgendes in den Klostergütern ein geringe Ackerhöfichen zu so viel bessern der Jungfrauen Unterhalt angerichtet werden könnte und zugleich dem itzigen Landvoigt und Claus Rotermund befohlen, die Gelegenheiten zu besichtigen und Bericht davon einzuschicken u. s. w.“

Ferner im A. Visit. Absch. von 1598:

„Mit Anlegung des neuen Ackerwerks zu Kaiseritz sollen die Amtleute, wie hiebevor befohlen und itzo in einem sonderbahren Abschied angeordnet ist, auch verfahren, damit U. gn. F. u. Herr so viel möglich, der Ausgaben aufs Jungfern Closter aus den Amtsregistern möge erleichtert werden.“

Imgleichen in dem Visit. Absch. von 1602:

„Weil man aus den Amptsregistern befindet, daß das Closter zu Bergen an Rentegeldern stehenden Geldt und Kornpächten, Holzgelde und andere Intraden sehr in Hinder kommen, auch, weill daß Closter wegen vielfältigen Ausgaben nicht zureichen können, von den Amptsintraden in einem Jahr über dreitausend Mark haben zugeschoßen werden müssen, als sollen die Amptleute, damit man hinter solchen Abgangk komme, mit Fleiße sich desfalls erkündigen."

Endlich auch im Berger Amts Visitat. Absch. von 1603:

„Nachdem sonsten bei itziger Visitation unter andern Mängeln befunden, daß durch die verbotene Alienation der Kloster und Kirchen Gueth im Fürstenthumb Ruigen Unserm gn. F. u. H. ein großer und merklicher Abbruch zugefüget, indem die Closterjungfern wegen solcheß Abgangß das Jahr über auf ein weitereß nicht können unterhalten werden, sondern ein nicht geringer Zuschuß aus Fürstlicher Kammer geschehen muß, da es doch mit dem Einkommen des Closters darin fürdem also beschaffen gewehsen, daß ein ansehnliches von demselben über die Ausgaben hat erübrigt werden können und die ehrbare Landschaft, auf derselben unterthänigst und zuständigst Anhalten, vertröstet, daß solche veräusserte Kirchen- und Clostergüter sollten revociret werden; Ist verabschcydet, daß mit Rath U. Gn. F. u. Herrn, des Herrn Vormundes (Herzogs Bogislav XIII.) und der Regierung und Landräthe damit förderlichst soll verfahren werden."

Gleichwohl wurden Klosterbauern nach den neu errichteten Domanial-Ackerwerken, von denen oben geredet worden, versetzt und der Herzog Philipp Julius verschenkte, verkaufte und verpfändete, gleich wie sein

Nachfolger, Herzog Bogislav XIV., mehrere alte Klostergüter und Domänen, in einem Zeitraum von 24 Jahren, (von 1604 bis 1630); so wurden Bantz, Blischow, Buschvitz, Hagen, Jütersow, Lubitz, Mönkvitz, Pulitz, Russewase, Murkvitz, Neclade, Tegelhof, Zittvitz, Kowall und Gutzlafshagen an Privatpersonen verschenkt, letzteres erhielt ein Trompeter, der es wieder an Jemand von der ausgestorbenen Familie von Ahnen veräußerte. Die Donationen und Veräußerungen geschahen jedoch immer unter der Bedingung, daß die Klosterprästationen auf solchen Gütern haften bleiben sollten und diesem Vorbehalt ist es zuzuschreiben, daß, laut Klosterregistern, die Klosterrevenüen im J. 1624 noch 2972 Mck. $2\frac{1}{2}$ ßl. baaren Geldes und an Getreide 666 Schffl. Rocken, 184 Schffl. Gerste und 174 Schffl. Hafer betrugen.

Was bis ohngefähr zu dieser Zeit die Klosterjungfern, damals eilf an der Zahl, nebst der Frau, die die Pforte auf und zuschloß, von diesen Einkünften an Deputat erhalten haben, ist in einem andern alten Kloster-Verzeichnisse aufbewahrt. Darnach erhielt nemlich: die Priorin 1 Rthlr. und von den sonstigen Amtsjungfern die Sakristanin 1 Rthlr. und die Cantorin 24 ßl. voraus. Sonst bekam jede aufs Jahr aus dem Amte 18 Schffl. Rocken, 1 Schffl. Gerste, 2 Schffl. Hafer, 1 Schffl. Erbsen, 12 Tonnen Klosterbier, $\frac{1}{2}$ Tonne stark Bier, ein halbes fettes Schwein, einen halben Ochsen, $\frac{1}{4}$ Tonne Dorsch, $\frac{1}{2}$ Tonne Salz, $\frac{1}{4}$ Tonne Butter, eine Last Kohlen aus der Stubnitz; an baarem Gelde 1 Rthlr. 44 ßl. und an hohen Festtagen 16 ßl. zu Weisbrod und Gewürz geliefert. Nach dem damaligen Preise der Dinge, zu baarem Gelde angeschlagen, betrugen diese Hebungen für 12 Personen, (die Pförtnerin mitgerechnet,) zusammen 561 Rthlr.; was ihnen vom Schmalzzehnten an Lämmern und Gänsen zugefallen, war nicht besonders berechnet.

Im dreißigjährigen Kriege, wo, während der langen Occupationszeit der Insel von den Kaiserlichen Truppen, alles darüber und darunter gieng, sorgte das Rentamt, welches einmal die Verwaltung der noch vorhandenen Klostergüter übernommen hatte, so gut es gehen konnte, für den Unterhalt der Klosterfräulein, welche, laut Bericht der Chronikanten, *) sogar persönliche Mishandlungen von den feindlichen Kriegern erlitten, besonders in dem unglücklichen Jahre 1630, wo der Oestreichische Obriste, Hans Götze, seinen Soldaten völlige Freiheit zur Plünderung der Insel gab. — In eben dem Jahre griff der König Gustav Adolph von Schweden, der zur Führung des deutschen Religionskrieges Geld brauchte, die Klostergüter noch härter an und veräußerte und verpfändete viele derselben an Stralsunder Einwohner und andre Privatpersonen, vielleicht mit geheimer Einwilligung des Herzogs Bogislav XIV. von Pommern, der sonst keine Hülfsgelder aufbringen konnte und, aus eigner Machtvollkommenheit sich dieser Kriegs-Maasregel zu widersetzen, zu schwach und hülflos war. Die Klosterfräulein, hiedurch, so wie durch die harte Behandlung von den Kaiserlichen Truppen in die traurigste Lage versetzt, wandten sich im J. 1632 mit Bittschriften unmittelbar an den Herzog, der aber (laut der darüber im Klosterarchiv befindlichen Acten) ihr Gesuch an den Landvogt zur weitern Untersuchung und Berichtserstattung verwieß, weil er nicht helfen konnte; und als nach seinem Tode im J. 1637 eine provisorische Landesregierung von

*) Micrälius Pomm. Jahrgeschichten 5tes B. S. 176. — Wackenroders a. u. n. Rügen. S. 111.

Schweden angeordnet ward, so scheinen die Bemühungen und Gesuche des Stiftes völlig vergeblich gewesen zu seyn und eine Zeitlang ganz aufgehört zu haben.

So gieng es denn kümmerlich fort mit dem Berger Klosterwesen bis zum Jahre 1645, wo der schwedische Reichs-Secretair Andreas Gyldenklau es bei der Königin Christine zu erlangen wußte, daß ihm, alles Widerspruchs des Klosters ohnerachtet, die hauptsächlichsten Renten desselben bewilligt und die eingehobenen Gelder nach Schweden übersandt wurden. Des Klosters fortwährende Klagen und Beschwerden wirkten endlich so viel, daß auf Empfehlung des damaligen Kammer-Präsidenten Rheinskjöld, welcher Gyldenklau's Bevollmächtigter war, und des Regierungs-Assistenzraths Lilieström der Unterhalt der Stiftsfräulein aus Kammermitteln angewiesen ward. Aber auch nur nothdürftig; denn bei den damaligen politischen Umständen, die andere große Ausgaben nothwendig machten, blieb der Kammer-Zuschuß öfters aus und alte Klosterpapiere geben an, daß die eilf Klosterfräulein etwa um das J. 1648 zusammen nur 245 Rthlr. 12 ßl. erhalten haben.

Gyldenklau genoß die ihm verliehenen Kloster-Einkünfte bis 1654, wo die Königin Christine von Schweden, welche in diesem Jahre der Regierung entsagt hatte, sie als Unterhalts-Beiträge an sich nahm, auch die Höfe Kaiseritz, und Dranske auf Wittow, an Privatpersonen überließ, so, daß das Kloster, obgleich aufs neue, wiewohl fruchtlos, dagegen protestirend, mit seinem aus der Kammer einfließenden Unterhalt von 247 Rthlr. 16 ßl., nebst noch 48 Fudern Strauchholz für sämmtliche Fräulein, sich begnügen mußte. Jedoch ward in der den Ständen ertheilten Königl. Resolution vom 1 März 1655, worin dem Landvogt die Inspection über das Kloster aufgetragen wurde, verordnet, darauf zu sehen, daß die Hebungen sowohl zu der Jungfrauen Unterhalt, als zur Conservation der Klostergebäude (§. 10.) angewandt werden sollten. *)

Während der Regierung des Königes Carl Gustav und dessen Wittwe, Hedwig Eleonore von Schweden, wurden die Kloster-Ansprüche gelegentlich erneuert, allein die darauf erfolgten Antworten, z. B. die Resolution von 1657 und vom 14ten Julius 1664 enthielten bloße Vertröstungen und alles blieb beim Alten; nur in dem Schw. Pom. H. Com. Receß von 1663 ward festgesetzt, daß auch Pommersche Fräulein in das Berger Kloster aufgenommen, die Gebäude reparirt und alle Jahr Kloster Visitationen gehalten werden sollten. Als aber im J. 1671 die vorgedachten Ackerwerke von Lütkevitz und Schwarbe, Rosengarten, Gagern, Güttin, Wollin, Varbelvitz und Kubitz, Mönchgut, Lischow und Murswiek durch einen den 11ten May zu Stralsund geschlossenen Vergleich von den bisherigen Klostergütern gänzlich separirt wurden und nachdem im J. 1672 der junge König Carl XI. von Schweden die Regierung selbst angetreten hatte, scheint man in diesen beiden Jahren recht ernstlich darauf bedacht gewesen zu seyn, wegen der dem Kloster entzogenen Güter und Hebungen aufs Reine zu kommen und demselben sowohl die abgebrachten Intraden wieder anzugewinnen, als auch die, während der Kriegszeit und, bei dem nachherigen unsichern Zustand des Landes, rückständig gebliebenen Prästationen nachbezahlt zu erhalten. Darüber wurden von Seiten des Berger Ministeriums mit der Schwedischen Regierung viele Unterhandlungen gepflogen und ein Paar tüchtige Kämpfer

*) S. Balthasars Nachr. v. den Landesger. 2te Abth. §. 7. S. 321.

für diese Klöster-Angelegenheit waren der damalige Landvogt Wilken von Berglasen und der Präpositus M. Stein in Bergen. Aus den Verhandlungen ergiebt sich, daß das Klostergebäude im J. 1671 äußerst ruinirt war, und daß das Stift von allen Einkünften aus seinen ehemaligen Gütern nur 667 Rthlr. $23\frac{1}{2}$ ßl. gerettet hatte. Davon erhielt die Priorin mit ihren eilf Fräulein 261 Rthlr. 12 ßl., und zwar jede gleich viel, nemlich 21 Rthlr. 37 ßl. aufs Jahr; die übrigen 406 Rthlr. $11\frac{1}{2}$ ßl. wurden als Salariengelder an die Pfarrer und Schulbediente in Bergen vertheilt. Außerdem wurden jeder Conventualin jährlich 3 Fuder Strauchholz und 3 Tonnen Stubnitzer Holzkohlen bestanden, auch bekamen sie Deputat-Gänse, Hühner und einige Lämmer statt des ehemaligen Zehntens; Wohnungen aber mußten sie sich, wegen des damaligen völlig unbewohnbaren Zustandes der Gebäude, für eignes Geld schaffen.

Auch die rügianische Ritterschaft ward um Beistand und Verwendung beim Könige zu Gunsten des Klosters ersucht, allein einige Edelleute hatten mittlerweile selbst Klostergüter acquirirt und die Rentmeister in den Amtsregistern die Kloster- und Domanial-Einkünfte schon so mit einander vermischt, daß dadurch eine große Verwirrung entstanden war, daher der Adel denn temporisirte. Viele Kloster-Debitoren, die mit ihren Pächten und andern Leistungen im Rückstande waren, wollten gar nicht zahlen, vorschützend, daß das Kloster, als solches, längst aufgehoben und säcularisirt sey. Die Streitsache gelangte vor das Königl. Schwedische Tribunal, welches entschied, daß alle diejenigen, die von des Klosters Gütern und Intraden etwas inne hätten, davon die alten Pächte wieder abtragen müßten, und daß das Ganze der Kloster-Einkünfte wieder in solchen Stand gesetzt werden sollte, als es vor der

Verwechselung der Amts-Intraden mit den Klosterhebungen gewesen sey. Hiedurch, so wie durch einen Vergleich, den das Kloster mit andern Debitoren vor der Wolgaster Regierung (laut Kloster-Acten den 10ten October 1674) schloß, ward denn doch so viel gewonnen, daß in dem eben genannten Jahre die gesammten Kloster-Revenüen 800 Rthlr. betrugen.

Als im J. 1697 Carl XII. zur Regierung gelangt war, so wünschte er ebenfalls, in einer Resolution von 1698, §. 19., dem armseeligen Zustand des Klosters wieder aufzuhelfen, den Fräulein ihre alten Renten wieder zuzuwenden und verordnete zugleich, daß die von dem Könige Gustav Adolph an Stralsunder verpfändeten und deshalb die Gustavianischen Güter genannten Klostergüter wieder eingelöst werden sollten. Im J. 1699 supplicirten auch die Landstände an den König, sich des Berger Fräuleinklosters anzunehmen, allein unglücklicher Weise kam der große nordische Krieg, von 1700 bis 1715, dessen Schauplatz sich mit unter auch nach Rügen zog, dazwischen, wo es denn andere und für das ganze Landes Interesse wichtigere Dinge zu bedenken gab. Während der Dänischen Herrschaft über die Insel (von 1715 bis 1720) scheinen die Gesinnungen dieser Regierung gegen das Kloster nicht ungünstig gewesen zu seyn, wenigstens erhellet aus einem Schenkungsbriefe des Königs Friedrich IV. von Dännemark, datirt Kopenhagen den 19ten März 1718, daß 500 Rthlr. Strafgelder, die die Klinkowströmschen Erben ad pios usus zu erlegen verurtheilt waren, dem Kloster zu Bergen angewiesen worden sind. — Nach dem J. 1721 kam die Kloster-Angelegenheit wieder zur Sprache und zu Stande; das Klostergebäude ward, wie oben berichtet ist, neu aufgeführt, die ganze Kloster-Einrichtung erhielt im J. 1733 ihre Form, ohngefähr so, wie sie noch jetzt besteht und das Wenige, was das Stift von seinen Einkünften gerettet hatte, ward ihm durch Königliches Wort zugesichert, allein die theils veräußerten, theils zum Domanium gezogenen Güter waren und blieben verloren.

Was endlich das alte Klostergebäude betrifft, so hatte es eine ganz andre Einrichtung, als das gegenwärtige, auch selbst das Thor stand an einer andern Stelle. Aus einem in dem Kloster-Archiv noch vorhandenen Grundriß ersieht man, daß es im Viereck gebauet gewesen und einen innern Hofplatz mit Säulengängen gehabt habe; seitwärts längs der Klostermauer stand das Kornhaus und die Pförtnerwohnung und an einer andern Seite lag das Refectorium (Speisezimmer) und die Gerichtsstube; der Haupteingang in das Klostergebäude selbst war an der Südseite befindlich. Doch genug hievon, da ohne Anschauung des Risses selbst diese Anzeigen unverständlich, wenigstens unzulänglich sind.

Zurück nunmehr zu den übrigen öffentlichen Gebäuden in Bergen.

4. Das Kreishaus, sonst das Amtshaus genannt, liegt in der Nähe des Klosters und zwar demselben gegenüber. In alten Zeiten hieß es der Kloster Probsteihof, auch schlechthin der Hof. Die Landesfürsten hielten bei ihrer Anwesenheit in Bergen ihr Ablager darin, auch diente er dem Kloster-Probste, oder nachmaligem Rentmeister, so wie dem Klostervogte ältestens zur Wohnung. Zu Anfange der Regierung des Herzogs Philipp Julius, der sich öfters in Bergen aufzuhalten pflegte, ward dieser Hof wesentlich repariret, wie solches aus alten Klosternachrichten erhellet, *) und im J. 1611 zu einem Fürstlichen Rentamts-Hause ernannt. Noch ansehnlicher ist das Gebäude von dem Herzog Bogislav XIV. erweitert worden, hat seit der Zeit den Namen eines Fürstlichen Hauses geführt und als solches beständig der städtischen Steuerfreiheit genossen. Das jetzige dem sonstigen Amts- nunmehrigen Kreishauptmann zur Wohnung angewiesene Gebäude ist in einem modernern Styl angelegt und hat gegenwärtig ein helles freundliches Aeußeres.

5. Die beiden Predigerwohnungen, nemlich die Probstei, sonst das Magisterhaus geheißen, und das Diaconathaus, ehemals die Cappellanei be-

---

*) Visitat. des Berger Amts Absch. von 1603:
„Demnach der alte Probsteihof aufs neue nothwendig gebauet werden müssen, als sollen sich die Amptleute bei den Mäurern befragen, alldieweil es nur zwei Gemach hoch angelegt ist, ob die Mauer noch so starke, daß sie noch zwei, oder zum weynigsten ein Gemach noch ertragen könnte; und es mit einem Plattdach behängen lassen, bis zu unsers Gnäd. Herrn Anheimbkunft.“

nannt, sind beide ganz gewöhnliche Wohnhäuser. Doch ist in dem Probsteihause ein Saal denkwürdig, worin sich vormals die Geistlichkeit der Rügianischen Synode zu gewissen Zeiten versammeln mußte, um über theologische Gegenstände mit einander zu disputiren.

6. Das in der Nähe des rothen Sees am stralsundischen Landweg belegene, der Kirche angehörige Armenhaus. Daß es vor Alters ein Sct. Jürgen Spittel für Arme gewesen und mit der auf dem ihr gegenüber liegenden Sct. Jürgens Kirchhof ehemals vorhanden gewesenen Capelle in Zusammenhang gestanden, ist wahrscheinlich, indem der Wend. Rügian. Landgebr. Tit. 270 sagt, daß außer dem Rambiner Sct. Jürgen es noch mehr dergleichen Armenspitäler, namentlich zu Bergen gegeben habe. Vielleicht hat auch das in seiner Nähe liegende kleine Domanial Ackerstück, der Sct. Jürgenhof, welches eine Zeitlang dem Kloster angehörte und dann einem Einwohner der Stadt Bergen pachtweise überlassen ward, Verbindung damit gehabt. Das Armenhaus besteht aus acht abgetheilten Wohnungen unter einem Dache (Hischen) für geringe Leute, die sich darin vormals für 50 Rthlr. eingekauft und gewisse Pröwen genossen haben. Jetzt werden die Wohnungen vermiethet. Während der letzten feindlichen Occupation des Landes ward es von den Franzosen zur großen Bäckerei eingerichtet.

7. Das Schulhaus, auch ein gewöhnliches, der Kirche und dem Leichenhause gegenüber, zwischen beiden Predigerhäusern belegenes Gebäude, welches der hohen Krone angehört. Es enthält ein ziemlich großes Schulzimmer, das vermittelst einer spanischen Wand zwei Abtheilungen für die beiden Classen formirt; dem Rector dient es zugleich zur Wohnung;

eines Hofraums und freien Tummelplatzes für die Jugend entbehrt es gänzlich.

Das Schul-Institut selber wird eine Stadt- und Provinzial-Schule genannt und ist von Zeit zu Zeit mit geschickten Männern besetzt, aber nie sonderlich in Flor gewesen; daß die obere Classe in den Jahren 1780 oder 1783 nur aus einem einzigen Schüler bestanden habe, ist in von Reichenbachs patriotischen Beiträgen angeführt, wo auch noch mehr von dem damaligen traurigen Zustande dieser Schule gesagt wird. Der Name Provinzial-Schule ist bis jetzt ein leerer Titel, da die Bewohner der Provinz (des platten Landes außerhalb Bergen) weder etwas zum Unterhalt des Instituts, zur Besoldung der Lehrer u. s. w. beitragen, noch ihre Söhne und Pflegbefohlene häufig in diese Schule schicken. Die meisten Schulknaben sind Stadtkinder und die Zahl sämmtlicher Schüler beider Classen beträgt jetzt 54.

Bei der Schule sind drei Lehrer angestellt, der Rector, dem in ältern Zeiten ein Conrector beigeordnet gewesen ist, der Cantor und ein Schulschreiber. Der Rector unterrichtet in der obern, oder lateinischen Classe und in der untern, oder deutschen, der Cantor, der Schul- oder, wie er, sonderbar genug, genannt wird, Stuhlschreiber giebt in der Schreib- und Rechenkunst Unterweisung und ist außerdem auch Organist; im Sommer (von Ostern bis Michaelis) fängt der Unterricht des Morgens um 7, im Winter um 8 Uhr an und für den öffentlichen sind täglich 6 Stunden, 3 am Vormittage und 3 Nachmittags festgesetzt. — Bei der Schule ist eine kleine Bibliothek befindlich, die die Schüler benutzen können.

Die Besoldungen der Schullehrer sind im Ganzen sehr mittelmäßig, das Schulgeld ist nicht nur unbedeutend, *) sondern auch unsicher, indem manche Schüler nur den Winter über die Schule besuchen und im Sommer wegbleiben, um ihre Eltern bei Geschäften zu unterstützen, und das bei Todesfällen von Standespersonen und angesehenen Einwohnern des Kirchspiels übliche Leichengeld, welches nach einem gewissen Maasstabe unter die Lehrer vertheilt wird, eine unsichere Einnahme.

Weder der Cantor, noch der Stuhlschreiber haben freie Wohnung, sondern bekommen von der Kirche jährlich 15 Rthlr. zur Hausmiethe; **) der erstere genoß sonst auch eines Freitisches in der Stadt, wo er bei sämmtlichen Einwohnern jährlich herum speiste; da dies aber beiden Theilen unbequem und lästig fiel, so erhielt er statt dessen monatlich 2 Rthlr. Speisegelder von der Stadt; welche dem jetzigen Cantor, so lange er im Amte ist, jährlich 50 Rthlr. Tischgelder, als eine besondere Gratification, bewilligt, da sie sonst gar keine Befassung mit der Schule hat; in dem Stadt-Privilegium von 1613 heißt es zwar, daß die Annehmung neuer Schuldiener mit Zuziehung der Bürgermeister geschehen soll, dies ist aber bisher nicht üblich gewesen. Da nicht leicht eine Leiche, besonders

*) Der Schüler giebt für jede Woche 1 ßl. und im Winter etwas Holzgeld; dies macht aufs Vierteljahr 13 Schillinge von einem Schüler, welche so vertheilt werden, daß davon der Rector 7, nemlich 6 ßl. Schulgeld und 1 ßl. Besengeld, der Cantor 4 und der Schulschreiber 2 ßl. vierteljährig erhält.

**) Es sind Spuren vorhanden, daß der Cantor vormals eine eigene Wohnung gehabt habe, die am Nonnensee, auf der Weide diesseits, belegen gewesen ist und Jammerthal geheißen hat. In der Berger Kirchenmatrikel geschieht dieses Jammerthals noch Erwähnung.

aus der geringern Classe des Berger Kirchspiels, ohne Sang und Klang zu Grabe gebracht wird, so liegt dem Cantor das beschwerliche Geschäft des Leichensingens ob, wofür er mit seinen Schülern, ohne Rücksicht auf Jahrszeit und Witterung, einen Fl. oder Rthlr. bekömmt. Das Scholarchat besteht aus dem Probste und Kreishauptmann, vor welchen jährlich ein öffentlicher Schul-Examen gehalten werden soll.

8. Das Rathhaus. Auch ein ganz einfaches als Stadthaus und Gerichtshof sich durch nichts auszeichnendes Gebäude, am Markte belegen. In alten Zeiten hieß es das Kaufhaus und gehörte dem Kloster, welches es an die Zunft der Berger und Stralsundischen Gewandschneider und andere Handelsleute überlassen hatte, die alle Sonnabende bis Mittags 1 Uhr ihre Waaren darin feil haben mußten. (Wend. Rügian. Landgebr. Tit. 161.) Als es der neuen Stadt Bergen im J. 1613 zum Rathhause überlassen ward, mußte dieselbe anfänglich dafür noch eine jährliche Recognition an das Kloster entrichten. Bei dem Brande im J. 1690 ward auch das Rathhaus zerstöhrt und 5 Jahre darauf wieder aufgebauet in der äußern Form, die es noch jetzt hat, nur daß im Jahre 1817 die Hauptfronte neu aufgeführt ist.

Das Rathhaus ist zugleich der Rathsweinkeller und hat schon in den alten Klosterzeiten als Kaufhaus die Gerechtigkeit des Weinschanks und der Gastwirthschaft gehabt. Der Rathskellermeister hat das ganze Haus nebst dem Monopol, Weine aller Art in großen und kleinen Quantitäten zu verkaufen, für eine jährliche Abgabe von 100 Rthlr. gepachtet und die Stadt sich nur zu den Sitzungen des Magistrats eine Raths- und Gerichtsstube, nebst einem Zimmer für das Stadtarchiv, imgleichen eine sogenannte Altermannsstube ausbedungen, des Bürgergehorsams und eines andern kleinen Correctionsgemachs, der Bollenstall genannt, zu geschweigen.

9. Das Gefängniß hinter dem Rathhause, der Stadt gehörig, ist für Stadt und Land der einzige öffentliche Verwahrsam, aber als solcher eben nicht stark und fest gebauet, daher sich denn auch zuweilen Fälle ereignet haben, daß gewandte und gute Körperkraft besitzende Verhaftete diesem Sicherungsorte bald entwischt sind. In dem Hause sind 4 Gefangenzimmer befindlich und der Kerkermeister, der zugleich Schließer, Profoß und öffentlicher Ausrufer ist, hat außerdem seine Wohnung darin. Als die Stadt ihre ersten Privilegien erhielt, ward ihr das Gefängniß in der damaligen Landreiterei eingeräumt, einer Wohnung, die längstens gänzlich eingegangen ist.

10. Der Scharren endlich ist zu verschiedenem Gebrauche bestimmt. Er dient theils zu einem leichten Arrest, theils wird di· Feuerspritze, die einzige, die Bergen hat, darin aufbewahrt und in einer andern Abtheilung haben die beiden Nachtwächter, die zugleich Stadtsoldaten sind, ihren Aufenthalt. Diese Bude steht auf dem Marktplatz, und ist auf demselben recht eigentlich ein Uebelstand, doch nicht der einzige, es giebt noch einen zweiten, der zugleich den Raum noch mehr beschränkt.

Dies ist der Pful, oder Teich, welcher, so wie er jetzt beschaffen ist, mit seiner niedrigen Einfassung von Feldsteinen nicht nur dem Auge eine garstige Ansicht darstellt, sondern auch im Frühlinge, wenn seine Eisdecke aufgethauet ist, eine die Nase sehr beleidigende Ausdünstung verbreitet und überdem für Kinder eine nachtheilige Lage hat. Bei gänzlichem Mangel an öffentlichen Brunnen in der Stadt macht freilich die Nothwendigkeit — besonders bei Feuersgefahr —

ihn unentbehrlich, so wie er auch zur Pferdetränke dient, allein, wenn er als der einzige Wasserbehälter conservirt werden muß, so sollte man ihm auch ein besseres Ansehen zu verschaffen suchen, z. B. seinen Rand mit einer zierlichen Mauer umziehen und, um die Ausdünstung zu hemmen, rings umher Bäume setzen. — Der vorhin erwähnte Mangel an Brunnen und Pumpen verursacht den Einwohnern viele Unbequemlichkeiten. Die hohe Lage der Stadt hat die Anlage derselben schwierig gemacht und bisher verhindert. Auf dem Markte, als einem in der Mitte der Stadt belegenen Platze, würde zwar die Vorhandenheit eines Brunnens den Einwohnern sehr erwünscht seyn und vielleicht den Pful entbehrlich machen, allein daß auf dieser Bergfläche sehr tief würde gegraben werden müssen, und daß der Erfolg dennoch unsicher wäre. Wie man erzählt, haben schon im siebenjährigen Kriege schwedische Ingenieur-Officiere die Idee, ob nicht auf dem Marktplatze die Anlegung eines Brunnens zu bewerkstelligen sey, in Anregung gebracht und auch wirklich, zur Erforschung der Beschaffenheit der Tiefe, das Terrain mit Erdbohrern sondirt, allein da diese bei der Arbeit abgebrochen und so gewissermaßen gleich die ersten Versuche vereitelt geworden sind, so ist damals das ganze project aufgegeben. Sehr beschwerlich für die Einwohner ist es, daß sie das Wasser alle bergan und zum Theil ziemlich weit zu tragen haben, da alle vier Brunnen außerhalb der Stadt liegen. Es sind deren folgende: Der Balkensoth, vor Alters Gatmund und Gattemünde genannt. Er scheint unter ihnen der älteste zu seyn und der Wend. Rügian. Landgebrauch erwähnt seiner als des ehemaligen Hauptbrunnens; jetzt wird hauptsächlich nur Wasser zum Bierbrau aus ihm geholt, auch dient er zur Tränke des Viehes, das ihn zuweilen verunreinigt.

Er liegt am entferntesten von der Stadt, östlich, am Wege nach Putbus. Der Steinsoth, an der westlichen Seite der Stadt, mitten im Felde, ist bis jetzt die Hauptquelle, woraus alles Trink- und Kochwasser geschöpft wird. Der dritte, eine Privat-Unternehmung, existirt seit ohngefähr 20 Jahren; er liegt vorne am Raddas, am Landwege nach Strussendorf und der Jasmunder Fähre, aber seine hohe Lage bei geringer Tiefe verursacht, daß er nur schwachen Zufluß hat und oft leer ist. Der vierte Brunnen, am Ende der Dammstraße, nach dem rothen See zu, ist erst gegen das Ende des Jahres 1817 durch vereinte Mühe und Arbeit einiger Umwohner entstanden. Ein anderer zu Anfange des Jahrs 1818 am Ende der Königsstraße gemachter Versuch, einen Brunnen zu graben, ist bisher nicht gelungen.

In einem Garten in der Stadt ist zwar auch noch ein Brunnen, aber als eine Privat-Besitzung weiter nicht hieher zu rechnen. Manche Einwohner versehen sich im Sommer mit Trinkwasser aus der Labenitz, einer klaren in einem Erlengebüsch versteckten Quelle, die eine Viertelstunde weit, nördlich von Bergen in einer Vertiefung liegt.

Als eines in alten Zeiten öffentlichen Gebäudes muß noch des ehemaligen Calandhauses Meldung geschehen, von welchem noch jetzt die Calandsstraße benannt wird. Ein vormaliger Herr von Putbus räumte es der rügianischen Calands-Brüderschaft, deren Mitglied und Vorsteher er war, zu einem Versammlungshause ein. Als diese geistliche Brüderschaft seit der Reformation aufgehört hatte, überließ Putbus im J. 1586 dieses Haus nebst Zubehör, jedoch mit Vorbehalt der Gerichtsbarkeit darüber und unter dem Titel eines Afterlehns, seinem Hofprediger zu Vilmenitz, Josua Preetzmann, welcher es mit völliger Steuerfreiheit an einen Berger Einwohner verkaufte. Dies ist die Hausstelle, deren der Präsident v. Pachelbel *) als eines sonst unter der Jurisdiction des Putbusser Hauses stehenden Freihauses erwähnt.

Daß die Calands-Brüderschaften eine Art von religiöser Ordensgesellschaft waren und sich auch in vielen Städten Pommerns ausgebreitet hatten, ist bekannt. Die Einrichtung des geistlichen Calands zu Bergen lernt man einigermaßen aus dem Wend. Rügian. Landgebr. (Tit. 260.) kennen. In die dortige Brüderschaft wurden blos Edelleute, vornehme Geistliche und ehrbare Frauen aufgenommen, auch waren die Landvögte Mitbrüder. Diese von Adelichen Familien gestiftete und von den Landesfürsten bestättigte Gesellschaft, deren schon die Roskilder Matrikel, imgleichen eine Berger Kloster Urkunde vom J. 1351 gedenkt, (s. Klosterbuch Nr. 59.) war mit Gütern sowohl als mit Beneficien, in Rücksicht auf die Armuth, bewidmet, hätte das Patronatrecht über eine Almosenstiftung in Gagern, über eine Vicarie auf der alten Fähre und besaß unter andern das Gut Bernow auf Jasmund, welches hernach eine Zeitlang im Besitz des Reichenkastens der Kirche zu Bergen war. — Zur Führung ihrer Geschäfte waren drei Personen besonders ernannt, nämlich ein Kämmerer, oder Almosenier (Elcemosynarius), welches Amt gewöhnlich ein Geistlicher in Bergen verwaltete, ferner ein Decan und ein Testamentarius, welcher letztere Documente ausfertigte und überhaupt die schriftlichen Verhandlungen besorgte. Die Calandsbrüder führten bekanntlich ihren Namen davon, daß sie sich zu An-

*) S. dessen Beiträge zur Schwed. Pom. Staatsverfassung. S. 86. zum §. 206.

fange jedes Calender-Monats zu versammeln pflegten, der rügianische Caland aber hielt nur zwei mal im Jahr öffentliche und feierliche Zusammenkünfte in Bergen, nemlich einmal am ersten Sonntage nach Trinitatis und das andere mal am Sonntage nach Dionysius und jede Versammlung dauerte bis zum Donnerstage derselben Woche. Waren neue Brüder aufgenommen, so mußten diese die Kosten des Unterhalts und der Mahlzeiten tragen, sonst bestritt die ganze Gesellschaft sie; was übrig blieb, wurde an Arme vertheilt, auch mußte jeder Bruder bei solchen Zusammenkünften sein Almosen an baarem Gelde oder Victualien darbringen. — Es gab noch mehrere ähnliche Gesellschaften, wovon weiterhin. (Abschn. Armen Anstalten.) Weil aber diese, anfangs zu frommen Absichten errichteten Verbrüderungen hernach in Schlemmereien und lustige und ausschweifende Trinkgelage geistlicher und weltlicher Genossen ausarteten, so suchten die Landesherren sie abzuschaffen, und zur Zeit der Reformation waren sie schon aufgehoben.

Die Stadt ist in vier ungleiche Viertel oder Quartiere getheilt und die sämmtlichen Häuser derselben mit allen dazu gehörigen Grundstücken und Ackerwerken sind in einem Urbarium verzeichnet, welches im J. 1795 zuerst errichtet und bisher immer fortgeführt worden ist; auch ist der Grundriß der Stadt, nach der damaligen Beschaffenheit des Locals, getreu dargestellt in einer Charte, die, im J. 1788 verfertigt, die Lage aller Straßen mit ihren Häusern, Höfen und Gärten auf 12 Blättern enthält. Jedes Quartier hat einen Stadt-Altermann, der die Angelegenheiten seines Quartiers besorgt. Daß die Quartier-Eintheilung schon vor Alters üblich und statt der Stadt-Alterleute vier Quartiermeister in Bergen angeordnet gewesen, sagt der Wend. Rügian. Landgebr. Tit. 259.

Bergen hatte zu Anfange des 1817ten Jahres 2075 Einwohner, welche aus 970 Personen männlichen und 1105 weiblichen Geschlechts bestanden. Wie sich die Einwohnerzahl in einem Zeitraum von beinahe 40 Jahren vermehrt habe, werden folgende Angaben zeigen:

Im	Jahre	1780	hatte	die	Stadt	1374	Einwohner.
"	"	1800	"	"	"	1520	"
"	"	1810	"	"	"	1866	"
"	"	1815	"	"	"	2016	"

Der Einwohner größere Zahl besteht aus Krämern, Brauern, Gastwirthen und Krügern, Handwerkern, Ackersleuten, Fischern und Tagelöhnern. Manche treiben mehrere Gewerbe, oder neben ihrem Handwerk zugleich Ackerbau. Der Handel ist unbedeutend. Nach dem Stadt-Privilegium kann jeder angesessene Bürger alle Arten von Handel und Wandel, von Nahrung und Gewerbe treiben; diese Freiheit ist aber dadurch beschränkt worden, daß die Krämer ohne Widerspruch der Bürgerschaft eine eigne von der Landes Regierung confirmirte Compagnie errichtet haben, in welche jeder treten und ein gewisses Eintrittsgeld erlegen muß, der in Bergen Handlung treiben will. Man glaubte, durch diese Einrichtung der Sellerei und Höckerei vorzubeugen, es sind aber jetzt mehr Kaufleute und Krämer in der Stadt, als vormals. — Von sechszehn mit der Braugerechtigkeit bewidmeten Häusern treiben nur fünf die Brauerei. Das Bier ermangelt des Ruhms. Gemülzt wird nur so viel, als zum Bierbrau erforderlich ist. Malzhandel treibt niemand. Mehrere gute Häuser lassen Bier aus Stralsund bringen. Die Brauer haben seit dem J. 1647 eine Zunft, oder Compagnie errichtet und ihre 1672 vom Magistrat approbirte und confirmirte

Rolle ist 1681 und 1725 öffentlich bestättigt worden. Aus dieser Rolle erhellet, daß anfangs 14 Brauhäuser in Bergen gewesen sind, deren Zahl zu 10 herabgesetzt werden sollte, allein in der Folge bis zu 16 vermehrt worden ist. Ein mit der Braugerechtigkeit bevorzugtes Haus steuert für einen Kathen, der Eigenthümer mag Brauerei treiben, oder nicht. Daß schon vor Alters vier Braupfannen in Bergen im Gange und viele Brauwerke, ohne die Braukessel, vorhanden gewesen, berichtet der Wend. Rügian. Landgebr. Tit. 271.

Noch vor 25 Jahren stand Bergen in dem Ruf eines Ortes, worin vorzüglich wohlfeil zu leben sey, und daß solcher gegründet war, bezeugten der niedrige Werth der Häuser und Gärten, die geringen Preise der Miethen, der Lebensmittel und die Leichtigkeit, manche Wirthschaftsbedürfnisse auch außer der Zeit der Zufuhr an den Wochenmärkten für ein Billiges zu erhalten; dazu kam die stille, ruhige, keinen Aufwand heischende Lebensart in einem Orte, der fast eben so viel ländliches als städtisches Gepräge zeigte und dem manche kostbare Erfordernisse und theure Gegenstände des Luxus noch fremd waren, daher denn auch manche, die sich anderswo durch finanzielle Rücksichten beengt fühlten, dem Rufe der Wohlfeilheit folgten, um in diesem Städtchen anständig und gemächlicher zu leben, so wie auch manche Landadeliche dahin zogen, um durch Verbindung der Bequemlichkeiten und der Geselligkeit des Stadtlebens mit den Annehmlichkeiten eines fast ländlichen Aufenthalts sich doppelten Genuß zu verschaffen. Allein jene Zeit hat sich sehr geändert. Bergen verdient jetzt keinesweges mehr, weder in Hinsicht des Preises der Häuser und der Miethe der Wohnungen, noch der Lebensmittel, noch der Fabrikate und Arbeiten der Handwerker den Ruf eines besonders wohlfeilen Ortes, ja manche Artikel sind theurer, als in andern Städten und dabei ist der Luxus mehr, als man von einer kleinen Stadt glauben sollte, in der mittlern und untern Volksklasse gestiegen. In der Klasse der Vornehmern und Honoratioren ist die Anzahl derjenigen, die von Zinsen, Renten, Pensionen, Witthum, kurz, von ihren Einkünften leben, nicht geringe und auch deren Anwesenheit trägt dazu bei, den Ort zu vertheuern, denn der Capitalist, der die Preise der Dinge nicht ängstlich zu berücksichtigen braucht, kann leicht den ärmern Bürger, den sorglichen Hausvater überbieten, zu geschweigen, daß unbemittelte Einwohner, die doch die Mehrzahl ausmachen, von Nachahmungssucht zu einem Aufwand verführt werden, der ihre Kräfte schwächt und zerstöhrt und Sittenverderbniß veranlaßt.

Ein großer Theil der Honoratioren besteht aus Frauenzimmern und unter den Mannspersonen leben mehrere ohne bestimmte Geschäfte. Was über die höhere Bildung und den Gesellschaftston vormals *) gerügt ist, gilt zum Theil noch jetzt. Den Bedürfnissen geistiger Unterhaltung ist durch Errichtung zweier Lesebibliotheken, deren eine auch etliche Journale hält, einigermaßen begegnet. Zu den Vergnügungen der Einwohner sind zu rechnen die Promenaden und Lustparthieen nach dem Radbas, einer Gruppe mäßiger mit kurzem Buschwerk bedeckter Hügel, dicht bei der Stadt, nach der etwas weiterhin belegenen Graskammer, einem Gebüsch in der Nähe des Nonnensees, nach dem Rugard, von welchem weiter unten, nach der Fischer-Bootstelle, der Labenitz, oder nach Krakow, seltener jetzt nach dem Inselchen Pulitz; auch

---

*) S. die Streifzüge durch das Rügenland von Indigena.

werden zuweilen kleine Fahrten aufs Land, nach Putbus u. a. O. oder größere Reisen, nach Stubbenkammer u. s. w. gemacht. An einem öffentlichen allgemeinen Belustigungsorte in der Stadt fehlt es ganz und einige kleine Gärten, worin Kegelbahnen sind, welche nur Männer besuchen, ersetzen diesen Mangel nicht. Ueber die Winterbelustigungen, Klubbs und Kränzchen, öffentliche und Privatbälle u. dergl. m., läßt sich weiter nichts sagen, als daß sie mit dem Gesellschafts-Verkehr anderer Städte ähnliche Form und gleiches Wesen haben.

Der über die Stadt gesetzte Magistrat besteht aus zwei Bürgermeistern, von welchen einer beständig ein Rechtskundiger seyn soll, weil er zugleich das Stadrichter Amt, nebst dem Syndicat, und zwar seit dem J. 1789, verwaltet, wo beide Aemter in der Person des gelehrten Bürgermeisters vereinigt worden sind; der ungelehrte Bürgermeister hat bis jetzt die städtische Polizei-Direction geführt; ferner aus zwei Camerarien, von welchen der ältere im Amte als Camerier das städtische Aerarium unter Aufsicht hat und das Stadt Rechnungswesen über Einnahme und Ausgabe führt, dem jüngern aber die Inspection über die Bauten der Stadt, die Dämme, Wege, Brunnen, die Feuerspritze und Löschgeräthe u. s. w. übertragen ist, welcher daher der Bau-Camerarius benannt wird; — imgleichen aus vier Rathsherren und einem Gerichts- und Raths-Secretär; das ganze Raths-Collegium ist also aus 9 Personen zusammengesetzt. — In wichtigen Stadt-Angelegenheiten muß die Bürgerschaft, welche die schon vorhin erwähnten vier Alterleute, imgleichen die Sechszehn-Männer repräsentiren, zu Rathe gezogen werden. Ein Bürger-Worthalter ist nicht vorhanden.

Wie geringe die Besoldung des Magistrats-Personals und der Bürger-Repräsentanten sey, zeigt folgender Auszug aus dem Stadt-Receß vom Jahre 1790: *)

Der ordentliche Gehalt des gelehrten Bürgermeisters beträgt .	50 Rthlr.	— ßl.
Als Syndicus und Stadtrichter erhält er	25 =	— =
Des zweiten Bürgermeisters Gehalt beträgt	12 =	32 =
Jeder der beiden Camerarien erhält	9 =	24 =
Jeder der vier Rathsfreunde, wie sie in dem gedachten Stadt-Receß benannt sind . . .	6 =	16 =
Jeder Stadt-Altermann erhält jährlich	4 =	— =
Jeder Sechszehner . .	1 =	— =

NB. Der Raths-Secretär hat statt eines Gehaltes an baarem Gelde die Nutznießung gewisser städtischer Felder, wovon hernach.

Etwas erhöhet werden diese Besoldungen: für den gelehrten Bürgermeister durch die Terminsgebühren und Gerichtssporteln und eine in neuern Zeiten bestandene Zulage, für die Camerarien durch die Erbschichtungen, Richtigkeiten genannt, durch Testaments-Errichtungen nach Lübschem Rechte und durch Inventuren und Auctionen bei städtischen Angehörigen, für den Secretär durch einen Theil der Sporteln; da auch

*) Im J. 1717 erhielt die Stadt von der Dänischen Regierung einen besondern Stadt-Receß unter dem Titel: Verordnung vom 31sten December 1716 der Königl. Dänischen Regierung in Ansehung des Magistrats rc. zu Bergen. Er kam bald außer Ansehen.

jede Magistratsperson, mit Ausnahme des gelehrten Bürgermeisters, das Patronat über verschiedene Gewerksämter hat, so giebt solches einige, freilich von mancher Zunft äußerst unbedeutende, Accidenzen zu dem Gehalte. Außerdem hat der Rathskellermeister dem ganzen Magistrat jährlich gewissen Deputatwein zu liefern, nemlich den Bürgermeistern 24, den Camerarien 15, den Rathsherren 12 und dem Secretär 8 Pott.

Das ganze Stadtgebiet von Bergen, nemlich alle cultivirte Aecker und Gärten, Wasser und Wiesen, Haide und Weide, Rusch und Busch zusammen genommen, selbst das Areal der Stadt mit einbegriffen, beträgt nach Gadebusch *) 1699 Morgen Landes, obgleich, nach dem Verzeichniß der Landes-Vermessung von 1695, wovon auf dem Stadt-Archiv ein aus dem Schwedischen ins Deutsche übersetztes Exemplar vorhanden, das Ganze nur zu 1681 Morgen angegeben ist. Nach der Charte und Arealbeschreibung hat Bergen, dessen Areal oben zu 38 Morgen angegeben worden, 419 Morgen 180 Ruthen Haide und Weide und 114 Morgen 180 Ruthen Domanialholzung in seinem Bezirk; **) des Nonnensees Oberfläche ist zu 93 Morgen angegeben, das übrige ist städtisches Akker- Wiesen und Haideland. Die meisten Felder liegen hoch und sind von sandiger Beschaffenheit, in den Ebenen aber und Niederungen ist etwas besserer Getreideboden.

Zu den Aeckern gehören 1. die steuerbaren eigenthümlichen Saatfelder der Bürger und Einwohner; 2. der Secretariat-Acker, welcher der Stadt eigen-

---

*) S. dessen Staatskunde I. B. S. 243.

**) Der Stadt Bergen Weide-Ordnung v. J. 1797.

thümlich gehört, 26½ Morgen beträgt und dem jedesmaligen Stadt-Secretär, statt Gehaltes an baarem Gelde, zum Gebrauch und Genuß verliehen wird. 3. Einige Morgen sogenannten Apart-Ackers, welcher steuerbar und worunter solches Feld zu verstehen ist, das Personen eigenthümlich gehört, die nicht Bürger der Stadt oder in derselben nicht mit Häusern ansässig sind. 4. Das Bedientenfeld; dies beträgt 31 Morgen, ist Stadteigenthum, steuerbar und an geringe Leute verpachtet, die dafür jährlich ohngefähr 30 Rthlr. bezahlen; diese Summe wird an das Königl. Kreisamt statt der Dienste entrichtet, deren Leistung die vormaligen Landesfürsten sich bei der Bewidmung Bergens mit städtischer Gerechtsame von 30 Kathen vorbehalten hatten. 5. Frei-Acker von Fürstlichen Zeiten her, der etwa 10 Morgen beträgt, hauptsächlich am Gauenberge (Jochenberge) belegen und nicht steuerpflichtig ist. 6. Der Pathenpfennings-Acker von 1 Morgen, der ehemals von einem v. Scheelen zu Neclade dem Kinde eines Berger Einwohners zum Pathengeschenk gegeben worden und ebenfalls steuerfrei ist. 7. Von den Bergen um die Stadt, die seit Jahrhunderten wüst und nur mit Haidekraut bewachsen da lagen, sind der Gauenberg und einige Strecken neben dem Galgenberg, imgleichen die Höhen nach dem Rugard hin seit dem J. 1800 urbar gemacht und von den Einwohnern, die sie um ein billiges gepachtet haben, nach und nach in Ackerland, Gemüse- und Kartoffelgärten verwandelt worden. Steuern geben sie nicht, so wie auch die wenigen städtischen Wiesen steuerfrei sind.

Der gesammte Acker soll für 778 Morgen, oder 25 Hufen und 28 Morgen steuern, welche in der Praxis auf 13 Hufen und 8⅓ Morgen reducirt sind.*) Diese jetzt wirklich steuerpflichtigen Felder werden Nahrungshufen genannt. Ueberhaupt aber trägt die Stadt zu der Landes-Hufensteuer gegenwärtig für 22 Hufen und 27⅕ Morgen bei und zwar also:

Für 13 Hufen	8⅕ Morgen		Nahrungshufen, oder wirklichen Acker.
= 9 =	19	=	Mitacker, oder Stadthäuser-Steuer.
Zus. 22 Hufen	27⅕ Morgen.		

Dies führt zu der Ansicht der Besteuerungsart, die jetzt in der städtischen Commüne üblich ist. Zu den Staatscontributionen vermittelst der Hufensteuer u. s. w. trägt Bergen mit seinen Häusern und Aeckern, laut der so eben gemachten Angabe, bei, nach welcher auch die Ausschreibung geschieht und da die Häuser, wie gesagt, mit als Acker steuern müssen, so ist der Beitrag von denselben der Mit-Acker benannt worden. — Die eigentliche städtische Contribution, oder Beschatzung der Bürger, der Stadtschoß, plattdeutsch Schatt genannt, und zur Tragung der öffentlichen Lasten bestimmt, ist den Häusern auferlegt, die zufolge dessen in Kathen, oder ganze, und Buden, oder halbe Häuser getheilt sind; jeder Kathen steuert für 10 und jede Bude für 5 Morgen Acker. Die Bürgermeister genießen von ihren Häusern der vollen, die Camerarien der halben Steuerfreiheit. Adeliche Personen, welche Hauseigenthümer werden, müssen zwar auch den Schatt nach der Häusereintheilung tragen, haben aber nicht nöthig, das Bürgerrecht zu gewin-

*) Daß zur Zeit der Dänischen Regierung die Stadt noch für 40 Morgen mehr habe steuern müssen, sagt der damalige Receß. S. Dähnerts L. Urk. I. Supplem. B. S. 1251.

nen, sondern bezahlen statt des Bürgergeldes eine Recognition von 12 Rthlr. an die Stadt = Cämmerei. Die bürgerlichen Handel und Wandel treibenden Hauseigenthümer steuern, nach Vorschrift ihrer Compagnie-Rolle für einen Kathen, wenn sie gleich nur eine Bude besitzen, hört aber ihr Handel auf, so steuern sie blos nach ihrer sonstigen gewöhnlichen Classification, sie müßten denn die Braugerechtigkeit besitzen. Wer weder Kathen noch Bude hat, jedoch bürgerliche Nahrnng treibt und Einliegerbürger ist, giebt auch seinen Stadt=Schoß und zwar für eine Bude; dies wurde anfangs der Sittelschatt genannt.

Eine besondere städtische Steuer ist die **Urbare**, urbaria contributio, die vielfältig auch Uhrbör, Urbühr, Orbäre, Oerbahre und Orbeede genannt und geschrieben und deren Benennung gewöhnlich durch onus primitivum, Urbürde, alte Stadtgebühr erklärt worden ist. *) Wie nemlich das Stadt=Privilegium ausweiset, hat Bergen, in Folge eines Vergleichs, statt der ehemaligen dem Kloster schuldigen Pächte und anderer ungewisser Gefälle ein Aequivalent von 600 Mck., oder 100 Rthlr., unter dem Namen einer Urbahre jährlich zu entrichten sich verpflichtet; diese Abgabe ist immer an das Fürstliche Rentämt in Bergen abgetragen, anfangs in der Absicht, daß sie als eine dem Kloster schuldige Pacht berechnet werden sollte, dies hat aber in der Folge aufgehört und jene 600 Mck. sind jetzt auf 83 Rthlr. 16 ßl. reducirt, die jährlich von der Stadt an das Königl. Kreisamt eingeliefert werden. Die Urbare wird durch eine besondere

*) Dähnerts Pomm. Bibliothek I. B. 6tes St. S. 151. — II. B. 9tes St. S. 462. III. B. 2tes St. S. 402. — Stavenhagens Beschreibung der Stadt Anklem S. 175. 176.

Steuer zusammengebracht, wozu ein Kathen 8 ßl. und eine Bude 4 ßl. giebt.

Zu den öffentlichen Staatsbeiträgen gehört auch der von der Stadt jährlich nach Stralsund zu liefernde Magazinrocken, dessen Quantum 274 Schffl. $10\frac{1}{2}$ Metzen beträgt. Außerdem hat Bergen jährlich noch 10 Schffl. Bischofsrocken zu liefern, wozu von der Stadt selbst 2 Schffl. und 8 Schffl. von Privat-Aeckern beigetragen werden. Zur Einnahme dieser Steuer-Beiträge und zur Führung der Stadtrechnungen ist ein Stadt-Collector mit einem Gehalt von 50 Rthlr. angestellt, welcher eine Caution von 300 Rthlr. zu leisten hat. Die Stadtrechnungen sollen zu Ende jedes März-Monats abgeschlossen und jährlich an die Königliche Landes-Regierung zur Revision eingesandt werden.

Es giebt außer dem Fräuleinkloster und der dazu gehörigen Pförtnerwohnung, welche von jeher eximirt gewesen, 18 schattfreie Häuser in Bergen, wovon 5 der Krone angehören, 2 unter dem Amte stehen, 3 Kirchenhäuser und 8 Freihäuser, d. h. solche Hausstellen sind, die in alten Zeiten von Fürstl. Beamten und Officianten bewohnt und deshalb von allen Abgaben befreiet wurden; in der Fürstl. Resolution von 1616, worin das Stadt-Privilegium in manchen Puncten genauer bestimmt wird, werden sie privilegirte Häuser genannt. Ihre Eigenthümer brauchen nicht Bürger zu werden, noch Recognitionsgelder zu geben und standen sonst unter dem Landvogteigerichte. Nach einer Vereinbarung alter Zeit tragen die Freihäuser $\frac{1}{17}$tel zur Erhaltung der Nachtwache und andern geringern städtischen Einrichtungen bei; in der Kriegszeit prätendirten sie die Einquartierungsfreiheit, welche aber in der allgemeinen Noth nicht zugestanden werden konnte.

Sehr nachtheilig für Bergen ist, daß es ganz und gar keine Güter oder Capitalien hat, sondern daß fast alle und jede Geldausgaben der Commüne durch Bürgerbeschatzungen zusammengebracht werden müssen; die kleinen Intraden an Bürgergeld und Recognition, an Rathhaus und Weinkeller= Acker= und Gartenpächten, Mühlengrundgeld, Schlächter= Accise und Stellengeld für die Jahrmarktbuden und dergl. mehr sind unbedeutend, zum Theil zufällig und unzuverlässig, zum Theil wieder zu stehenden Ausgaben angewiesen, daher die Stadt nie zu Kräften gelangen und so manches, was ihr fehlt, nie tüchtig einrichten kann. Das traurigste bei dieser gänzlichen Armuth ist, daß sie während der letzten Occupationszeit des Landes durch lange, oft ganz unverhältnißmäßige Einquartierung und was damit verknüpft war, genöthigt gewesen ist, eine Schuldenlast von etlichen tausend Thalern anzuhäufen, welche zu tilgen sie vielleicht nie im Stande seyn wird.

Auch an eignem Gehölz mangelt es der Stadt gänzlich, weshalb die Einwohner ihren Bedarf kaufen müssen. Ein bei der Stadt befindliches, seit dem J. 1811 angestochenes Torfmoor gewährt ihnen jedoch einige Beihülfe zur Feuerung. Der Besitzer eines Kathens kann 4000 und der einer Bude 2000 Stück daraus alljährlich auf eigne Kosten zubereiten lassen; da dies für sämmtliche Kathen und Buden fast in jedem Jahre 820,000 Stück beträgt, so mögte diese Hülfsquelle wohl bald versiegen, indem der Torf nicht tief steht, auch das Moor nicht von sehr bedeutendem Umfange ist.

B. Gartz. Ein uralter schon in der frühesten Landesgeschichte unter dem Namen Carenza und Charenz vorkommender Ort; Saxo der Grammattiker nennt ihn einen insignem vicum (Flecken), in der Roskilder Matrikel von 1294 steht er aber nur als villa aufgeführt.

Seine erste Bewidmung mit städtischer Gerechtsame soll Gartz 150 Jahre nach Zerstöhrung der Burg Carenza, (nach Schwarzens Vermuthung) etwa in den Jahren 1316 oder 1317 von dem Rügenfürsten Witzlav IV. erhalten haben. Daß es im J. 1319 schon eine Stadt gewesen, erhellet aus dem Ausdruck einer Urkunde, *) worin es heißt concives et consules novae civitatis Gartz. Die Herzoge von Pommern Wartislav IV. und Barnim IV. bestättigten der neuen Stadt ihre Privilegien und fernere Bestättigungen derselben erlangte sie im J. 1377 von dem Herzog Wartislav VI. von Pommern. Gartz war also während geraumer Zeit und fast 300 Jahre früher, ehe Bergen städtischer Gerechtsame theilhaftig ward, der erste und vornehmste Ort auf Rügen, nach deutscher Verfassung. Fernere Erneuerungen der alten Confirmationen erhielt die Stadt von mehrern Landesherren in den Jahren 1567, 1626, 1663 und 1723.

Sie liegt in einer Ebene, umgeben von Weide, Sumpf- und Ackerland und einem Landsee, und stellt sich in der Ferne dem Auge von keiner Seite vortheilhaft dar. In mäßiger Entfernung von ihr laufen westwärts leichte, magere Anhöhen von Norden nach Süden hin, die einem Walle gleichen und für ihre alten Gränzen an dieser Seite gehalten werden; denn in ältern Zeiten soll sie ein ganz ansehnlicher Ort gewesen seyn, viel städtisches Gewerbe gehabt und, vermittelst eines von dem von ihr benannten See bis

*) Schwarz Gesch. d. Pom. Rüg. Städte S. 590.

Puddemin in die Buser Inwiek führenden Canals, von welchem man im vorigen Jahrhunderte noch Spuren hat finden wollen, auch Schiffahrt, Handel und Wandel getrieben haben. Ein sogenanntes Lustrations-Protocoll vom J. 1725 *) will aus den Local-Untersuchungen und Beschreibungen z. B. des sogenannten Laststücks, oder Lastadienplatzes, der alten Marktstelle von 16 Morgen Landes, des mit Wall und Graben umgebenen alten Hofes u. s. w. freilich die ehemalige Größe und den Umfang von Gartz beweisen, allein die darin enthaltenen Schlüsse laufen auf bloße Vermuthungen hinaus. Ein großer und blühender Handelsplatz ist Gartz wohl nie gewesen, wenn es gleich mehrere Jahrhunderte lang die einzige Stadt auf Rügen und der Sitz einer großen Gardvogtei war, allein daß es größer und wohlhabender gewesen und mehrere Kirchen gehabt habe, als jetzt, läßt sich mit unwidersprechlicher Gewisheit aus dem alten Stadtbuche darthun. **) Auch wurde es dadurch vergrö-

*) Abgedruckt in Schwarzens dipl. Gesch. der Pom. Rüg. Städte S. 576 u. f.

**) Dieses Gartzer Stadtbuch, welches dem Verf. durch Güte des dortigen Herrn Bürgermeisters mitgetheilt worden, ist erst in dem verflossenen Jahrhunderte wieder aufgefunden, nachdem es lange in der Erde vergraben gelegen. Es ist ein Diplomatarium, oder Documenten-Copey- und Stadtbuch zugleich. Auf 64 Pergamentblättern, und fast durchgehends mit Mönchsschrift geschrieben, enthält es allerlei städtische Verhandlungen, Protocolle, Documente, Aufzeichnungen in memoriam rei und umfaßt einen Zeitraum von 235 Jahren, indem das älteste Document die Jahrszahl 1351, das jüngste aber die von 1586 angiebt; zu bedauern ist, daß die 6 ersten Blätter, die vielleicht das erste städtische Bewidmungs-Privilegium enthalten haben mögen, oder

ßert und an Einwohnern bereichert, daß das in seiner Nähe angelegte Städtchen Rügendahl, in der bischöfl. Roskilder Matrikel von 1294 nova civitas genannt und dort mit einer Feldmark von 10 Haken (Hufen) angesetzt, nachdem es nicht lange gestanden, wieder eingieng und sammt seinem Stadt-Acker mit Gartz consolidirt ward; die Zeit, wann Rügendahl angelegt ist, läßt sich eben so wenig angeben, als man das Jahr und die Ursachen seiner Vereinigung mit Gartz weiß, nur so viel erhellet aus einer Urkunde, *) daß im J. 1326. die Versetzung schon vollführt gewesen, so wie eine andere Urkunde **) darthut, daß die Nova Civitas Ruyendale im J. 1313 noch als solche, wiewohl nicht ohne Besorgniß einer Translation nach einem andern Ort, existirt habe; überhaupt ist von Rügendahl wenig historisches bekannt geworden, und das Gartzer Stadtbuch erwähnt ihres Namens auch nicht ein einziges mal.

Im 30jährigen Kriege wurde Gartz durch Brandschatzung, Plünderungen und Verwüstungen schwer heimgesucht, wozu verschiedene große Feuersbrünste kamen, die es fast ganz einäscherten; ***) dadurch gerieth es nach und nach in Verfall, die Einwohner verarmten, wurden Dienstleute des benachbarten Gutes Rosengarten und die Stadt sank zu einer Unbedeutenheit herab, die sie unter das ehemalige Berger Amt

---

nähere Aufschlüsse über Rügendal hätten geben können, ausgeschnitten sind.

*) Schwarz dipl. Gesch. der Pom. Rüg. Städte S. 593 u. 594.

**) Gadebuschs Pom. Samml. I. Bd. 2 u. 3tes Heft. S. 140 u. f.

***) Der letzte große Brand zu Gartz war im J. 1765.

brachte, wiewohl sie nie für eine Amtstadt angesehen seyn wollen, sondern in vorkommenden Fällen immer gegen eine solche Abhängigkeit protestirt und sich auf ihre städtische von den Landesherren confirmirte Bewidmung berufen hat. Landtagsfähig aber ist sie nie gewesen, auch nicht zu den nachsitzenden Städten gerechnet worden. *)

Gartz ist, wie Bergen, ein völlig offener Ort, durch welchen nur eine Hauptstraße, die lange genannt, beinahe in der Form eines rechten Winkels führt, welche im J. 1817 gepflastert worden ist; in neuern Zeiten sind nach Osten und Norden zwei neue Straßen, die Zudarsche und Putbusser, entstanden und außerdem hat der Ort noch einige Nebengassen, aber keinen Marktplatz, sondern ein Theil der langen Straße wird also benannt; — die alte Markstede ist schon seit alter Zeit Ackerland gewesen, wie verschiedene Documente des Stadtbuches ausweisen und der Name Markstede (Merkstelle) bezeichnet vielleicht den Platz, wo einst Rügendahl stand. — Die Häuser sind meistens klein, niedrig, wenige massiv und manche noch mit Stroh gedeckt; ihre Zahl belief sich mit dem Rathhause im J. 1817 auf 166, wozu außerdem noch 49 Scheunen und Schoppen kamen. Im J. 1783 waren nur 121 und im J. 1800 — 151 Häuser vorhanden, folglich hat sich in 34 Jahren die Häuserzahl um 45 vermehrt. Das Ganze ist in vier Quartiere getheilt und die in der rügianischen Brandkasse versicherten Gebäude sind zu 55,695 Rthlr. ein=

---

*) Schon geraume Zeit vor dem 30jährigen Kriege muß der Ort durch unbekannt gebliebene widrige Schicksale verloren haben, denn im J. 1576 nennt das Stadtbuch selbst ihn nur einen Flecken.

gezeichnet; die Stadt besitzt übrigens, so wie Bergen, nur eine Feuerspritze.

Zu den öffentlichen Gebäuden gehört:

1. Die Pfarrkirche, das einzige Gotteshaus für die Stadt= und Landgemeine, ein altes Gebäude, welches über tausend Schritte von der Stadt nordost=wärts auf einem Berge liegt, der nicht zum Gebiete des Orts, sondern zu dem benachbarten Wendorf gehört, weshalb die Scherzrede entstanden ist, daß die Gartzer bei den Wendorfern zur Kirche gehen. Der Thurm der Kirche hatte vor Alters eine hohe Spitze, welche im J. 1650 vom Sturm abgeworfen ward. Wackenroder berichtet, *) daß in catholischen Zeiten Gartz ein Filial von Poseritz gewesen, allein diese Angabe ist durch nichts begründet, wohl aber ergiebt sich aus dem Gartzer Stadtbuche, so wie aus der alten Roskilder Matrikel, daß die Pfarren Gartz, Casnevitz und Zudar verbunden gewesen sind; in dem gedachten Stadtbuche kommt beim J. 1451 ein Jacob Bonow als Kerkherre to Gartze vnd Karzenevitze vor, welcher auch Pravest zu Ruyen genannt wird. Der jetzige Pfarrer ist zugleich der zweite Probst des Landes; die Pfarrwohnung liegt außerhalb Gartz, ohnfern der Kirche und fast am Fuße des Kirchenberges. Provisoren hat die Kirche nicht, sondern nur Vorsteher, die aus der Gartzer Bürgerschaft erwählt werden; sonst besitzt sie einige Mittel, auch einen Antheil von Dumgnevitz, welcher verpachtet ist und dessen Pacht der Probst als Theil seines Salariums genießt.

Dies ist die einzige übrig gebliebene Kirche.

---

*) A. u. n. Rügen S. 240.

Schwarz verwirft es zwar gänzlich, daß Gartz mehrere Kirchen gehabt habe, allein blos aus Mangel an zuverlässigen Nachrichten; denn in dem Gartzer Stadtbuche kommt öfters die Sct. Peterskirche vor, die von den Einwohnern manche Geschenke und Vermächtnisse erhielt, vornemlich in der Zeit von 1396 bis 1446. *) Noch häufiger wird darin der Sct. Bartholomäus Kirche und besonders des Kirchhofs erwähnt, welcher nach allen Bezeichnungen nicht weit von dem Schloßwalle lag. Daß diese Kirche in den Jahren 1433 und 1447 noch in Flor war, ergiebt sich aus zwei Documenten des Stadtbuchs, welche der ihr gemachten Geschenke und des dem heiligen Antonius gewidmeten Altars, vor welchem Messe gelesen werden sollte, Meldung thun. **) — Der auf dem Gartzer Walle befindlich gewesenen Marien-Capelle, so wie des Gotteshauses, das zum heil. Geist-Spital gehörte, ist schon oben gedacht worden. Mit Inbegrif derselben waren also ehemals in und bei Gartz 5 kirchliche Gebäude vorhanden.

2. Das Rathhaus, ein mittelmäßiges im J. 1799 mit massiver Fronte aufgeführtes Gebäude. In ihm befindet sich das Archiv, wie auch das Stadtgefängniß und der Bürgergehorsam.

3. Das Armenhaus, oder der heil. Geist, eine alte Stiftung, welche schon in einem Documente des Gartzer Stadtbuchs vom J. 1371 vorkommt und deren späterhin auch der Wend. Rügian. Landgebrauch Tit. 270., wiewohl nur im allgemeinen, gedenkt;

---

*) Im J. 1397 schenkte ein Gartzer Einwohner, Vike Lus acht Morgen Acker „tu dem Buwete von Sunte Peter to Hülpe."

**) Im J. 1443 schenkte Lütteke Gödeke ein ewiges Licht vor den heil. Leichnam zu Sct. Bartholomews.

in einer andern Urkunde des Stadtbuchs von 1415 wird es dat Hus, dat dar gebuwet is yn de Ere des hylghen Ghestes bynnen vnser Stat to Gartze, und in der Gartzer Kirchenmatrikel von 1634 das Hospital zum heiligen Geist genannt. In den alten frommen Zeiten, vornemlich von 1400 bis 1445, wurde es mit Ackerschenkungen und andern Spenden und Renten reichlich bedacht, wovon es noch jetzt 31 Morgen Feld, nebst einigen Capitalien besitzt. Zur Verwaltung der Mittel und der Spital-Oeconomie waren zwei Gartzer Bürger als Vorsteher angestellt, die dem Rathe und (wahrscheinlich auch) dem Kirchherrn Rechenschaft ablegen mußten. Es hatte auch eine eigne Capelle in seiner Nähe, die schon oben angeführt ist. *) Das Armenhaus liegt an der Südseite der Stadt und zwar auf deren Grund und Boden und hat für 7 Personen eingerichtete Wohnungen. Ein über das Eigenthum und die Besetzung der Wohnstellen zwischen der Kirche und Stadt entstandener Streit ist dahin verglichen, daß die erstere 3, die letztere aber 4 solcher Wohnungen an arme Leute zu verleihen das Recht haben soll; die Kirche erhält 15 Rthlr. von dem, der in ihrem Antheile wohnhaft werden will; die von der Stadt eingesetzten Gartzer sind frei vom Einkaufsgelde. Die Armen genießen kleiner Geldpröwen und bekommen etwas Holz und Torf.

Im Jahre 1817 waren 1156 Einwohner in Gartz befindlich. Wie die Einwohnerzahl in einem Zeitraum von 36 Jahren gewachsen sey, wird folgende Angabe zeigen:

---

*) Dies ist vermuthlich die in Wackenroders a. u. n. Rügen S. 240 erwähnte Capelle.

Im	Jahre	1780	hatte	die	Stadt	757	Einwohner.
=	=	1795	=	=	=	903	=
=	=	1800	=	=	=	1042	=
=	=	1815	=	=	=	1161	=

Die Einwohner nähren sich von Krämerei, städtischem Gewerbe, auch vom Vieh= und Pferdehandel und hauptsächlich von Ackerbau. Unter den Gewerkszünften sind einige sehr alt. Das Stadtbuch enthält zwei Urkunden, die dieses beweisen; in einer vom J. 1353, also 37 Jahre nach Erhebung des Ortes zur Stadt, verlieh der Rath zu Gartz den dortigen Schuhmachern und Schrodern, d. i. Schneidern, eyn Werkammet vnd Ghilde; in einer andern vom J. 1359 ward den Schustern und Schneidern vom Rathe ihr Amt bestättigt und die Freiheit gegeben, ihre novam Mechaniam frei auszuüben. Von den Häusern treiben jetzt 4 den Bierbrau, allein sie so wenig, als andre Häuser sind mit besondern Privilegien und Gerechtigkeiten bewidmet.

Das Personale des Stadtmagistrats soll, bis weiter, bestehen aus zwei Bürgermeistern, unter denen einer ein Rechtsgelehrter seyn muß, indem er zugleich das Amt des Stadtrichters und das Rathssecretariat verwaltet; ferner aus zwei Camerarien und zwei Rathsherren. Die Besoldungen der Mitglieder dieses Collegiums sind sehr geringe und in den letzten Jahren hat Gartz nur einen Bürgermeister unter dem Titel eines Rechts=Consulenten gehabt. In des Stadtbuchs ältesten Documenten und Protocollen heißt es immer: Nos Consules civitatis Gartz, oder: Wi Borgemeistere vnd Ratmanne der Stat tho Ghartze, in den spätern aber, wie schon die Stadt gesunken war, z. B. vom J. 1586: Wi Ratmanne in dem Fleck Gartz, auch wird seit 1561 in mehrern Protokollen ein Stadtvogt, oder Richter immer mit dem Magistrat zugleich genannt. Daß der Landesfürst einen solchen schon im J. 1377 hatte anstellen wollen, thut Schwarz durch eine Urkunde dar. *) — Die Bürgerschaft wird durch zwei Stadt-Alterleute repräsentirt und außerdem sind für das städtische gemeine Wesen vier sogenannte Viertelsmänner angeordnet und in Stadt- und Polizeigeschäften hat ein Raths- und Polizeidiener die Aufwartung. Das Lübsche Recht gilt in Gartz in eben den Fällen, wie in Bergen.

Das ganze zum Weichbilde der Stadt gehörige Gebiet, mit Inbegrif der Gärten und Wiesen, des kleinen städtischen Haiitholzes, eines Torfmoors und einer ziemlich guten Vieh- und Gänseweide, beträgt 709 Morgen 16½ Ruthen, worunter im J. 1800 — 112 Morgen Stadtfeld waren, welche verpachtet sind. Das Ackerland um Gartz ist im Ganzen ziemlich sandig. Das Torfmoor wird von allen Hauseigenthümern benutzt und jedes Haus ist berechtigt, jährlich 4000 Stück daraus zu gewinnen; wegen des Torfstichs ist im J. 1796 eine neue Torfordnung gemacht worden.

Zur städtischen Steuer tragen alle Häuser gleich viel bei und zwar so, daß jedes Haus für 5 Morgen Acker steuert; die Gelder werden durch einen Bürgerschoß (Schatt) zusammengebracht, welcher laut Stadtbuch schon in den ältesten Zeiten üblich war und Schott benannt wurde. Was die Landes-Contributionen durch die Hufensteuer betrifft, so ist die Ausschreibung für Gartz auf 6 Hufen und 6 Morgen festgesetzt, wofür die Stadt ihre Steuer entrichtet.

---

*) S. dessen dipl. Gesch. der Pom. Rüg. Städte S. 613.

Außerdem hat Gartz jährlich zu erlegen: 1. eine Urbare von 3 Rthlr. 8 ßl. an die Königl. Renterei nach Stralsund; 2. an Ablagergeld 1 Rthlr. 24 ßl. an das Königl. Kreisamt nach Bergen; 3. ein Magazinrocken Quantum von $74\frac{4}{5}$ Scheffl. nach Stralsund; 4. an Bischofsrocken nach Ralswiek $10\frac{1}{4}$ Scheffl.; 5. die sogenannte Marienpacht von 3 Rthlr. 16 ßl. an die Marienkirche zu Stralsund; daß dies nicht, wie Schwarz annimmt, *) dasselbe Vermächtniß seyn könne, welches ein Geistlicher, Namens Rothger, im J. 1319 von der Stadt Gartz zu genießen hatte, beweist die Verschiedenheit der Jahrszahlen, obgleich es sonst richtig ist, daß dieser Rothger der Marienkirche 24 Mck. Einkünfte von Gartz vermachte und diese Hebung vermuthlich auf das heil. Geist-Kloster in Stralsund **) übertrug. 6. Für die Befreiung von ehemaligen Diensten, welche eine gewisse Anzahl Gartzer Einwohner sonst nach Rosengarten leisten mußte, hat die Stadt an das Königl. Kreisamt in Bergen 16 Rthlr. zu bezahlen.

Die städtische Einnahme besteht in dem Stadtschoß, dem Bürgergelde, Einliegergelde, einigen Hausstellengeldern, imgleichen von dem Stellgeld der Jahrmarktsbuden, dem Müller-Grundgeld, der Schlächter Accise, den Bruch und Strafgefällen, einigen Ackerpächten, und andern kleinen Hebungen. Die Capitalien, die die Stadt besaß, sind während der französischen Inhabung des Landes zur Abhelfung der Kriegsnoth verwendet worden.

Von dem alten Schlosse Carenza und dem Gar-

*) Diplom. Gesch. der Pom. Rüg. Städte, S. 592.

**) Gadebuschs Pom. Samml. I. Bd. 2 u. 3 Heft. S. 143. 144.

tzer Burgwalle wird weiterhin (in dem Abschn. Alterthümer) die Rede seyn; der Gartzer See ist schon oben beschrieben.

II. Schilderung der Flecken.

a. Gingst. Ein alter Ort, wie Documente darthun, in denen er gewöhnlich Gynxt, Gynst, Gingist und Gyngst geschrieben wird; *) die älteste Urkunde, worin seines Namens Erwähnung geschieht, ist vom J. 1232. Er liegt auf der Westseite der Insel in einer fruchtbaren Ebene, hat ganz das Ansehen eines großen Dorfs und enthält (nach der Zählung im J. 1817) 108 Feuerstellen und 670 Einwohner. Die Häuser sind klein und mit Stroh gedeckt, wenige ausgenommen, die Ziegeldächer haben, und zu welchen das Pfarrhaus, das größte und beste Gebäude in dem Flecken, gehört. Von den Häusern stehen 37 unter dem Berger Kreisamte, 66 unter dem Pastorate, auch haben Landbegüterte des Adels an 4 Häusern das Grundherrnrecht. Eigentlich macht die mitten durch den Flecken führende Hauptstraße die Scheide zwischen den Domanial- und Pastoratseinwohnern, daher man sonst eine Reihe der Häuser die Amtsseite und die andere, ihr gegenüber, die Pastoratsseite zu nennen pflegte. Die meisten Straßen sind gar nicht, einige schlecht gepflastert. Ueberhaupt hat der Ort nie in Aufnahme kommen können, obgleich, wie aus Urkunden ersichtlich ist, dort schon frühe mehrerlei Handwerkszünfte und Kaufleute, die den Gewandschnitt trieben, befindlich gewesen sind; besser bebauet und wohlhabender, als jetzt, muß er aber doch gewesen seyn, da ein Document von 1503

---

*) S. Dähnerts Pom. Bibliothek 2 B. III. St. S. 53.

ihn ein Städtchen (oppidum) nennt. Auch wird in einer andern Urkunde vom J. 1439, laut welcher der Herzog Barnim VIII. von Pommern dem Kloster Pudgla sein Gebiet und Besitzthum (Wikbilde) zu Gingst verkaufte, *) eines Salzwerks bei Gingst erwähnt, von welchem man aber nicht die geringste Spur mehr findet, auch nicht einmal weiß, wo solches gelegen habe, so wie alle weitere Nachrichten mangeln, ob es bedeutend gewesen und wann, und aus welchen Ursachen es eingegangen sey. Im 30jährigen Kriege soll Gingst, laut Chronikanten Bericht, ein hartes Schicksal erlitten und viele Häuser und Einwohner verloren haben.

Die Leibeigenschaft der Einwohner ist schon im J. 1774, zuerst von dem damaligen Präpositus Picht, und darauf auch von der Krone Schweden unentgeldlich aufgehoben worden und seitdem hat der Flecken an Wohlstand ziemlich zugenommen. Vorher, als fast die sämmtlichen Gingster noch Unterthanen theils des Pastorats, theils des Domaniums waren, mußten von den letztern einige nach dem benachbarten Domanialgute Gagern an gewissen Tagen zu Hofe dienen. Zu jener Zeit herrschten unter ihnen gewisse von ihren Vätern überkommene Sagen, die die Unrechtmäßigkeit des dermaligen Besitzstandes einiger theils zu benachbarten Gütern, theils zum Pastorate gehörigen Aecker und Grundstücke, welche ihren Vorfahren ohne Fug und Recht entrissen wären, betrafen. Im Zustande der Unterthänigkeit blieben ihnen zur Wieder-

*) Muthmaßlich hat dieser Handel Zusammenhang gehabt mit einer Hebung von 69 Mck. 7 ßl., die das Kloster Pudgla von dem bei Gingst liegenden Dorfe Malkvitz (laut Berger Klosterregistern von 1575 und 1611) jährlich zog.

erlangung dieses Besitzes alle Mittel und Wege verschlossen. Als aber die Commüne der Leibeigenschaft entbürdet ward, so glaubten diejenigen Gingster, welche sich vornemlich zu Ansprüchen auf jene Grundstücke berechtigt hielten, daß sie solche geltend zu machen und das altväterliche Erbe wieder zu erlangen suchen müßten. Dieser Glaube, dem aber legaler Beweis mangelte, hat viele Streitigkeiten veranlaßt und sich dadurch bei den Nachkommen lebendig erhalten, welche jene Ansprüche von Zeit zu Zeit erneuert, auch deshalb einmal sogar eine Deputation nach Stockholm gesandt haben, bis endlich die jetzige Generation durch den fruchtlosen Erfolg zur Ruhe gebracht ist.

Viele Gingster Einwohner leben blos vom Ackerbau, doch trifft man dort auch einige Krämer und die gewöhnlichsten Handwerker, unter denen die Schuster und Schneider eine ordentliche Gewerkszunft haben. Durch Betriebsamkeit des verstorbenen Präpositus Picht ist im J. 1775 in Gingst ein Weberamt errichtet, das gegenwärtig aus 8 Meistern besteht, deren einige, vornemlich die sogenannten Dammastweber, als geschickte Arbeiter im Lande bekannt sind und feinere und gröbere Tafelgedecke, wozu ihnen gewöhnlich das Garn geliefert wird, nach jedem vorgelegten Muster verfertigen.

Zur Besorgung kleiner Commüne-Angelegenheiten und Polizeisachen des Orts sind 4 Quartiermeister angestellt, nemlich zwei von Seiten des Domaniums, oder des Kreishauptmanns, die jährlich und zwar nach der Reihe der Häuser unter deren Besitzern erwählt werden und zwei, die der Pastor ernennt. Sie sind allesammt in Thätigkeit. Durch Vorsorge des jetzigen Pastors hat Gingst drei Feuerspritzen erhalten, eine Einrichtung, die an sich löblich ist und den Dank des Fleckens um desto mehr verdient, ein je nothwendigeres Bedürfniß solche Maschienen in einem von Fachwerk leicht gebaueten und nur mit Strohdächern versehenen Orte sind; der Pastor hat zugleich eine von dem Berger Kreishauptmann approbirte Feuerordnung entworfen.

Sehenswerth ist die Gingster Kirche, ein altes Gebäude, das in den Jahren 1699 und 1703 durch Sturm und Feuerschaden viel gelitten und seinen ehemals hohen Thurm verloren hat. Im J. 1725 ist sie jedoch, nach einem abermaligen Brande, durch eine Hauptreparatur sehr tüchtig wieder hergestellt worden. *) Ihr Aeußeres verspricht das nicht, was das Innere dem Anblick gewährt; hier ist Einfachheit mit Eleganz verbunden, wie es einem der Gottesverehrung gewidmeten Gebäude geziemt und ohne Widerrede ist sie wohl die zierlichste und vorzüglichste Kirche auf Rügen, wenigstens findet man in keiner andern Landkirche so viel helles und freundliches, solche Sauberkeit und Symmetrie beisammen, als in dieser. Zwei Hauptzierden derselben sind der, mit einem, von dem verstorbenen Künstler Bernhard Rode in Berlin verfertigten Gemälde, welches Christus Himmelfahrt vorstellt, von Kennern aber nicht recht gelobt wird, geschmückte Altar und die Orgel, zu deren, im Jahre 1790 vollendetem, Bau ein ehemaliger Krämer zu Gingst, Namens Dillius, der auch den Altar schenkte, ein nicht völlig hinreichendes Vermächtniß gestiftet hatte, daher, bei gänzlicher Armuth der Kirche, das Fehlende durch Beiträge der Eingepfarrten geschafft ward. — Die Stelle des Organisten ist mit dem

---

*) S. die liebreiche Art des grundgütigen Gottes, die Menschen zu belehren u. s. w. vorgestellt vom Mag. J. G. Buschmann, Präpositus zu Gingst. 4. Greifswald. 1726.

Küsteramte verbunden. In der letzten Kriegszeit ward das Gebäude von den Schweden vor ihrem Abzuge (1807) auf kurze Zeit zu einem Heu- und Häksel-Magazin gemacht, darauf aber von den Franzosen — verschont.

Zu den Merkwürdigkeiten der Kirche kann allenfalls noch ein Kelch gerechnet werden, nicht sowohl als ein vorzügliches Werk des Kunstfleißes, sondern als ein Stück, das ehemals einem Kloster in Polen angehört hat, wo es in ehemaliger Kriegszeit erbeutet, einem Officier aus einem adelichen Geschlechte des Landes zu Theil geworden und nach dessen Zurückkunft als ein zu den heiligen Altargeräthen gehöriges Gefäß dem Altare wieder gewidmet worden ist. Die sogenannte Garbenkammer, ein kleines Angebäude an der Nordseite der Kirche, das, wie der Name vermuthen läßt, vor Alters zur Aufbewahrung der Zehntgarben bestimmt war, wurde im J. 1798 zu einem Schulzimmer für die Sommerszeit eingerichtet, weil sie aber dazu zu feucht und überhaupt baufällig war, so ist sie niedergerissen und an ihrer Stelle im J. 1816 ein Spritzenhaus aufgeführt.

Die Gingster Pfarre, worüber der König Patron ist,*) gehört zu den ältesten und einträglichsten im Lande und mit ihr war vor Alters die Ummanzer Pfarre verknüpft. Schon im J. 1284 ward von dem Rügenfürsten Witzlav III. einem Kirchherrn Johannes der Titel eines Präpositus beigelegt und späterhin (seit der Reformation) das Pastorat von Gingst

*) Im J. 1417 schenkte der Herzog Wartislav IX. von Pommern und die Herzogliche Wittwe Agnes das Patronatrecht über die Gingster Kirche dem Kloster zu Pudgla, welches bis zur Reformationszeit den Pfarrer zu Gingst ernannte.

zu einer der vier Präposituren des Landes erhoben. Bei der Pfarre ist ein beträchtliches fruchtbares Ackerwerk von drittehalb Hufen Landes, nebst einer Weide und einem Torfmoore befindlich, welche letztere an der nordöstlichen Seite des Fleckens belegen sind. Das Kirchspiel enthält 26 zum Theil ansehnliche Höfe und 20 Dörfer.

Die ganze Gingster Feldmark ist von Gadebusch (Staatsk. B. 1. S. 251.) zu 424 Morgen 96 Ruthen angegeben, allein nach genauer Erkundigung beträgt sie nicht so viel, wenn sich die Angabe blos auf den saatigen Acker bezieht und wofern nicht auch die ziemlich bedeutende lange Haide mit eingerechnet ist.

b. Sagard. Dieser Marktflecken, in alten Urkunden Zagord und Zagharde benannt, welcher Name so viel als Hinterstadt bedeutet, liegt, an zwei Seiten von fernen und nahen Anhöhen umgeben, beinahe im Mittelpunct der Jasmunder Halbinsel in einer fruchtbaren Ebene und zum Theil in einer Niederung, an einem Bache, der sich an der Nordwestseite des Ortes in einer Tiefe hinwindet und dessen schon oben (Abschn. VII. Bäche und Quellen) gedacht worden. Seit dem J. 1804 ist über denselben am Ende des Fleckens eine tüchtige Steinbrücke erbauet, eine Verbesserung, wodurch Reisende zu Roß und Wagen sehr gewonnen haben, indem der Hauptweg nach Stubbenkammer darüber hinführt. In der Ferne fällt Sagard von allen Seiten freundlich in die Augen und erscheint von dem benachbarten Mühlenberge größer als es ist, indem die angränzenden kleinen Ortschaften Capell, Worike u. s. w. mit ihm ein Ganzes auszumachen scheinen; kömmt man aber näher, so findet man einen unbedeutenden Flecken, mit kleinen unansehnlichen Häusern, von denen viele mit Stroh gedeckt sind, und unregelmäßigen

Gassen, wiewohl der Ort seit der neuen Einrichtung des Gesundbrunnens doch etwas aufgenommen auch im J. 1817 begonnen hat, die durch ihn führende Hauptgasse abzudämmen. Sagard hat gegenwärtig 106 Wohnhäuser (Feuerstellen), wovon 46 unter Grundherrschaft des Domaniums, 34 des Pastorats und der Kirche, 20 des Herrn von Barnekow und 6 der Herrschaft Spieker stehen. Die Hauseigenthümer haben ihren Grundherren jährlich ein gewisses Grundgeld zu erlegen, welches etwa 2 bis 5 Rthlr. für Haus und Garten beträgt; vormals hatte auch jeder dieser vier Grundherren eine besondere Jurisdiction über die Einwohner seines Antheils. Die kleinern Polizeigeschäfte und Verrichtungen, welche sich auf das öffentliche Interesse Sagards beziehen, liegen vier von jeder Grundherrschaft ernannten Quartiermeistern ob, unter welchen hauptsächlich einer activ ist.

Im J. 1817 betrug die Einwohnerzahl des Fleckens 614. Sie hat sich in 20 Jahren eben nicht vermehrt, denn im J. 1795 hatte der Ort, nach Zöllners Angabe, 700 Einwohner und im J. 1804, nach der dem Verf. damals mitgetheilten Nachricht, nur 518, so, daß also die Zahl blos in den letzten 13 Jahren um 96 Köpfe gewachsen ist. Die mehrsten Einwohner treiben Ackerbau, doch fehlt es auch nicht an einer Brauerei, einigen Krämern und den nothwendigsten Handwerkern, unter welchen nur die Schuster ein eigenes zünftiges Amt haben; die dortigen Töpfer verfertigen ziemlich gutes Geschirr.

Die Sagarder Kirche ist ein sehr altes Gotteshaus, im Spiekerschen Antheil des Fleckens belegen, daher auch der Eigenthümer von Spieker Patron über dieselbe ist. Der Herzog Wartislav VIII. von Pommern schenkte das Patronat über diese Kirche dem Kloster zu Pudgla und seine Wittwe Agnes, wie auch der Herzog Wartislav

IX. bestättigten im J. 1415 und 1417 diese Schenkung; auch mußte die Kirche vor Alters jährlich 14 Mark an das Kloster zu Bergen entrichten. Alles dieses hat aber längstens aufgehört. — Das Innere der Kirche wird durch eine hübsche im J. 1794 und 1795 von dem Instrumentenmacher Kindten in Stralsund erbauete und mit dem Wappen des damaligen Kirchenpatrons, des Grafen Brahe, verzierte Orgel sehr aufgeleuchtet. In den Kriegsjahren (bis 1810) ward auch diese Kirche ganz ausgeräumt und zu einem französischen Militair-Lazareth eingerichtet, welches durch 3 bis 4 in der Mitte frei stehende Oefen, von welchen eiserne Röhren durch die Decke geführt waren, geheitzt wurde.

Der Pfarrhof liegt angenehm und ist wohl das beste und größte Gebäude in Sagard, so wie die Pfarre zu den einträglichsten auf Rügen gerechnet werden kann. Das der Kirche angehörige sogenannte Lindenhaus ist zu einem Gasthof eingerichtet und verpachtet.

Die Feldmark von Sagard hat Gadebusch zu 347 Morgen 139½ Ruthen angegeben.

Des bei diesem Flecken befindlichen Gesundbrunnens ist schon oben (VII. Abschn. Bäche und Quellen) gedacht worden. Er liegt in einer Koppel, die zum Pastorate gehört, an dem Nordostende des Ortes, nahe bei dem Pfarrhof. Das Local ist freundlich, aber von unbedeutendem Umfange. Ein Arm des oben gedachten Baches rauscht an seiner Seite hin unter Erlen und andern Bäumen und Gesträuch, die angenehme Schatten verbreiten. Die Mineralquelle ist schon in vormaliger Zeit ab und an benutzt und besonders von der letzten Hälfte des verflossenen Jahrhunderts an bis nach dem Ende des siebenjährigen Krieges als Gesundbrunnen besucht worden, der darnuf in Verfall gerieth, bis er vor etwa 23 Jahren von dem jetzigen Prediger wieder hergestellt, durch neue Anlagen verschönert und in der ersten Zeit ziemlich besucht ward. Jetzt ist diese Anstalt nicht in Flor.

III. Beschaffenheit der Schlösser, Höfe, Güter, Dörfer und damit verwandter Verhältnisse.

Es giebt auf Rügen nur zwei Landsitze, denen man eigentlich den Namen von Schlössern beilegen kann, nemlich Putbus und Spieker.

1. Putbus liegt eine Meile von Bergen und eben so weit von Gartz in einer sehr angenehmen Gegend, etwa eine Viertelstunde vom Binnenstrande und zwar, wie man besser von Ferne, als in der Nähe wahrnimmt, auf einer flachen Erhöhung des Bodens. Das dortige Fürstliche Schloß, *) fast überall von Bäumen und Gebüsch umgeben, zeigt sich von weitem dem Blick nur von wenigen Seiten. Dieses Gebäude hat im J. 1725 durch den Architecten und Professor Mayer seine jetzige Form erhalten, wo an der Hinterseite auch ein neuer Flügel angebauet wurde. Es hat ein helles, frisches Ansehen und gut nimmt sich die 96 Schritte lange Hauptfacade an der Ostseite aus, nur die drei abgerundeten Vorsprünge, in der Mitte und an beiden Seiten, gefallen nicht, auch wird die Kleinheit der in dem mittlern Vorsprunge befindlichen Hauptthür, der einzigen an dieser Seite, getadelt; über derselben ist ein mit einem Eisengeländer umgebener Altan, von dem man einer vorzüglichen Aussicht

*) In einer Urkunde von 1241 wird Putbus noch eine Burg genannt, in den folgenden Zeiten hieß es das Steinhaus, im J. 1416 aber kommt es schon unter dem Titel eines Schlosses vor.

genießt. Das Schloß enthält außer dem Erdgeschoß zwei Stockwerke, sehr tüchtige Keller und Souterains. Das gebrochene holländische Dach ist nicht stark gespitzt. Unterhalb des dreieckigen Giebelfeldes in der Mitte ist eine Uhrscheibe und oberhalb desselben das Fürstl. Putbusser Wappen angebracht, welches den kleinen Glockenthurm verdeckt. Mit der Hinterseite des Schlosses steht ein über dasselbe hervorragendes Angebäude in Verbindung, worin die Schloßcapelle befindlich ist, welche seit mehreren Jahren nur zur Aufbewahrung alter Geräthe gedient hat, jetzt aber wieder eingerichtet werden soll. (S. hierüber den Abschn. XIII. Kirchliche Verfassung. Capellen, Nr. 2.) In dem Erdgeschoß sind die Canzlei, das Gewölbe des Fürstlichen Haus-Archivs, die Küche, die Wohnungen für Bediente u. s. w. befindlich. Das zweite Geschoß ist splendid. In den Sälen, Zimmern und Cabinetten herrscht eine gute Anordnung und Pracht, Eleganz und Geschmack in der Decoration und dem Ameublement. Einige englische Caminverzierungen und Stalspiegel, gleich andern köstlichen Dingen von Porzellan, Cristall, künstlichen Blumen; bronzirtes Geräth, antike Sachen, z. B. verschiedene Aschenkrüge, Streitäxte, ein in einem Torfmoor bei Darsband aufgefundenes kupfernes Schwerdt, eine Sammlung alter Hetruscischer Gefäße aus Neapel, ein durch den ehemaligen schwedischen Feldmarschall, Grafen Wrangel, hieher gekommenes mit mancherlei Bilderchen verziertes Gebetbuch des Königs Philipp II. von Spanien und andre Seltenheiten, worunter ein Becher von Elfenbein, mit Schnitzwerk und silberner, vergoldeter Einfassung verziert, sich auszeichnet, ziehen den Blick an sich, welcher aber bald auf herrliche Kupferstiche und Künstlerzeichnungen abgelenkt wird, oder bei den drei von Thorwaldson in Rom verfertigten Alabasterstatuen des Bachus, der Venus, der Gruppe von Amor und Psyche u. s. w. verweilt. In einem besondern Zimmer hängen die Fürstlichen Familienbildnisse, unter welchen das Portrait des Vaters des jetzigen Fürsten von Anton Graf in Dresden gemahlt ist. Die Bildergallerie, aus etwa 150 Gemählden bestehend, befindet sich im zweiten Stockwerke und enthält manche gute Stücke, unter andern ein kleines Bild von Raphael, eine gute Landschaft von Hakert, mehrere Copien, unter welchen die von dem schwedischen Maler Weström das Auge fesseln. Von den übrigen Bildern sind die vorzüglichsten eine Madonna von Sassaferato, eine heilige Familie von Palma, einige Stücke von Lucas Jordans, eine Cleopatra von Vacari, ein Ecce homo von Ludwig Carrachio, eine Heilige von Tharini, ein Petrus von Spanioletto, die Künste von Feti, ein Seestück von Bonaventura Peters und danächst etliche Stücke von Tennier, Catvart, Miris, Weck, v.-d. Meer, v. Molen und v. Alst. In diesem Geschoß ist auch der Büchersaal. Die Büchersammlung, welche, getrennt von der in einem zierlichen Cabinette des mittlern Stockwerks befindlichen auserlesenen Fürstlichen Handbibliothek, auf 10,000 Bände geschätzt wird, enthält viele ältere französische, aber wenig große deutsche Werke und in manchen Fächern der Wissenschaften mittelmäßige oder unbedeutende Schriften. Wichtiger und von großem Werth für die ältere vaterländische Geschichte ist das Schloß-Archiv und ein Diplomatiker, der zu dessen Benutzung Erlaubniß erhält, wird darin manche historische Aufschlüsse finden. Durch Geschicklichkeit und Fleiß des jetzigen Archivars ist es aufs neue geordnet und für alle Fächer mit einem vollständigen Repertorium versehen. Die Original-Diplomen und Documente alter Zeit werden nebst den neuern in einem eigenen Schranke aufbewahrt, auch ist ein interessantes Urkunden-Copeibuch (diplomatarium), so wie eine zahlreiche Wappensiegel-Sammlung vorhanden. In den neuesten Zeiten hat es durch das Spiekersche Haus-Archiv noch einen Zuwachs erhalten.

Das Schloß ist an beiden Seiten und fast bis gegen die Mitte der östlichen Hauptfronte mit einem tiefen von Mauern eingefaßten trocknen Graben umgeben, aus welchem Erlen und andre Bäume und Gesträuche üppig empor gewachsen sind. Außerhalb dieses Grabens liegen rechts und links ein Paar andere Gebäude, wovon eines der Fürstliche Secretär und Anchivar bewohnt, das andere aber zum Logierhause dient. Dem letztern zur Seite sind des Fürsten Pferdeställe und Remisen befindlich, hinter welchen der Ackerwirthschafts-Hof mit seinen Scheunen versteckt liegt, der nebst dem nicht unbedeutenden Ackerwerk verpachtet ist. Von diesem Hofe läuft, parallel mit der Hauptfacade des Schlosses, von Süden nach Norden eine dunkle Kastanien-Allee, welche, durch Wegräumung der den Schloßhof ehemals einschließenden Mauer und durch Erweiterung der Gartenanlagen nach der Ostseite hin, mit dem Park in unmittelbarer Verbindung steht und an derem Nordende ein hübsches Thor aufgeführt ist. Nicht weit von demselben beginnt eine herrliche Linden-Allee, welche den Park begränzt, und sich längs demselben, der Wusternitz und dem Thiergarten in der Richtung von Osten gegen Westen bis nach einem andern Gehölze hinzieht. An und zur Seite dieser Allee ist es, wo die, etwa seit 1810 angelegten Colonichäuser stehen. Es sind ihrer gegenwärtig 16, mit Inbegrif des Gasthofs, welcher, jetzt das Ende der Halbstraße beschließend, eine Zeitlang das erste und einzige hier befindliche Gebäude war. Das stattlichste dieser Häuser hat im J. 1817 der Graf von Hahn erbauet.

Der Park umgiebt das Schloß von allen Seiten; er ist einfach, frei und von ziemlichem Umfange. Feste, mit Seesand bedeckte Schlangengänge ziehen sich in mancherlei Windungen fort zwischen frischen mit Blumengruppen gezierten Rasenplätzen, so wie durch das Gebüsch; von den alt-französischen Anlagen des alten, rechts vom Schlosse etwas hoch liegenden Gartens sind nur ein Paar gerade, hohe Heckengänge geblieben und in diesem Theile liegen der Eiskeller und das neu erbauete Treib- und Gewächshaus. Auf wohlgewählten Plätzen, frei, und in buschigen Nischen, stehen zierliche Ruhebänke und an ausländischen Bäumen und Gesträuchen sind hie und da Täfelchen mit ihren botanischen Namen befestigt. Schade, daß es dem Park an lebendigem Wasser mangelt, denn der Teich am Schloß mit seinem Neptun ist unbedeutend und das durch die Wusternitz rinnende Bächlein winzig, obwohl eine Brücke darüber führt, selbst das Koch- und Trinkwasser hat durch Röhren herbei geleitet werden müssen. Dafür ist aber der Baumwuchs desto kräftiger und man trifft in der Wusternitz Eichen und Erlen, so stolz und hochstämmig, als sie nur irgendwo zu finden sind.

Diese Wusternitz, oder Wustnitz, ein ehemaliger Lusthain, der an den sonstigen alten Garten gränzend, die Nordwestseite des Schlosses umgiebt, ist jetzt mit zum Park gezogen und der schönere Theil desselben; ein herrlicher, breiter, schattenreicher Lindengang ziert, ein Bogengang begränzt sie. An ihre westliche Seite schließt sich der mit einem hohen Gehäge eingefaßte Thiergarten, dessen Bewohner, meist Hirsche und Damhirsche, sehr zahm sind. Vermittelst eines längs der Südseite dieses Thiergartens angelegten breiten Ganges ist die Wusternitz mit der benachbarten Medars (plattdeutsch Meidohrs), einem andern mit schönen Eichen und Birken angefüllten Hain, am Ende des Thiergartens, verbunden, durch welchen ebenfalls mäandrische Gänge gehauen sind.

Die neue Anstalt des Putbusser Seebades wurde im Jahre 1816 eröfnet und bewirkte schon im folgenden Sommer einen starken Zusammenfluß von Badegästen sowohl, als andern Fremden, welche das durch diese Einrichtung erhöhete Interesse des Orts anzog. Der Badeplatz ist aber nicht in Putbus selbst, wiewohl auch dort, und zwar in der Reihe der vorher gedachten Colonie-Wohnungen, ein eigenes Badehaus mit 4 Bädern eingerichtet ist, worin schwache Personen, denen das Seebad nicht zuträglich seyn mögte, warm und kalt baden, auch künstlich bereitete Kräuter- Schwefel- und andre Mineralbäder erhalten können, sondern in einer weiten Bucht des Binnenwassers bei dem kaum eine Viertelmeile südwärts vom Schlosse gelegenen Stranddorfe Neuendorf und zwar links von Trassin, oder dem Hafen daselbst. Wer frei und blos sich in die Fluten zu tauchen scheuet, findet dort vier in das Meer gezogene in schicklicher Entfernung von einander stehende Badewagen, welche auf ähnliche Art, wie sie in den Seebädern Englands getroffen werden, eingerichtet sind. Ihr Aeußeres gleicht einem großen hohen Kasten, welcher zeltartig an allen vier Seiten, gleich wie oben, mit Leinwand überzogen, auf hohen Rädern ruht. Das Innere dieses Kastens besteht aus einem Zelt, oder Gemach, worin der Badende sich entkleidet und zu seiner Bequemlichkeit einen Tisch, Stuhl, Spiegel u. s. w. findet. Vorne ist der Karren mit einer Treppe versehen, auf welcher man ins Meer hinabsteigen und größern Raum gewinnen kann, auch läßt sich die Leinwandbedeckung der

Vorderseite, wie ein Schirm, in die Höhe ziehen. Dieser Badewagen bedienen sich gewöhnlich die Damen. Für Mannspersonen, die in offener See baden wollen, sind am Strande kleine Leinwandzelte zum Entkleiden und Aufbewahren der Kleidungsstücke vorhanden, auch ist die Vorkehrung getroffen, daß man in einigen Häusern zu Neuendorf in erwärmtem Seewasser baden kann. Um künftig den Badenden die vollkommenste Bequemlichkeit zu gewähren, wird seitwärts von Neuendorf am Strande, nach dem Goor hin ein Badehaus im großen Styl aufgeführt werden, wozu im J. 1818 am Geburtstage Sr. Majestät des Königs von Preußen feierlich der Grundstein gelegt worden ist. Die Badegäste können in dem oben gedachten Fremden- und Logierhause wohnen, auch bei dem Pächter und in den Coloniehäusern Quartier bekommen. Die Speisung besorgt neben dem Gastwirth ein besonderer Traiteur. In der Wusternitz ist im J. 1817 am Ende der vorbeschriebenen Linden-Allee ein großer Speise- und Tanzsaal aufgeführt, auch ein Badearzt angenommen und eine Apotheke errichtet worden, welche die beliebtesten Sorten von fremden Mineral-Brunnenwassern zum Trinken vorräthig hat. Die Preise des Logis, des Mittag- und Abendessens, der Getränke, der Bäder, des Fuhrgeldes u. s. w. sind auf gedruckten Zetteln bestimmt angegeben.

Die Herrschaft Putbus, *) vor Alters Putbutzke

---

*) Der Recensent der Streifzüge des Indigena hat zwar in der Hallischen Literaturzeitung behauptet, es gebe keine Herrschaft Putbus; dies aber hat den Verf. dieses Buches nicht abhalten können, sie dennoch wieder also zu benennen, theils, weil der öffentliche Staatskalender ihr dies Prädicat beilegt, theils, weil selbst die Landesherren sie so genannt haben. S. Dähnerts L. Urk. III. Bd. S. 998.

und Puddebusch, in dänischen Chroniken Podebusk, vom gemeinen Mann noch heutiges Tages Purrbusch und der Pudbuscher Uhrt genannt, ist eine ansehnliche Besitzung, welche bedeutende Einkünfte abwirft, da sie aus fast 80 Landgütern, großen und kleinen Höfen, Kirch- und Bauerdörfern besteht, zu welchen viele kleine Vorwerke, Holländereien, Mühlen, Ziegeleien, Holzwärterwohnungen, auch Wiesen und Wälder gehören. In den Rechnungs-Registern der Canzlei werden die alten Stammgüter von den neu acquirirten unterschieden.

Anhangsweise muß noch des Putbusser Jagdhauses erwähnt werden, welches ohngefähr zwei Meilen von dem Schlosse Putbus entfernt ist. Es liegt in der Granitz auf einer Bergfläche, von Buchenwaldung umschlossen, und besteht aus einem Hauptgebäude und zwei frei stehenden Pavillons zu beiden Seiten. Der Graf Moritz Ulrich von Putbus, des jetzigen Fürsten Großvater, erbauete es im J. 1726 und hielt sich öfter dort auf. Vor ein Paar Jahren ist es reparirt, das Aeußere mit Verzierungen im gothischen Geschmack bekleidet und das Innere ausgemahlt und neu möblirt worden. Des ehemaligen in seiner Nähe befindlich gewesenen Tempelchens Wiederherstellung wäre wünschenswerth.

2. Spieker. Dieses Schloß liegt eine halbe Meile nordwestlich von Sagard und ganz in der Nähe des Kirchdorfes Bobbin in einer niedrigen Ebene an einer Inwiek des Jasmunder Boddens, welche der Spiekersche See genannt wird. Der Graf und ehemalige Schwedische Feldmarschall Carl Gustav Wrangel erbauete es nach 1650. Des Gebäudes Lage an dem See, das ritterthümliche seiner Bauart, die Gärten und Gebüsche, die es von beiden Seiten einschlie-

ßen, geben ihm von Ferne ein romantisches Ansehen; die dicken massiven Mauern, die hohen Giebel, die runden Thürme an allen vier Ecken offenbaren den Geist des Kriegers, der mehr auf Größe, Festigkeit und Dauer Rücksicht nahm, als auf Schönheit und Zierlichkeit der Form. Das Innere enthält große, hohe Säle und Zimmer. Vor etwa 30 Jahren ist von dem obern Geschoß etwas abgenommen, weil der Druck der Last auf das Parterre Besorgnisse erregte.

Die Spickerschen Güter und Besitzungen gehörten vor Alters einer länge erloschenen Familie von Kulpen, dann dem Geschlechte der von Jasmund, welches sie eine geraume Zeit besaß und nach deren Aussterben sie im J. 1649 dem Grafen Carl Gustav Wrangel zu Lehn gegeben würden. Von diesem, welcher 1676 zu Spieker kinderlos starb, fielen sie durch Erbschaft an dessen nahe Verwandte, die schwedischen Grafen Brahe, welche sie verpachteten und die Administration einem Geschäftsführer übergaben. Von dem Grafen Brahe hat im J. 1816 der Fürst zu Putbus die sämmtlichen Spickerschen Güter, über 40 an der Zahl, mit der dazu gehörigen ansehnlichen Waldung u. s. w. baar erkauft.

Unter den übrigen Rittersitzen zeichnen sich Boldevitz, Pansevitz, Ueselitz, Granskevitz, Venz und Ralswiek durch ihre gothische, schloßähnliche Bauart aus. Plüggentin hat vor etlichen Jahren durch Abnahme eines alten Thurms ein modernes Ansehen erlangt; Granskevitz ist noch von Wällen und Gräben umschlossen. Feste Burgschlösser giebt es auf Rügen nicht, wie einige Reisende behauptet haben. — Die Landsitze werden immer mehr verschönert, die neuen symmetrischer angelegt und nicht selten trifft der Blick auf stattliche, geschmackvolle Wohnhäuser. So sind z. B. die Landsitze Udars, Cartzitz, Tectz, Zirmoisel, Ralow, Unrow, Neclade und Juliusruhe in einem guten modernen Styl gebauet. Vor den Landhäusern und im rechten Winkel mit ihnen stehen gewöhnlich zu beiden Seiten lange, mit Strohdächern versehene Scheunen und andere Wirthschaftsgebäude (hier gewöhnlich Zimmer genannt), so, daß ihre langen Seiten beinahe wie zwei Flügel des Wohnsitzes erscheinen, wodurch denn ein guter Raum zum Hofplatz und Dunghof gewonnen wird. Diese Bauart ist so allgemein, als zweckmäßig und nur noch auf alten und kleinen Landsitzen finden die Unregelmäßigkeiten einer alles beengenden und zusammendrängenden Bau-Oeconomie statt.

Die Dorfwohnungen, die gewöhnlich Kathen heißen, sind sehr verschieden, die besten wie in Pommern und Mecklenburg, einige aber auch höchst erbärmlich gebauet. Im Ganzen bestehen alle aus Fachwerk von Holz, das entweder mit Lehmsteinen zugemauert, oder mit Kleemstaken, (d. i. Stäben, welche ein mit dicken Lehmbrei beschmiertes und vermischtes Strohgewinde umgiebt,) ausgesetzt und gefuttert ist; die Wand wird dann mit einem neuen Anwurf von Lehm noch mehr verdickt, geebnet und darauf mit Kalk übertüncht. Wällerwände und Mauern von Lehmpatzen sind unbekannt. Statt der Sohle von Holz, welche fast ganz abgeschaft ist, wird ein Fundament von Feldsteinen gemacht, worauf die Stender und Pfosten des Hauses unmittelbar ruhen, eine Manier, die bei grösserer Wohlfeilheit auch mehr Dauerhaftigkeit gewähren soll. Die Dächer der Dorfwohnungen sind überall mit Schoof (d. i. Gebinden von geschüttetem Stroh) gedeckt, auch hin und wieder mit Rohr belegt, welches ihnen grössere Dauer und Wärme giebt, aber kostbarer und in vielen Gegenden nicht thunlich ist. Die Firste des Dachs, plattdeutsch de Faste geheißen, wird noch besonders durch ein Strohgebinde befestigt, statt dessen aber auch zuweilen mit Dachziegeln belegt, besonders auf Scheundächern. Die Letztern gut zu decken ist eine eigne Kunst. Der Decker steht dabei auf einem 8 bis 10 Ellen langen auf dem Dache befestigten Baume, klemmt die Aehrenspitzen des Schoofgebindes zwischen sogenannte Deckelschächte (lange hölzerne Stäbe), zieht sie in die Höhe, breitet den Schoof aus einander, befestigt ihn zugleich mit den Deckelschächten mit geschmeidigen Ruthen an die Latten und klopft und kämmt dann die Halme mit einem besondern Streichholz, bis sie die gehörige Lage haben; so geht es fort, so weit die Länge des Baumes zureicht und eine Bedeckung des Dachs von oben bis unten, nach der Länge des Deckbaums, wird ein Baumschlag genannt und bei der Bezahlung an den Dachdecker darnach gerechnet. — Die Kathen bestehen entweder aus einer einzelnen Wohnung, oder enthalten mehrere durch Wände abgesonderte Wohnstellen unter einem Dache; eine solche Abtheilung wird ein Hisch genannt, und man sagt: der Kathen hat zwei, drei Hisch, oder ist zwei- drei-hischig u. s. w. Die beim Anschlag der Größe und Länge der Scheunen vorkommenden Ausdrücke Fach und Gebinde hört man zuweilen verwechseln, da sie doch nicht einerlei sind, denn die Verbindung der Außenstender mit den Scheunenbalken heißt ein Gebinde, die Distanz aber von einem Stender, oder von einem Balken zum andern wird ein Fach genannt. Daher hat eine Scheune immer ein Gebinde mehr, als sie Fächer enthält. Die Weite eines Fachs beträgt bei Mittelscheunen 9 Fuß und also hat eine Scheune von 21 Gebind, oder 20 Fach, 180 Fuß oder 60 Ellen Länge.

Da hauptsächlich die Landgüter und Bauerdörfer des Insellandes höchster Reichthum sind, da durch sie das Land geworden, was es ist und was es gilt, so muß hier noch etwas von dem ältern und neuern Zustande derselben und von den Veränderungen gesagt werden, denen sie zum Theil unterworfen gewesen sind.

Daß diese gesammten Wohnsitze zuerst von den Wenden angelegt worden und die Insel zuvor unbewohnt gewesen sey, ist um so weniger zu vermuthen, da die alleráltesten nordischen Sagen Spuren von einem Verkehr der Scandinavischen Völkerschaft mit den Bewohnern der Norddeutschen Küsten enthalten, wenn man auch das, was Tacitus von dem germanischen Völkerstamm der Rugier sagt und, was deren Wohnsitz betrifft, auf sich beruhen läßt. Daß aber die Slaven oder Wenden viele Ortschaften auf Rügen angelegt oder ihnen wenigstens Namen aus ihrer Sprache beigelegt haben, setzen die Namen Slavitz, Slavesitz, Syalle-slavitz, Knesitz, Wendorp, Wendisch Carow u. dergl. m. schon so außer allen Zweifel, daß dadurch die Meinung derjenigen, welche annehmen, die meisten Höfe und Dörfer auf Rügen wären erst seit 1190 oder 1200 nach Chr. Geb. von den in das Land gerufenen Niedersächsischen Colonisten aufgeführt worden, gänzlich entkräftet wird; auch sind nach dem J. 1300 wohl wenig neue Orte entstanden, indem man aus der Roskilder Matrikel von 1294 und gleichzeitigen Urkunden der rügianischen Klöster wahrnimmt, daß die meisten der noch jetzt existirenden Höfe und Dörfer schon damals auf Rügen vorhanden waren.

Viele dieser Güter- und Dörfer-Namen lassen sich auch allein nur aus der Slavischen (Russischen, Polnischen, Böhmischen, Wendischen) Mundart erklären. Denn wenn man die einzelnen Namen mit Aufmerksamkeit betrachtet und vergleicht, so wird gefunden werden, daß in manchen derselben die Anfangssylben Dam und Dar, Dram und Dran, Dub und Dum, imgleichen Dôm und Dôn, Do und Don vorkommen, die in jener Mundart bedeutsam gewesen sind, so wie auch die in den rügianischen Güter- und Dörfer-Namen häufig zu treffenden Endsylben in, ihn, itz und ow ihren slavischen Ursprung verrathen. — Aber nicht die Sylben allein, auch ganze Namen sind als Worte der slavischen Sprache erkennbar. So heißt Mölln klein, Kosell Bock, Kowall Schmiede, Dubnitz Eichhoff, Bliskow (Blischow) nahe, Thessenvitz enges Dorf, Pansevitz Herrenhof, Jamnow (der alte Name des Kirchdorfs Neuenkirchen) Grubendorf, Sellyn Gründorf, Wollung (der alte Name von Schaprode) Wellendorf, Udarsitz (Udars) Schlaghof, Stolpe Pfal, Vrege Ufer, Strand, Czubar kleiner Gerichtsbezirk, Dolgemost lange Brücke, Czerkow (Zirkow) Kirche. Sa-gord die hintere Stadt, der letzte Gränzort, welches auch auf dieses Fleckens Lage paßt, Putgard unterhalb, oder neben der Stadt, eine gleichfalls richtige Benennung, wenn man sie auf das ehemalige Arkona bezieht und endlich Gora oder Göre (der schon oben gedachte alte Name von Bergen), welches Berg oder Anhöhe bedeutet.

Zu diesen Ableitungen und Worterklärungen kommt noch der Umstand, daß man in den meisten von slavischen Völkerstämmen bewohnten Ländern ganz die rügianischen Namen wieder findet. So giebt es z. B. in der Lausitz ein Bokvitz, Cosel, Dramsdorf, Gussevitz, Liebitz, Malkvitz, Moyselvitz, Meschenholz, Krakow, Narbitz, Quolsdorf, Tetzschvitz; in Mähren ein Boskovitz und Boschovitz, Karnitz, Konitz, Latze, Leesenitz, Müglitz, Pröstnitz, Nedelitz und Wostitz; in Böhmen trifft man die Ortschaften Chotzen, Kreptitz, Konstop, Libbin, Lobetitz, Lischowitz, Nassavitz, Pomoisel, Poplevitz, Postitz, Ramitz, Roschvitz, Siehrow, Swina, Saatz, Stonkevitz, Teschnitz, Wollin, Wossitz, Wostrow u. a. m. In Polen endlich ein Krakow, Gora, Gurc, Grabow, Gostin, Butzin, Kowall, Lieskow und Lyßkow, Kluezklowitz, Piaske, Ralow, Sirkow, Stolp. Der Gleichlaut, oder die Aehnlichkeit vieler Ortsnamen in dem benachbarten Pommern und Mecklenburg mit den rügianischen ist als bekannt angenommen und deshalb die Hernennung derselben unterlassen worden. — Die Endsylben hagen, dorf, ort, hof, berg, wald ergeben freilich die Vermuthung, daß die damit sich endenden Ortschaften spätern Ursprungs und von deutschen Colonisten angelegt sind, was aber die Anfangssylbe Neu belangt, so sind nicht alle Güter und Dörfer Rügens, die dieselbe führen, z. B. Neuhof, Neuhagen und die fünf verschiedenen Oerter Neuendorf erst in neuern Zeiten entstanden, indem mehrere derselben schon in den ältesten Landesurkunden vorkommen.

Andre Namen scheinen von ihren Erbauern und ersten Besitzern herzurühren, wofern diese sich nicht, wie z. B. die Herren von der Oehe, nach ihren Besitzungen benannten. So findet man in der Roskilder Matrikel eines Johannes Litzow erwähnt, der den Hof Litzow auf Jasmund besaß, (Litzow heißt sonst auch auf slavisch und russisch das Antlitz) auch sind in dieser Urkunde die Namen eines Zittvitz, Parchow, Bartholomäus von Saatze, imgleichen eines Smantevitz und Syalleslav enthalten. In Ansehung einiger Ortschaften ist es wohl ausgemacht, daß die Namen der Personen, z. B. Barnekow, Berglasen, Bohlen, Gagern, Giesen, Grundys, Ketel, Krakevitz, Lanken, Putbus, Quatzen, Zuhmen, Stubben, auf ihre Besitzungen übergiengen; auch mögen durch die Berührungen der Rügier mit den Dänen und Schweden etliche Ortschaften nordische Benennungen erhalten haben; der Name Balldereck, eines Dorfes auf Jasmund, scheint wenigstens alt-skandinavisch zu seyn.

Nach der Verfassung älterer Zeit und in Hinsicht des Besitzes wurden die Güter eingetheilt: a. in geistliche Güter; dazu gehörten:

1. Die Güter der beiden Rügenschen Klöster Bergen und Hiddensee.

2. Die Güter der Stralsundischen Klöster.

3. Die Güter des Spitals Sct. Jürgen bei Ramlin und anderer Stiftungen.

4. Die Roskild-Ralswieker Probsteigüter.

5. Die Besitzungen des geistlichen Calands zu Bergen.

6. Die Güter der Abtei zu Eldena, nemlich das Land Mönchgut, welches die Familie Putbus im J. 1295 an das genannte Kloster verkaufte und welches, laut Klosterregistern, damals das Gut des Klosters Reddevitz genannt ward; imgleichen das Dorf Sellin, welches im Jahre 1470 von Claus von Putbus, und auch das Gut Bartevahn, welches im Jahre 1375 von Henning von Putbus an das Eldenaer Kloster verkauft ward.

7. Das Dorf Pudgarden auf Wittow, welches das Sct. Claren-Klöster zu Ribnitz von 1386 bis 1448 besaß.

8. Das der Berger Kirche angehörige Dorf Strußmannsdorf und der Antheil der Altenkircher Kirche an Gudderitz.

9. Eine Menge von Vicarienstiftungen in den Ortschaften der einzelnen Parochien.

b. In Fürstliche Tafel= und Kammergüter; c. in Lehn= und Rittergüter des Adels; d. in Allodialgüter Stralsundischer Bürger und Einwohner auf Rügen; e. in Güter der Städte Stralsund und Greifswald, welche letztere Stadt jedoch blos die Glevitzer Fähre besaß, denn die Acquisition des Gutes Pritzwald ist, wie oben gemeldet, von derselben erst in neuern Zeiten gemacht worden.

Die Eigenthums=Verhältnisse mancher dieser Güter waren, wie sich aus Documenten damaliger Zeiten abnehmen läßt, verwirrt und verwickelt. Die Klöster besaßen häufig Antheile in Höfen und Dörfern, oder genossen Hebungen und Einkünfte aus denselben, denn die Gutsbesitzer geriethen nicht selten in Geldnoth und fanden dann die Klöster, die immer baares Geld zu schaffen wußten, allezeit fertig und bereit, Vorschüsse gegen künftige Vermächtnisse, oder Verpfändungen, oder Einkommelgeld (Renten) zu machen, oder auch dem in Verlegenheit gerathenen seine Grundstücke und Dörfer abzukaufen. *) Was die Klöster einmal besaßen, hielten sie fest, das war so die Weise der geistlichen Stifte und die Geschichte der rügianischen Klöster zeigt, daß ihre Besitzungen nicht geringe waren.

Viele Güter wurden auf Weddeschatt, d. i. wiedereinlöslich, verkauft und waren also nur Pfandbesitzungen, deren Reluition aber nicht selten gänzlich unterblieb; auch Tausch und todter Erbkauf waren, besage alter Klosterbriefe, gewöhnlich und geschahen

*) Sogar das ehemalige Kloster Pudgla auf Uesedom besaß, wie aus alten Klosterregistern erhellet, verschiedene solcher Hebungen auf Rügen, namentlich aus Malkvitz, Schaprode, dem Gelm und der Schabe, welche jährlich 115 Mck. 2 ßl. betrugen.

häufig so, daß an Zahlungsstatt der Besitz und Genuß eines andern Grundstücks, Hofes, oder Dorfes auf so lange überlassen ward, bis die genossenen Einkünfte der Kaufsumme gleich kamen. Statt Geldzinsen wurden Einkünfte und Hebungen aus Gütern verschrieben, dies war eine Art von Renten- oder Gültenkauf, der blos ein verkapptes Darlehn mit Zinsen enthielt, welche Renten, Pröwen und Einkommelgeld hießen; selbst die Fürsten kauften und verkauften Besitzungen, verschenkten sie und kauften aufs neue.*) — Oft hatten Edelleute, städtische Bürger, Klöster und Stifte durch einander zwei, drei Höfe, oder Ackerwerke und kleine Antheile in einem und demselben Dorfe, und noch bis auf den heutigen Tag sind Spuren und Reste von dergleichen Gesammtbesitzungen vorhanden; so gehört z. B. in dem Kirchdorfe Trent etwas nach Granskevitz, anderes nach Dornhof, Jablitz, Subzow und einiges dem Domanium; solche Antheile findet man auch in Schaprode, Putgard u. a. m. Also war es nichts seltenes, daß derselbe Mann zu gleicher Zeit Fürstlicher Lehnsträger, Klostervasall und stralsundischer Untersasse seyn konnte; anderer Verwickelungen und feindseeliger Verhältnisse nicht zu erwähnen, die durch den schnellen Wechsel des Besitzes und guter oder schlimmer Gränznachbarschaft, durch Schulden, Gülten und Saumseeligkeit in der Zahlung der Kaufgelder entstanden. — Auch durch Erbschaft und eheliche Verbindungen, als Brautschatz und Heirathsgut, als Witthum und Leibgedinge kamen Güter bisweilen in andre Hände; daß in Er-

*) Wie häufig in jenen Zeiten Güterveräußerungen waren, davon enthalten die Berger und Hiddenseer Klosterdocumente, so wie die Urkunden des Putbusser Archivs Beispiele genug.

mangelung der Söhne auch Töchter bei des Vaters Lebzeiten Lehngüter geerbt haben, führt der Wendisch-Rügianische Landgebrauch an Tit. 54. 57. 70. Von Erbzinsgütern findet sich nichts; Afterlehnsleute hatte blos das Haus Putbus.

Durch das Aussterben vieler adelichen Familien wurden ihre offen gewordenen Lehngüter von den Landesherren andern Geschlechtern verliehen, oder giengen ein, wenn sie zu schwach und, nach damaliger Art, zu zerstückelt waren, um ihre Besitzer ernähren zu können; und wie klein und eingeschränkt in jenen Zeiten sich manche Gutsbesitzer beholfen haben, das zeigten noch vor 40 und 50 Jahren einige alte Herrenhäuser auf den Höfen. Die Güterzerstückelungen entstanden, außer andern Veranlassungen, auch durch die damals üblichen Erbtheilungen, worin die Ritter und Vasallen den Landesfürsten nachahmten. Der Vater, der von seinen Gutseinkünften standesmäßig hatte leben können, theilte unter seine Söhne, welche ihr Erbtheil, womit sie, als einer geringen vereinzelten Habe, nicht auskommen konnten, zu veräußern suchten; die neuen Eigenthümer ließen von den für den Unterhalt einer Hofwirthschaft zu unbedeutenden Grundstücken die Gebäude wegnehmen und benutzten blos den Acker, wodurch denn das Gut ein- und sein Name untergieng. Andere erhielten nur ein gemeinschaftliches Erbdorf, welches sie aus Noth zerstöhrten, indem sie es, jeder für sich, in kleine Höfe umwandelten. So scheint die erste Dörferschleifung entstanden zu seyn.

In den Fehden und Klopffechtereien des Adels mit den Stralsundern, oder unter einander wurden manche Güter niedergebrannt und zerstöhrt und die Bauern verließen und verliefen ihre Hofwehren. *) Im 16ten Jahrhundert finden sich schon Spuren von eigenmächtiger Schleifung, oder dem sogenannten Werfen der Dörfer. Gebhardi erzählt in der Geschichte von Pommern (im 52 Th. d. allg. Welthist.) daß etwa um 1536 bis 1546 adeliche Landbegüterte (Rügianer werden nicht besonders benannt) zuerst absichtlich Bauerdörfer abgebrochen und ihre Bauern hie und dahin vertrieben, aus den Dörfern Schäfereien und Ackerwerke gemacht, diese zu ihren Höfen gezogen und als einen Theil ihrer Wohnsitze behandelt hätten, um sie der öffentlichen Steuer zu entziehen, weil sie in Rücksicht des Hofes und Ackers, den sie selbst bewohnten und baueten, der Steuerfreiheit genossen und man findet, daß solches im J. 1548 auf dem Landtage zu Stettin öffentlich urgirt geworden sey; **) es irrt aber, wer glaubt, daß dergleichen Dörferwerfungen, oder Abmeierungen schon damals etwas gewöhnliches gewesen wären; planmäßige, auf höhern Gewinn vom Acker (wenn gleich nicht auf Menschenverlust) berechnete Legungen der Dörfer wurden erst das Werk folgender Jahrhunderte.

So viel von der alten Zeit. Die größten gegenwärtig noch auf Rügen vorhandenen Dörfer sind, außer Altenkirchen und Wiek auf Wittow, welche sich schon für etwas mehr als Bauerdörfer rechnen, Bischofsdorf und Putgarden auf Wittow, Polchow auf

*) S. Matth. von Normanns Wend. Rügian. Landgebrauch Tit. 113. Von verwüsteten, niedergefallenen oder verlaufenen Höfen der Bauern. „Obwohl zu dieser Zeit sich Gottlob solches nicht begeben, so is doch vorzeiten gewesen, man kann auch nicht wissen, indem Niemand seines Glückes sicher ist, was kommen kann.“

**) S. Schwarz Lehnshist. S. 770.

Jasmund, Groß-Zicker auf Mönchgut, Ralswiek, Neuen-Camp, Dreschvitz, Altefähr, Rambin und Rothenkirchen. Im Verhältniß gegen etwa 300 Höfe hat die Insel wenig über 200 Dörfer,*) von denen viele blos Einliegerdörfer und manche so klein sind, daß sie kaum den Namen von Dörfern verdienen. Zur Aufrechthaltung der Ordnung ist für die Domanialdörfer von der Königlichen Regierung im Jahre 1800 eine neue Dorfschulzen-Ordnung publicirt worden.

Daß Rügen vormals reicher an Menschenwohnungen gewesen sey, als gegenwärtig, macht die beträchtliche Menge alter Namen von nicht mehr existirenden Ortschaften beweislich. Einige dieser Landsitze und Dorfschaften sind schon in der streit- und händelsüchtigen Periode von 1300 bis 1500 vom Erdboden vertilgt, andere in der unglücklichen Zerstöhrungszeit des 30jährigen und des darauf folgenden eben so verderblichen Schwedenkrieges gegen die Brandenburger, Dänen und Russen verbrannt, und wegen Armuth verödet geblieben, viele aber hat in der Folge die nicht richtig berechnete Procedur des Werfens vernichtet, oder so verändert, daß manche ehemals stattliche Bauerdörfer zwar ihre Namen, aber nicht ihre Qualität behalten haben, sondern in Einliegerdörfer, oder Acker- und Wirthschaftshöfe verwandelt worden sind. Von verschiedenen sind blos die alten Namen verschollen und in neuer Zeit verändert geworden, ohne daß ihre Existenz aufgehört hat, auch sind hie und da einige ganz neue Höfe angelegt, Colonien, Dorf-

*) H. E. M. Arndt geht in s. Anh. z. Gesch. der Leibeigenschaft in Pommern und Rügen zu weit, wenn er S. 51 und 59 die Insel Rügen als fast ganz entblößt von Dörfern angiebt.

chen und einzelne Wohnungen entstanden, allein die Summe derselben ist unbedeutend gegen die der eingegangenen. Der Verf. enthält sich aller Untersuchungen und Bemerkungen über diesen Gegenstand, indem die aus denselben nothwendig fließenden Folgerungen sich mit den gewöhnlichen Begriffen und Meinungen nicht vertragen; diese Meinungen anzugreifen und zu kränken ist dem Zweck dieses Buchs und der Denkart seines Verfassers zuwider, man wird ihn ohnehin verstehen.

Wie beträchtlich die Anzahl der destruirten Ortschaften sey, wird folgendes Verzeichniß von Namen zeigen, welche aus alten Berger und Hiddenseer Kloster-Urkunden, aus Documenten des Putbusser Archivs, der bischöflich Roskilder Steuer-Matrikel vom Jahre 1294 und andern öffentlichen Güter-Designationen entlehnt und wobei die bloßen Namen-Veränderungen bemerkt sind.

Namen-Verzeichniß

von

Höfen und Dörfern, die gegenwärtig auf Rügen gar nicht mehr, oder unter andern Benennungen vorhanden sind.

Agnesenhof . .	jetzt Udars, sonst auch Udarsitz.
Ambezaizere . .	jetzt Saiser auf Jasmund.
Bakenberg . .	auf Wittow, eingegangen.
Bakevitz . . .	unbekannt.
Bantekow . .	jetzt Bantow im Kirchspiel Rambin.

Bauhof . . .	im Kirchsp. Sagard. Auch das jetzige Lüttkevitz auf Wittow.
Bernersdorp auch Berensdorf } .	auf Jasmund im Sagarder Kirchsp.
Besevitz . . .	im Kirchsp. Bobbin.
Bistemitz . . .	im Kirchsp. Lanken.
Blighrome . .	im Kirchsp. Samtens.
Bonow . . .	im Kirchsp. Bergen.
Borchenitz . .	unbekannt.
Born . . .	im Kirchsp. Rambin.
Breen . . .	nach Freesen gehörig, im Kirchsp. Gingst.
Breesnitz . .	im Kirchsp. Bergen.
Brumholst . .	im Kirchsp. Bobbin.
Brunske . . .	auf Jasmund.
Buctevitz . .	unbekannt.
Burchevitz . .	zur alten Herrschaft Streu.
Burow . . .	im Kirchsp. Sagard.
Brisitz . . .	im Kirchsp. Schaprode.
Chamitz . . .	im Kirchsp. Rambin.
Charkuse . . .	im Kirchsp. Gingst.
Chuetz, Chutz, Czubtze Chütz und Cütz }	unbekannt. Wird als Insel angegeben.
Ollen Charow . .	das jetzige Dorf Dalkvitz.
Cronevitz . .	unbekannt.
Cutlevitz . . .	unbekannt.
Cyceraditz . .	vielleicht das heutige Craditz.
Czertitz . . .	unbekannt.
Dalmeritz . .	im Kirchspiel Bobbin.
Dambahn und Damben } .	unbekannt, im Kirchsp. Patzig.
Dammaszevitz . .	im Kirchsp. Gartz, vielleicht Dumsevitz.
Dargussevitz . .	im Kirchsp. Rappin.

Darnkevitz }
Darvitz } . . nach Starrvitz gehörig.
Darnevitz . . nach Rosengarten gehörig.
Desitz . . . im Kirchsp. Bergen.
Desitli . . . unbekannt.
Dieke . . . nach Dolgemost gehörig.
Dodenberg . . vielleicht die Kathen Boddenberg im Kirchsp. Poseritz.
Donsitz . . . im Kirchsp. Bergen.
Dumradevitz . . zur ehemal. Herrsch. Streu gehörig.
Dunz . . . nach Schoritz gehörig.
Dussitz . . . im Kirchsp. Rambin oder Landow.
Eienhagen . . zur Herrsch. Streu gehörig.
Ellerholtz . . . nach Capelle gehörig.
Fehtvitz . . . nach Dreschvitz im Kirchsp. Samtens gehörig.
Flickgoot . . . unbekannt.
Galenbeck oder Galenberg nach Gustow gehörig.
Gänsehowe . . im Kirchsp. Bergen.
Ganselitz . . . im Kirchsp. Wiek;. soll wohl Vanselitz seyn.
Gardist und Garditz . im Kirchsp. Rappin.
Gharutzke . . vielleicht das jetzige Dorf Charow.
Gäusterede . . im Kirchsp. Schaprode.
Gatemunde . . Wohnung am Balkensoth bei Bergen.
Gadymovitz . . das jetzige Dorf Gademow.
Gezemite . . . zur Herrsch. Streu gehörig.
Girgolitzr . . . unbekannt.
Ghuctike . . . jetzt Gütties im Kirchspiel Gingst.
Ghustavitz . . im Kirchsp. Sagard.

Glambeck . . auf Hiddensee, woraus das heutige Neuendorf entstanden.
Glasitz . . . nach Krimvitz gehörig, im Kirchsp. Casnevitz.
Glode . . . nach Streu im Kirchsp. Schaprode gehörig.
Glucze . . . auf Wittow, unbekannt.
Gonnevic . . . auf Jasmund, im Kirchsp. Sagard.
Göselitz . . . zu Gröthagen und Poggenhof.
Goslyn . . . jetzt Weßlin auf Jasmund.
Götelitz . . . nach Poggenhof, vermuthlich einerlei mit Göselitz.
Gotz, Götze, Goitz, Goos, Göther, Chutze } jetzt Kätzenhof auf Wittow, nach Dranske gehörig.
Grabevitz, Grambevitz } . . im Kirchsp. Rappin.
Gröthagen . . jetzt Charlottendorf im Kirchsp. Schaprode.
Grundysdorf oder Grundsdorf . . . nach Plüggentin gehörig.
Gramnitz . . . nach Cartzitz, ist wohl einerlei mit Grambvitz.
Gülksitz oder Gulzitz . im Kirchsp. Bergen.
Ghumitz . . . im Kirchsp. Rambin.
Gulitz . . . auf Wittow, vermuthlich das dortige Zülitz.
Gussevitz . . . nach Meusselbritz gehörig.
Gusterade . . nach Udars gehörig.
Gutitz . . . auf Jasmund.
Gützelase . . . nach Garftitz gehörig, im Kirchsp. Lanken.
Hagen . . . nach Buschvitz gehörig, im Kirchsp. Bergen.

To'm Hagen . .	im Kirchsp. Poseritz.
Heidekathen . .	im Kirchsp. Samtens.
Zum Heikt . .	im Kirchsp. Gingst.
Hermenhagen . .	auf Jasmund.
Hökenitz . . .	im Kirchsp. Trent.
Horst . . .	im Kirchsp. Landow.
Huwe . . .	nach Dornhof gehörig, im Kirchsp. Schaprode.
To'r Hützen . .	jetzt Buse auf dem Zudar.
Jammerthal . .	im Kirchsp. Bergen.
Jamnow . . .	jetzt das Kirchdorf Neuenkirchen.
Juliusruhe . .	Drewoldeke auf Wittow.
Jütersßow . . .	nach Neclade gehörig.
Karsevitz . . .	im Kirchsp. Altenfähr.
Knistlevitz . .	unbekannt.
Kochsdorp . .	im Kirchsp. Bobbin.
Koldatitz . . .	im Kirchsp. Bobbin.
Koldenhawe oder Kollhoff .	nach Fresen geh., im Kirchsp. Gingst.
Kopperhagen . .	zur Herrsch. Putbus gehörig.
Koseldorf . . .	nach Klein-Kubbelkow gehörig.
Kotevitz . . .	im Kirchsp. Gingst.
Krakevitz . . .	auf Wittow, im Kirchspiel Wiek.
Kreebs . . .	jetzt Kreptitz.
Kregershagen . .	auf Jasmund.
Kreineke . . .	unbekannt.
Krummenhof . .	nach Dornhof gehörig.
Kukow . . .	ehemal. Dorf auf Ummanz.
Kussevitz . . .	im Kirchsp. Rappin.
Kussow . . .	nach Reischvitz gehörig, Kirchsp. Bergen.
Kutzerow oder Koserow .	nach Gätemitz gehörig.

Leesten . . .	im Kirchsp. Lanken.
Leisse . . .	unbekannt. Vielleicht Lehsten oder Leiste im Kirchspiel Schaprode.
Lien . . .	im Kirchsp. Sagard.
Lubzitz oder Lussitz .	im Kirchspiel Bobbin.
Lubbenitz . . .	ist ein Theil von Ramitz gewesen.
Lunn . . .	im Kirchsp. Bobbin.
Luskevitz . . .	unbekannt.
Luskow . . .	unbekannt. Vielleicht Lieskow oder Lischow, im Kirchsp. Gingst.
Lützitz oder Lusitz .	nach Schmantvitz auf Wittow gehörig.
Maldebutze . .	auf Wittow.
Maschenholz . .	im Kirchsp. Bergen.
Medow . . .	das jetzige Kirchdorf Wiek auf Wittow.
Medow . . .	vereinigt mit Mölln im Kirchspiel Bergen.
Me:ran . . .	vielleicht Mukrahn auf Jasmund.
Misnevitz . .	auf Wittow. Vielleicht Nonnevitz.
Miblitz . . .	im Kirchsp. Sagard.
Mo.sall . . .	auf Jasmund.
Mo:slekow . .	unbekannt. Vielleicht im Kirchspiel Bergen.
Mästitz . . .	nach Pastitz gehörig.
Mäve . . .	im Kirchsp. Bergen.
Mixahn . . .	im Kirchsp. Landow.
Mönkvitz . . .	im Kirchsp. Bobbin.
Mulenhoff oder Mühlhof	im Kirchsp. Schaprode.

Mühlhoff . . .	im Kirchsp. Sagard.
Murkvitz . . .	im Kirchsp. Bergen und Bobbin.
Muckervitz . .	unbekannt.
Musitza . . .	zur Herrschaft Streu gehörig.
Mornevitz . .	s. Tresse.
To'r Näse . .	im Kirchsp. Gingst.
Nedderhof . .	nach Garlepow, imgl. auf Jasmund nach Spieker gehörig.
Nelitz . . .	im Kirchsp. Bergen.
To Neradine . .	bei Burnitz im Kirchsp. Bergen.
Neuhof . . .	nach Rosengarten geh. Auch im Kirchsp. Bergen.
Nonnendorf . .	unbekannt. Vielleicht nicht auf der Insel belegen gewesen.
Novelitz . . .	auf dem Zudar.
Novelitz . . .	nach Mattchow auf Wittow.
Onasitz . . .	unbekannt. Vermuthlich im Kirchsp. Bergen.
Panderitz . .	im Kirchsp. Altenkirchen.
Pannetitz . . .	unbekannt.
Parsetitze . .	das jetzige Pastitz.
Plampe . . .	am Granitzer Ort, im Kirchspiel Lanken.
Poggendieck . .	nach Lanken gehörig.
Poldesitz . . .	der jetzige Hof Dornhof.
Porckze . . .	unbekannt.
Posovolze . . .	der jetzige Hof Posewald im Kirchsp. Vilmnitz.
Priebrode . .	nach Ralow gehörig.

Prussenvitz . .	im Kirchsp. Bobbin.
Puggendorf . .	jetzt der Hof Poggenhof.
Pyaszeke . . .	jetzt das Kirchdorf Patzig.
Quentin . . .	im Kirchsp. Sagard.
Quilk . . .	ehem. Kathen an Klein=Kubbelkow gehörig.
Quosdorp . .	jetzt Quatzendorf im Kirchsp. Sagard.
Rakevitz . . .	vielleicht Krakevitz auf Wittow.
Rantekow . .	im Kirchsp. Rambin; vielleicht Bantekow. S. oben.
Rattnevitz, Ratenevitze oder Ratnovitz	auf Jasmund.
Rentzevitz . . .	unbekannt.
Resenekvitz . .	etwa Reischvitz.
Resitz . . .	vielleicht Reetz.
Rosengarten . .	im Kirchsp. Zirkow.
Rubetitz . . .	im Kirchsp. Bobbin.
Rubkevitz . . .	im Kirchsp. Rappin.
Rudevitze . . .	im Kirchsp. Swantow, jetzt Ruddevitz.
Rützevine . .	im Kirchsp. Bobbin.
Sadow . . .	nach Nesebanz gehörig.
Salow . . .	jetzt Güstrowhöfen.
Samotiste . .	zur Herrschaft Putbus, im Kirchsp. Lanken.
Schalow . . .	nach Clementelvitz auf Jasmund gehörig.
Schlavekevitz . .	nach Losentitz auf dem Zudar gehörig.
Alt= und Neu=Schwertzin	. jetzt Alten= und Neuenzien.
Schwartensee . .	nach Garftitz gehörig.

Schweitshagen . .	jetzt Schmiterhagen im Kirchspiel Zudar.
Schwellin . .	im Kirchspiel Rappin.
Schwessenvitz . .	im Kirchsp. Gingst.
Selasow . . .	im Kirchsp. Bergen.
Sersitz . . .	im Kirchsp. Bergen. Jetzt Sassitz.
Shurke . . .	unbekannt.
Siggelow . .	im Kirchsp. Poseritz.
Skelne . . .	im Kirchsp. Bergen. Vermuthlich Sehlen.
Steinort . . .	nach Landow gehörig.
Stenktervitz . .	unbekannt.
Sterrentevitz . .	im Kirchsp. Bergen.
Stentzevitz . .	unbekannt.
Strakelvitz . .	im Kirchsp. Sagard.
Stramsitz . .	vielleicht Seramse; zur Herrschaft Streu gehörig.
Stritz . . .	im Kirchsp. Rappin.
Stromin . . .	auf Ummanz.
Stumper . . .	auf Ummanz.
Sturze . . .	im Kirchsp. Gartz.
Sulvin . . .	ein Theil des Kirchdorffes Neuenkirchen.
Sulitz . . .	unbekannt.
Sültzevitz . . .	unbekannt; ehemals dem heil. Geist Kloster in Stralsund gehörig.
Susitz . . .	s. Zützitz.
Sutzin . . .	im Kirchsp. Schaprode. Vielleicht Zessin.
Swantegora . .	das heutige Kirchdorf Swantow.
Swerow . . .	im Kirchsp. Bergen.

Swente . . .	unbekannt; auf Jasmund.
Syalleslavitz . .	zur Herrschaft Streu gehörig.
Sylladutze . .	ein Theil von Ramitz im Kirchsp. Gingst.
Syllichow . .	an Bentz im Kirchsp. Poseritz gehörig.
Syllnow . . .	unbekannt.
Syrzyk . . .	unbekannt.
Sommerfeld . .	jetzt der Hof Helle.
Tarchow . . .	unbekannt. Auf Jasmund.
Techedarsitz . .	im Kirchsp. Bergen.
Thurow . . .	nach Capelle gehörig.
Tollentrede . .	unbekannt.
Trambitz . . .	im Kirchsp. Patzig.
Trambesitz, Tramsitz .	zur Herrschaft Streu gehörig.
Trentow . . .	jetzt nach Dornhof, zuvor nach Poggenhof gehörig.
Tresse oder Mornvitz .	im Kirchsp. Altenkirchen.
Ubilitz . . .	unbekannt.
Uchthöfen . .	im Kirchsp. Wiek.
Vechtevitz und Uechtvitz	s. Fehtvitz.
Vicarie, Vickerie .	im Kirchsp. Gingst.
Vinkendahl . .	das heutige Gut Frankenthal.
Vitte . . .	ehemaliges Dorf auf Mönchgut.
Vogelsang . .	im Kirchsp. Sagard.
Vock, Fok . .	im Kirchsp. Sagard.
Vritzkevitz oder Vickevitz	auf der Insel Ummanz.
Wangernitz . .	auf Mönchgut.
Wargessow . .	das heutige Gut Warksow.
Warsow . . .	jetzt Wase auf Ummanz.

Wbarge . . .	unbekannt. Vielleicht Darge auf Jasmund.
Wendel . . .	nach Zirmoißel gehörig.
Wiel . . .	im Kirchsp. Schaprode.
Witzlamshagen . .	im Kirchsp. Gartz.
Wobbloise oder Wubilose .	nach Jarnitz gehörig.
Wobboysede . .	jetzt das Dorf Wobboise.
Wohrke . . .	nach Marlow gehörig.
Wollung . . .	jetzt das Kirchdorf Schaprode.
Woppoise . .	im Kirchspiel Rappin, nach Helle gehörig.
Wostrowitz oder Wusterowitz .	jetzt der Hof Patzig.
Klein=Wostvitz . .	im Kirchspiel Sagard, zur Herrschaft Putbus gehörig.
Wurob . . .	im Kirchsp. Gingst.
Wusseghogvitz . .	jetzt Neuenhof auf Jasmund.
Wussitz oder Wustitz . .	im Kirchsp. Poseritz. Nach Ventzvitz gehörig.
Yechersow . .	im Kirchsp. Bergen.
Yermgenitz . .	im Kirchsp. Bergen.
Zabelzitz . . .	unbekannt.
Zamotitz . . .	s. Samotist.
Zarnevitz oder Cernevitz	nach Natzvitz gehörig.
Zechendargatzke . .	unbekannt.
Zelazevitz . . .	unbekannt.
Zelnovitz . . .	zur Herrschaft Streu gehörig.
Groß=Zittvitz . .	im Kirchsp. Bergen.
Zoldekevitz oder Zolkvitz .	im Kirchsp. Rambin.

Zuhms= oder Suhmsha-
gen . . . im Kirchsp. Sagard.
Zützitz . . . das jetzige Lankensburg auf
Wittow.
Zwerow . . . im Kirchsp. Sagard.

Ende des ersten Theils.

Druckfehler in der Anzeige.

Seite 3 Zeile 6 steht Beide statt Bede.
— 4 — 3 — Dank — Denk.
— 4 — 10 — Schaumünze statt Schaumünzen.

Verbesserungen und Druckfehler im ersten Theile.

S. 5. Z. 10. muß hinter dem Worte Neujoland stehn: und daraus endlich Rügenland. S. 13. Z. 14. lese man unregelmäßigen statt unregelmaißgen. S. 17. Z. 8. l. m. Altenfähr st. Aldenfähr. S. 31. Z. 14. muß die Ziffer 2 zwischen den Worten folgt und der in der Zeile 13. stehn. S. 45. Z. 25. muß hinter das erste und, imgleichen hinter kahl ein Komma gesetzt, das zweite und aber in derselben Zeile weggestrichen werden. S. 58. Z. 20. fehlen hinter den Worten schmale Halbe die Worte: von den Dänen ehemals Bloong genannt. S. 67. Z. 20 u. 21. l. m. erweiterten Berger Stadt=Privilegiums vom J. 1616 st. Wendisch=Rügianischen Landgebrauchs. S. 83. Z. 30. l. m. Narbevitz st. Starbevitz. S. 85. Z. 23. l. m. letztern st. erstern. S. 95. Z. 27. l. m. Rugenhofer st. Rügenhöfer. S. 128. Z. 25. l. m. Bleisische st. Blechsische. S. 130. Z. 6. l. m. Immenrümpfe st. Immenrumpf. S. 139. Z. 13. l. m. Kerkherr st. Kerkherren. S. 149. Z. 19. l. m. Darne st. Dorn. S. 159. Z. 11. Nach den Worten: jeder zur setze hinzu: ehemaligen. S. 169. Z. 31. hinter: dieser, setze noch: letztere. S. 189. Z. 29. l. m. Klosterfräulein st. Klosterfräuleins. S. 193. Z. 7. hinter: Rügianer ist ausgelassen: zum Christenthum. S. 194. Z. 13. fehlt hinter: worden sey, das *), und unten die darauf Bezug habende Note; Der Stiftungsbrief steht abgedruckt in Schwarz Geschichte der Pomm. Rüg. Städte, S. 530 u. folg. S. 200. Z. 26. l. m. Richter st. Pächter. S. 203. Z. 22. u. 25. l. m. Bere st. Byre. S. 204. Z. 26. l. m. vamme Rade st. Vangerode. Z. 30. l. m. Pasewalk st. Pasewalde. S. 222. Z. 15. hinter: Bergen fehlt ein Komma. Z. 21. setze hinter Dache ein Komma. S. 227. Z. 16. setze hinter wäre ein Komma st. des Punkts; worauf folgen muß: macht ein solches Unternehmen bedenklich. S. 229. Z. 26. l. m. Eleemosynarius st. Elcemosynarius. S. 238. Note Z. 2. l. m. sollen st. müssen. S. 239. Z. 17. hinter Stadtgebühr fehlt ein Komma. S. 247. Note *) Z. 1. l. m. Las st. Lus. S. 276. Z. 6. l. m. oder es st. dies.

Kolibri 360 GmbH
Ferdinand-Jühlke-Straße 7
99095 Erfurt, Deutschland
produktsicherheit@kolibri360.de